Wild Fermentation

天然発酵の世界

サンダー・E・キャッツ［著］

きはらちあき［訳］

築地書館

ジョン・グリーンバーグ（1956–93年）に捧ぐ

ACT UP（アクトアップ：the AIDS Coalition to Unleash Power
＝力を解き放ってエイズ問題に立ち向かう人々の連帯）
の同志であり、敬愛するこの人物が、
微生物たちと戦うより平和に共存していくべきだという考えを
初めてはっきり言葉にしてくれました。
常識や権威にも疑問を投げかけ、懐疑的で、反抗的で、因習に縛られない、
ジョンを始めとする僕らの仲間すべてに敬意を表します。
未来を信じて、変化を発酵させ続けましょう。

WILD FERMENTATION
by Sandor Ellix Katz
Copyright © 2003 Sandor Ellix Katz.
Illustrations copyright © 2003 Robin Wimbiscus.
Japanese translation rights arranged with
Chelsea Green Publishing Company
through Japan UNI Agency, Inc., Tokyo
Japanese translation by Chiaki Kihara
Published in Japan by Tsukiji Shokan Publishing Co., Ltd., Tokyo

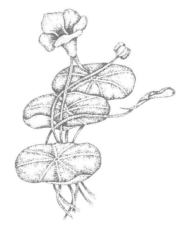

推薦のことば

　発酵食作りは、食品を保存し、より消化しやすく、またより栄養価を高める方法として、人類の歴史と同じくらい古くから存在しています。土に掘った穴にキャッサバを放り込んで甘くやわらかくする熱帯地域から、伝統的に魚をアイスクリームのような質感になるまで〈腐らせて〉から食する北極圏まで、発酵食品はその健康に良い成分と複雑な味わいのために、大変重宝されています。

　しかし残念ながら西洋の食生活からは多くの発酵食品が姿を消し、我々の健康や経済に悪影響を及ぼしています。発酵食品は消化を大いに助け、病気からも守ってくれるものです。また伝統の手作り製品という性質上、発酵食品が消えていくことによって食品供給の集中化や工業化がますます加速し、小規模農家や地方経済がダメージを受けています。

　発酵食品の味は、慣れが必要な独特なものがほとんどです。発泡性のソルガムビールはまるで胃液のような匂いがしますが、アフリカの一部地域では大量に消費されています。とはいいながら、強烈な匂いを放つ腐ったミルクの塊（チーズとも呼ばれます）を喜んで味わうアフリカ人やアジア人はほとんどいない一方で、西洋人の味覚にはたまらなく美味に感じるのです。幼いころから発酵食品を食べて育ってきた者は、発酵食品を食べると最高に幸せな気分になるものです。また、長い時間をかけて慣れなくても、西洋人の嗜好に合う物だってたくさんあるのです。

　偉大な改革者と芸術家の精神を備えたサンダー・キャッツは、この大作を世に送りだすべく果敢に努力し、お腹をすかした人々が、本当の意味での食べ物や命の営みそのものと再びつながることを目指しました。発酵食品は、食べたときだけでなく、作っている間にも大きな満足感を与えてくれるからです。初めてうまくできたコンブチャ（紅茶キノコ）から、食べるのが楽しみになる味わいの手作りザワークラウトまで、発酵食作りの実

践は、微生物たちと行うひとつの共同作業です。そしてこの共同作業を通じて、目に見えないバクテリアが酵素を作る働きから、聖なる牛がもたらしてくれるミルクや食肉といった贈り物まで、人類という種の幸福に役立ってくれるすべての営みに対し、深い尊敬の念が生まれてきます。

　発酵の科学と芸術は、まさに人間文化の基本です。発酵の菌の培養（カルチャー）なくして文化（カルチャー）は存在し得ないのです。発酵の菌を培養（カルチャー）した食品を今も食べ続けている国々、たとえばワインやチーズで知られるフランスや、漬け物やみそを作る日本などは、文化（カルチャー）のある国だと見なされています。カルチャーはオペラハウスではなく農家から始まり、その土地やそこに住む職人たちと、人々との間に絆を作ります。アメリカは文化に欠ける国だという意見をこれまでに多くの評論家が述べてきましたが、缶詰にされたり、加熱殺菌処理や薬品による防腐処理を施されたりした食べ物ばかりを食べている我々アメリカ人が、いったいどうやってカルチャーを築けるというのでしょうか？　この細菌恐怖症の技術中心社会がカルチャーへの道をたどるには、何よりもまず細菌類や真菌類と一緒に平凡なものから驚くべきものを生みだしていく魔法の関係を作って、機械ではなく魔術師たちの作った食べ物や飲み物を我々の食卓に取り入れるようにしなくてはならない、というのは全く皮肉な話です。

　本書は、古来より大切にされてきた発酵食の作り方を忘却の彼方から呼び戻そうとする努力の結晶です。しかしそれだけではありません。健康な人々の住む平等な経済の世界を作り、また因習に縛られない自由な考えをもつがためにはみ出し者と見られがちな人々を、発酵食の魔法をかける独特な役割を担う者として特に大切にする、よりよい社会作りへのロードマップでもあるのです。

サリー・ファロン
（料理研究家）

序章

発酵と文化(カルチャー)の ルーツをたどる旅へ
—— 発酵フェチができるまで ——

　この本は発酵を讃え、心酔の証(あかし)として捧げる僕の恋歌です。僕にとって発酵とは健康法であり、美食の芸術でもあり、さまざまな文化を経験する冒険でもあれば、社会にモノ言う行為のひとつでもあり、スピリチュアルに生きる道でもある。その全部をひっくるめたものです。僕の日課は、発酵が指揮する生命の変化のリズムに合わせて組まれています。

　あるときは12種類くらいいろんな発酵をブクブク実験しているマッド・サイエンティスト、またあるときは「さぁ、1番の甕(かめ)を試してみますか、それとも2番と取り替えますか？」などと言っているクイズ番組の司会者、はたまたあるときは発酵食品の驚異的な治癒力を熱く語る熱心な伝道師になったような気すらします。こんな僕が作った発酵のごちそうを味見しつつ、みんな僕の発酵バカぶりをからかうのです。そんな友人のひとりであるネトルズは、僕の発酵への執着ぶりをこんな歌にまでしました。

　　ねえ　みんな聞いてよ
　　ワインとビールのつながりを
　　天然酵母やヨーグルト、みそにクラウトもおなじさ
　　この全部にあるもの、それがすべてなのさ
　　それは微生物、
　　あぁ微生物……。

　発酵は至るところで常に起きています。日常的な奇跡であり、簡単に引き起こせるものです。吸う息のひとつひとつ、口に入れる食べ物のひとくちひとくちに、ミクロ生物である細菌類や真菌類（酵母やカビも含む）は存在しているのですから。試しに抗菌をうたった薬用石鹸や抗真菌クリーム、または抗生物質などを使って、微生物をひとつ残らず除去してみてください。実際そう試みている人もたくさんいますが、実のところ微生物の完全除去などできはしません。微生物たちは環境に遍在する、物質変化の媒介者

なのです。腐敗していくものをごちそうにして、奇跡でもありおぞましくもある存在を次のレベルへ、そしてまたその次のレベルへと、流動的な生命のエネルギーを絶えず変化させていくのです。

　微生物のコロニー（群生）は、生命機能である消化や免疫系などにとって欠かせない存在です。この単細胞生物たちと人間は共生関係にあります。微生物叢とも呼ばれるこの微生物の群生は、僕たちが食べた物を分解して、人間の体にとって吸収しやすい栄養分にしてくれます。また、人間に害を加えかねない危険な生物から守ってくれたり、体を守る方法を人間の免疫系に教えたりするのも微生物叢です。さらに、人間は微生物に頼っているだけでなく、人間も微生物の子孫なのです。化石に残された情報から、地球上に存在する生命体はすべてバクテリアから派生した生物だとわかりました。つまり微生物は人間の祖先であり味方なのです。豊かな土壌を作り、生命の連鎖にも欠かせません。微生物がいなければ、どんな生物も存在し得なかったかもしれないのです。

　微生物の中には、信じられないような食のマジックを見せてくれるモノもいます。人間の目には見えないくらい小さな生物が、たまらなく魅惑的でバラエティに富んだ味を生みだしてくれます。発酵は、パンやチーズといった最も基本的な主食の食材から、チョコレートやコーヒー、ワイン、ビールなど、最高に幸せな気持ちにしてくれるような嗜好品まで、さまざまな物を作りだします。また、世界のいろんな文化には、風変わりな発酵食品が数えきれないほど存在します。食品は発酵することによってより消化しやすくなり、栄養価も高くなります。さらに殺菌処理を施さないで、菌を生きたまま保った発酵食品を食べると、善玉バクテリアが我々の消化器系に直接届いて、体内で共生しながら消化器官の中で人間が食べたモノを分解し、消化を助けてくれるのです。

　この本では、自分で簡単にできるいろんな発酵食品や発酵飲料の作り方を紹介していきます。ここ10年の間に発酵の世界を幅広く探究し、実験してきた中で僕が学んだことを、皆さんにシェアしたいと思います。僕は決してこの道の専門家ではありません。いわゆる専門家が僕のやり方を見たら、きっと単純すぎると思うでしょう。実際その通りですから。発酵させるのはとっても簡単です。誰にでも、どこででも、どこにでもある基本的な道具で作れるものなのです。人類が文字を書いたり畑を切り開いたりするずっと前から、人はいろんな物を発酵させていたのです。発酵には幅広い専門知識も、研究室のような特殊な環境も必要ありません。これはどういう微生物で、どんな酵素変化を起こすのかなどと細かく見極められる研究者である必要もなければ、無菌状態や完璧な温度を保てる技術者である必要もありません。自分のキッチンで、発酵食品は十分作れるのです。

この本のポイントは食べ物を変化させる基本的なやり方ですが、そのほとんどは、自然に存在する微生物を活発に活動させ、増殖させる環境づくりにかかっています。しかし発酵に高い技術は必要ありません。人々が何世代にもわたって行ってきた昔ながらの儀式なのですから。発酵食作りは自然の神秘や遠い祖先とのつながりを感じさせてくれます。先人たちの鋭い観察力のおかげで、現代の我々もこの物質変化の恩恵を享受できるのです。

　この自然現象にどうしてここまで惹きつけられるのかを考えたとき、その答えは僕の味覚の好みにありました。僕はずっと昔から、塩水に漬けた酸っぱいピクルスやザワークラウトが大好物だったのです。ポーランド、ロシア、リトアニアから移民してきたユダヤ人の子孫である僕にとって、塩水漬けのピクルスやザワークラウトなどの食べ物とその独特な風味は、先祖からの文化遺産です。ヨーロッパ系ユダヤ人の言語であるイディッシュ語で、発酵によって酸味の増した野菜をzoyers（ゾイヤーズ）と呼びます。発酵が生みだす酸味は世界のいろんな地域の料理に使われていますが、東欧料理でも特に顕著です。その酸っぱさは、僕の育ったニューヨーク市で食べられる東欧料理の、特徴的な味の個性にも受け継がれています。家族で住んでいた家はマンハッタンのアッパー・ウエスト・サイドにあり、2ブロック先にはニューヨークの食のシンボルである老舗スーパーマーケット「Zabar's（ゼイバーズ）」があったので、我が家ではいつもここで買ったゾイヤーズを堪能していました。それに最近知ったのですが、リトアニア人は昔からピクルスの守護神であるRoguszys（ルグージス）をあがめてきました。東ヨーロッパから移民してきた先祖からまだ数世代しか離れていない僕も、やはりルグージスの神殿であるピクルスを前にするとヨダレが出てきます。

　僕の発酵の旅は、一緒に住んでいる味見係や評論家、哲学者、発酵マニア仲間などの面々に励まされ、助けられてきました。僕は、ショート・マウンテン・サンクチュアリと呼ばれるコミュニティのメンバーです。テネシーの山間に守られたこのサンクチュアリは、広い土地の中に立つ一軒家で、自分たちをフェアリー（妖精）と呼ぶ同性愛者たちの家です。通常20人くらいのメンバーが住んでいて、一緒に食事をとるほか、広い意味でのコミュニティである近隣の人々と、週2回の持ち寄り食事会も行っています。
　こんな美しい森の中で生活できる僕はとてもラッキーだと思います。この土地は僕に栄養を与え、育み、いろんなことを教えてくれます。毎日地中深くから湧き出る泉の新鮮な水を飲み、野草のほかに自分たちで育てた有機野菜や果物を使い、共同キッチンで作った愛情いっぱいの創作グルメ料理を毎日贅沢に食べているのです。そして広大な土地で田舎暮らしをしている僕らは、アメリカの一般的な生活で享受できるようなインフラや、社会サービス施設などからは遠く離れています。この森には電線が一本も入り込

んできていないので（最高！）、僕らは太陽光を取り込んで発電し、その電気を使ったノートパソコンでこの本を書いています。

　田舎の広大な地に立つ一軒家で暮らしていくには、全部自分たちでなんとかするのが基本なのに加え、このコミュニティのメンバーはみな食に対する興味が旺盛なことも手伝って、僕は10年ほど前に、ザワークラウトの作り方をマスターしようと思いたちました。納屋に埋もれていた古い甕を見つけ、僕らの畑でとれたキャベツを刻んで塩をふり、待つことしばし 。そうしてできた初めてのザワークラウトの味は命のエネルギーがいっぱいで、栄養もたっぷり詰まっていたのです！　その強烈な味と風味に僕の唾液腺は恍惚状態となり、すっかり発酵食の虜(とりこ)になってしまいました。それ以来僕は〈サンダークラウト〉というあだ名がつくほどザワークラウトを作り続けただけでなく、それ以外の発酵食品のレパートリーも増えました。ザワークラウトの次は、僕らの飼っているヤギたちから毎日とれる新鮮なミルクを使って、ヨーグルトやチーズを作るのがいかに簡単かを学びました。その後サワードゥ（天然発酵のパン種）、ビール作りにワイン作り、そしてみそ作りなどを学んでいきました。ブクブク発酵している甕は、今や僕らのキッチンの当たり前の風景となりました。一晩で完成する発酵プロジェクトもあれば、何年もかかるものもあり、継続的にずっと続いていくものもあります。僕らは発酵を続ける甕や瓶に材料を加えたり中身を混ぜ返したりしながら、発酵を起こしている小さな微生物たちに栄養を与えて、代わりに微生物たちからの栄養をもらう、共生のリズムを生みだしているのです。

　栄養は僕にとって非常に重要です。エイズを発症している僕は、体力をつけて抵抗力を高めなくてはなりません。発酵食品を食べると体にしっかり栄養分が行きわたるような気がするので、健康法のひとつとして定期的に発酵食品を食べるようにしています。発酵食品は栄養を与えてくれるだけでなく、人間に害を与えかねない生物から僕たちを守り、免疫力も高めてくれます。しかし悲しいかな何事も万能薬にはなり得ず、発酵食品を食べていても僕はエイズを発症しました。これまでにどんどん悪い方向へ落ち込んでいった悲惨な時期もありましたが、奇跡的な回復も経験しました。今こうして生きていられることや比較的健康でいられることをとても幸運に思いますが、それもひとえに僕の体の回復力のおかげです。僕は現在抗レトロウィルス薬を飲んでいますが、それ以外にも、生きた発酵食品の日常的な消費などのいろんな要素のおかげで、体を強くエネルギッシュに保てているだけでなく、抗レトロウィルス薬の副作用として有名な腸のさまざまな不調にも耐えることができています。健康にいいことが具体的な結果として出ると、ますます発酵食品にはまっていきました。

　ウェブスター英語大辞典によると、〈フェチ〉の語源である英単語〈fetish〉の定義

は、「不思議な魔力をもつといわれる物」を意味し、そのため「特別な崇拝」の価値がある、となっています。発酵は不思議で神秘的なものであり、だから僕は発酵を深く崇拝しているのです。僕はこの神秘的な魔力をもつものにせっせと捧げ物をし、すっかり虜になっています。その結果がこの本です。発酵は僕にとっていろんなことを発見する大切な旅です。しかし発酵の旅の道筋は、いろんな人が何千年もの間通ってきたにもかかわらず、僕らが生きる今の時代や場所ではほとんど忘れ去られ、人々は工業化された食品生産の高速道路で近道をするようになってしまいました。そこで、このふつふつと活気にみちた道を僕と一緒にたどる旅へ、皆さんをご招待したいと思います。

天然発酵の世界
Wild Fermentation

目次

推薦のことば ……………………………………………………………… 4

序　章　**発酵と文化(カルチャー)のルーツをたどる旅へ** ……………………… 6
　　　　発酵フェチができるまで

第1章　**発酵微生物との共存** ……………………………………… 18
　　　　発酵食品の健康効果

第2章　**人類と発酵の歴史　その1** ……………………………… 26
　　　　発酵と文化と科学の関わり

第3章　**人類と発酵の歴史　その2** ……………………………… 33
　　　　標準化、画一化、そして大量生産

第4章　**発酵微生物を操ってみる** ………………………………… 41
　　　　自分でやってみるための手引き
　　　　● **タッジ**（エチオピア式ハニーワイン）41

第5章 野菜の発酵 51

- ザワークラウト 54
- シュークルート・フロマージュ・ルラード 56
- ソルトフリー（塩なし）、または塩分控えめザワークラウト 56
  - ワインザワークラウト 57
  - シードザワークラウト 57
  - 海藻ザワークラウト 57
- ザワーリューベン 57
- サワービーツ 58
- ボルシチ 59
- 白菜キムチ 60
- ラディッシュ（大根類）と根菜のキムチ 61
- フルーツキムチ 64
- サワーピクルス 65
- 野菜ミックス漬け 66
- 塩水漬けニンニク 67
- 消化を助ける強壮剤やスープの出汁としての塩水 67
- ミルクウィード／ナスタチウムの〈ケッパー風〉さや 67
- 日本のぬか・ふすま漬け 69
- グンドゥル 70

第6章 豆の発酵 72

- 赤みそ 75
- 甘みそ 76
- みそスープ 77
- みそとタヒニのスプレッド 80
- みそ漬けとたまり 80
- テンペ 81
- 黒目豆とからす麦と海藻のテンペ 83
- ブロッコリーと大根とテンペの甘スパイシーソースかけ 84
- テンペのルーベンサンドイッチ 85
- ドーサとイドゥリ 85
- ココナッツ・チャツネ 87

第7章 乳製品の発酵とビーガン向け応用編 89

- ヨーグルト 92
- ラブネ（ヨーグルトチーズ） 93
- 塩味系ヨーグルトソース：ライタとツァジキ 94
- キシュク 94
- シュールバ・アル・キシュク 95（レバノンのキシュクスープ）
- タラとケフィア（ヨーグルトキノコ） 96
- ドラウォー・クラ 98（チベットのタラとそば粉のパンケーキ）
- バターミルク 98
- ファーマー・チーズ 100
- レンネットチーズ 101
- ホエーを使った発酵：スイート・ポテト・フライ 105
- ペピタ（カボチャの種）のシードミルクとケフィア 108
- 発酵ソイミルク（豆乳） 108
- ヒマワリのサワークリーム 109

第8章 穀物の発酵 その1 ……… 110
パンとパンケーキ

- 基本のサワードウ・スターター 112
- リサイクル穀物パン 114
- タマネギとキャラウェイシードのライ麦パン 117
- プンパーニッケル 118
- ゾンネンブルーメンケルンブロート 119
  （ヒマワリの種のドイツパン）
- ハッラー 119
- アフガニスタンのナン 121
- 穀物を発芽させる 123
- エッセネパン 124
- インジェラ（エチオピアのスポンジパン）124
- グラウンドナッツとサツマイモのシチュー 125
- アラスカ辺境地域のサワードウ・ホットケーキ 126
- ローズマリーとニンニクとポテトの塩味サワードウ・パンケーキ 128
- ごまのサワードウ・ライスクラッカー（煎餅）128

第9章 穀物の発酵 その2 ……… 130
ポリッジと飲み物

- トウモロコシとニクサタマライゼーション 131
- Gv-No-He-Nv ガノヘナ 132
  （チェロキー族の酸っぱいコーンドリンク）
- サワー・コーンブレッド 133
- 多文化ポレンタ 134
- オギ（アフリカのキビのポリッジ）138
- カラス麦のポリッジ 138
- 甘酒 139
- 甘酒とココナッツミルクのプディング 140
- クワス 141
- アクローシュカ 142
- リジュベラック 142
- コンブチャ（紅茶キノコ）143

第10章 非穀物系アルコール発酵 ……… 145
ワイン、ミード、シードル

- 勝手にシードル 148
- タッジ（エチオピアの蜂蜜酒）のいろんな風味づけ 150
  - すももまたはベリータッジ 150
  - レモンハーブ・タッジ（メセグリン）150
  - コーヒー・バナナ・タッジ 150
- エルダーベリーワイン 156
- 花のワイン 157
- ジンジャー・シャンパン 158
- シードル 第2弾 160
- 柿のシードル・ミード 161
- ワインかすのスープ 162
- ジンジャービール 162

第11章 穀物系アルコール発酵 ……………………………………… 164
ビール

- チチャ（アンデス地域の咀嚼トウモロコシビール） 165
- ボウザ（古代エジプトビール） 167
- チャン（ネパールの米のビール） 168
- モルトエキス（麦芽抽出成分）からビールを作る 169
- マッシング：モルト（発芽穀類）からビールを作る 172

第12章 アルコール発酵の変化形 …………………………………… 176
酢

- ワインビネガー 176
- リンゴ酢 177
- ビニャグレ・デ・ピーニャ 178
  （メキシコのパイナップル酢）
- リサイクル・フルーツ・ビネガー 178
- シュラブ 178
- スウィッツェル 179
- ホースラディッシュ（西洋わさび）ソース 179
- 漬け込みビネガー 179
- 酢漬け（ビネガー・ピクルス）：
  さやいんげんのディル・ピクルス 180
- ビネグレット・ドレッシング 181

第13章 発酵と命の輪廻 ……………………………………………… 183
たゆまぬ変化の力

謝　辞 …………………………………………………………………… 192

訳者あとがき …………………………………………………………… 194

◉ レシピ中の大さじ1は15cc、小さじ1は5cc、1カップは200ccです。

◉ 編集部注：本書掲載のアルコール発酵の手順は、外国での自家醸造方法です。日本の酒税法によると、アルコール1度以上の酒類を無免許で製造すると罰せられますが、キッチンで醸すことまで規制する酒税法に対し、日本古来からの醸造文化、酒文化を破壊するものだとの批判もあります。

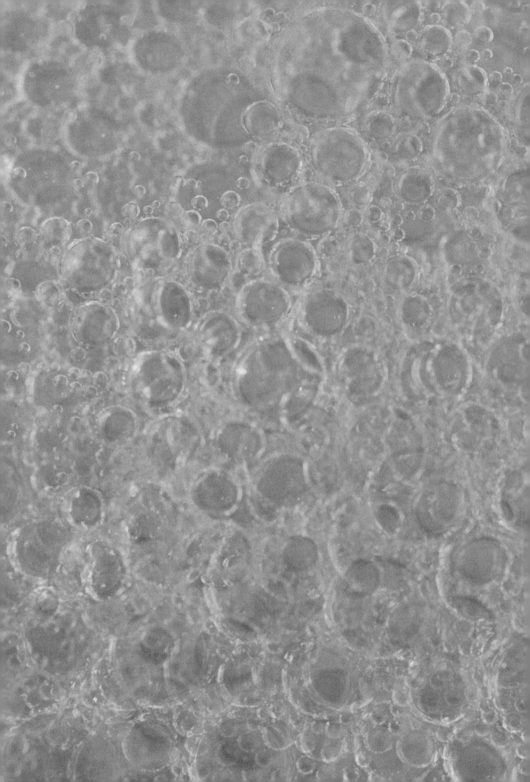

天然発酵の世界

第1章

発酵微生物との共存
—— 発酵食品の健康効果 ——

　発酵食品や発酵飲料は、その味や栄養素が文字通りイキイキと生きています。味は強烈でハッキリしているものがほとんどです。臭気を放つ熟成チーズや、目の覚めるような味のザワークラウト、素朴で濃厚なみそ、滑らかな口当たりで気品に満ちたワインなどを思い浮かべてください。ミクロ生物の細菌類や真菌類のパワーが、物質を変化させて生みだしたこの特徴的な味を、人類はずっと堪能してきたのです。

　発酵のもたらす大きな利点のひとつは、食品を長期保存できることです。発酵微生物が作りだす成分にはアルコール、乳酸、酢酸などがありますが、これらはすべて「天然食品保存料」であり、栄養素の喪失や食品の腐敗を防ぐ効果があります。野菜、果物、ミルク、魚や肉などはすぐに腐敗してしまうので、人類の祖先はいろんな方法を駆使して、収穫期にとれた分を後になっても食べられるように工夫してきました。たとえば、キャプテン・クックは大英帝国の植民地拡大に一役買った18世紀の探検家ですが、大量のザワークラウトを積んで航海することで、壊血病（ビタミンC欠乏症）による死者をださなかったため、王立協会から表彰されました。1770年代に行った2回目の世界一周航海でも、60樽のザワークラウトが27カ月間もったおかげで、それまで大航海で数多くの船乗りの命を奪ってきた壊血病を、誰ひとりとして発症しなかったのです。

　キャプテン・クックが「発見」し、英連邦王国の一部になった土地のひとつにハワイ諸島があります（ちなみにキャプテン・クック本人は、出資者のサンドイッチ伯爵に敬意を表して「サンドイッチ諸島」と呼んでいました）。おもしろいのは、キャプテン・クックがハワイを訪れる1000年以上も前に、同じように太平洋を渡ってハワイに住みついたポリネシア人も、同じように発酵食品で長い航海を凌いだことです。このときの発酵食品はデンプンでねっとりとしたタロイモのお粥で「ポイ（poi）」と呼ばれ、今もハワイを始めとする南太平洋全域でよく食べられています。

　発酵は栄養素を逃がさないだけでなく、消化しやすいものへ分解もしてくれます。いい例が大豆です。タンパク質が非常に豊富なのに、発酵していないとほとんど消化でき

ません。しかし発酵すると、大豆の複雑なタンパク質が消化しやすいアミノ酸に分解されます。この大豆発酵によって、みそやテンペ（訳注：インドネシアの伝統的な大豆発酵食品）、たまり（醤油）などの伝統的なアジアの食材が作られ、今では西洋でもベジタリアンメニューの主要食材になっています。

　ミルクもまた、多くの人にとって消化が難しい食品です。ラクトバチルス乳酸菌は、発酵乳製品やその他のいろんな発酵食品に含まれるバクテリアですが、この乳酸菌が、消化しづらいラクトース（乳糖）を消化しやすい乳酸に変えてくれます。同様に、小麦も発酵したほうが消化しやすくなります。学術誌 "*Nutritional Health*"（栄養健康学）にはこんな研究が載っていました。大麦とレンズ豆と粉ミルクとトマトの果肉を混ぜ合わせて、片方は発酵させ、もう片方は発酵させずに両者を比較したところ、「発酵させたほうのデンプン質の消化率がほぼ２倍になった」そうです。また、国連食糧農業機関（ＦＡＯ）は、世界の重要な栄養源として発酵食品を絶賛推奨中ですが、ＦＡＯによると、食品に含まれるミネラルの吸収効率は、発酵によって向上するということです。"*The Permaculture Book of Ferment and Human Nutrition*"（発酵と人間に必要な栄養に関するパーマカルチャーの本）の著者であるビル・モリソンは、食品を発酵させる働きを「一種の事前消化」と呼んでいます。

　発酵はもともとそこになかった栄養素も生みだします。培養微生物たちは、その一生の中で葉酸、リボフラビン、ナイアシン、チアミン、ビオチンなどのさまざまなビタミンＢ類を作ります。ちなみに、植物性食品には存在しないビタミンＢ12も発酵によって作ることができる、とこれまでよくいわれてきましたが、この主張は泡と散ってしまいました。分析技術が向上し、発酵した大豆や野菜にもあるとこれまで思われていたビタミンＢ12は、実際には何の効用もない「類似物」だとわかったのです。ビタミンＢ12は動物性食品からしか摂取できません。ということはつまりビーガン（動物由来の物は一切口にしない厳格なベジタリアン）の場合、サプリなしではビタミンＢ12が欠乏することになります。とはいえ、サプリが本当に有効かどうかも議論の余地のあるところです。

　活性酸素などのフリーラジカル（遊離基）は、ガンを引き起こすといわれていますが、発酵菌の中には、人間の体細胞からこのフリーラジカルを食べあさって、抗酸化物質として機能することが確認されているものもあります。またラクトバチルス乳酸菌は、細胞膜や免疫系に欠かせないオメガ３脂肪酸を作りだします。ある「自然食ベースの発酵菌培養サプリ」の販売員は、「菌の培養の過程で、スーパーオキシドディスムターゼやＧＦＴクロミウム、グルタチオン、リン脂質、消化酵素にベータ1.3グルカンといった解毒作用物質などのサプリ成分が、勝手にたくさん生成されるんですよ」などと自慢しています。しかし正直にいって、こんな栄養成分表みたいな内容を聞かされても、だん

だん気が遠くなるだけです。どんな食べ物が体にいいのかを知るのに、科学的な分析など必要ありません。自分の本能と味覚を信じましょう。結局どんなデータも行きつく答えはこれです。「発酵すれば食品の栄養価は上がる」

　発酵によって食品にもともと含まれる毒素を取り除くこともできます。一番わかりやすいのは「キャッサバ」の例です。キャッサバは、中央アメリカから南アメリカ大陸の熱帯地域を原産とする大きなイモ状の地下茎で、アフリカやアジアの赤道地域でも主食になっています。品種によっては人体に有害なシアン化物の含有レベルが高く、そのままだと毒ですが、水に漬けて発酵させるとキャッサバからシアン化物が抜けて、栄養価の高い食べ物になるのです。
　食品に含まれる毒素すべてがシアン化物ほど強烈なわけではありません。たとえば穀類にはすべてフィチン酸と呼ばれる化合物が含まれています。このフィチン酸は、亜鉛、カルシウム、鉄、マグネシウムなどさまざまなミネラル成分の吸収を妨げて、ミネラル欠乏症を引き起こします。しかし調理前に水に漬けて発酵させるとフィチン酸が中和され、より栄養価の高い食べ物になります。ほかにも亜硝酸、青酸、シュウ酸、ニトロソアミン、グルコシドなど、食品にもともと含まれている化学物質で人体にとって有毒になりかねないものがありますが、これも発酵させることによってその毒性を弱めたり、除いたりすることが可能なのです。

　生きている発酵食品をそのまま食べるのは、とてつもなく健康にいいことです。食べた物を分解して、その栄養素を取り込むのに不可欠な菌を、生きたまま直接消化器系に届けるのですから。しかしどの発酵食品でも、食べるときまで生きているわけではありません。性質上、生きたままの菌を保てない食品もあります。たとえばパン類は焼かなくてはならないので、中にすむ微生物は死滅してしまいます。しかし生きている微生物をそのまま食べられる発酵食品もたくさんあります。特にラクトバチルス乳酸菌関連の食品です。そして生きたまま食べるのが、栄養面からみても一番いい食べ方なのです。
　ただし、ちゃんと食品のラベルをチェックして、次のことを理解しておきましょう。多くの市販発酵食品には低温殺菌が施されています。つまり微生物が死滅する温度まで加熱されているということです。ヨーグルトは菌が生きたままの食品だと思いがちですが、よく知られている市販ヨーグルトのほとんどは、菌の培養後に低温殺菌処理を施し、大切な菌を殺しているのです。菌が生きているヨーグルトは、通常ラベルに「このヨーグルトには生きたままの菌が含まれています」という趣旨の文言が小さく書かれています。ザワークラウトも、保存期間をより長くするためにふつうは加熱処理をしてから缶詰にされ、健康にいいはずの生きた菌が犠牲になっています。また、みそですら、乾燥されて命のかけらもない粉状にされることもしばしばです。食の安全に対するノイロー

ぜぶりに加え、インスタント症候群のこの時代に、菌が生きたままの発酵食品を手に入れようと思うなら、あちこち探してどこかから見つけてくるか、自分で作るかしかないのです。

　微生物が生きている発酵食品は、消化器系を健康にして、下痢や赤痢といった消化器官の病気を防いでくれます。また乳児の死亡率も低下させます。タンザニアで行われたある研究では、発酵させた離乳食を与えた乳児とそうでない乳児の死亡率を比較しました。すると発酵させた離乳食を食べた乳児の「下痢」発生件数は、発酵させていない離乳食側の乳児の約半分だったのです。これはラクトバチルス乳酸菌による発酵が、赤痢菌やサルモネラ菌、大腸菌などの下痢を起こすバクテリアの成長を妨げるからです。さらに"Nutrition"（栄養学）という学術誌で報告された別の研究は、こう結論づけています。活性化した微生物叢が病気を予防するのは、ラクトバチルス乳酸菌が「病原菌になりそうな微生物と、内臓の粘膜上にある〈受容体〉を奪いあって、〈エコイミュノニュートリション（腸管免疫を向上させる腸内環境改善栄養法）〉と呼ばれる治療法を可能にするからである」。

　ちょっと長いですが、僕はこの「エコイミュノニュートリション」という言葉が気に入っています。この言葉は、生物の免疫機能（イミュニティ）が作用するには、いろんな微生物群の存在する生態系（エコシステム）つまり環境（エコロジー）が整った状態にあること、そしてその環境は栄養（ニュートリション）を通じて体内に作られることをちゃんと認識しているからです。エイズとともに生きている僕は、免疫機能のことを常に気にしています。発酵食でエイズが治るとはいいません。微生物が生きている食べ物を食べればこのガンが治るとかあの病気が治るなどともいいません。何にでも効く魔法の薬なんて信じていません。とはいえ、これまでになかなかすごい医学研究の数々によって、抗ガン性物質やその他いろんな病気の予防に効果のある特定物質が、発酵食品の中に次々と見つかっています。医学系・科学系の学術誌で発表されてきたそんな研究が、"The Life Bridge: The Way to Longevity with Probiotic Nutrients"（命の橋：共生微生物を栄養素とした長寿法）という本の中で何百と引用されています。そしてそのすべてが、発酵微生物は生物の中の生物として、人間を病気から守る役割を果たしている、という考えを改めて認めているのです。

微生物との共存についての擁護論

　アメリカでは、細菌に対してやたら神経質になり、清潔さを過度に気にする風潮があります。病気を引き起こすウィルスやバクテリアなどの微生物について、少しずついろんなことを知れば知るほど、あらゆるタイプの微小生命体に接触するのがどんどん恐ろ

しくなっていきます。聞いたこともない殺人微生物が世間をにぎわすたびに、ちゃんと目を光らせてしっかりガードを固めなくては、とますます躍起になります。こういった風潮を一番よく反映しているのは、急にアメリカ全土でおめみえするようになった薬用石鹸をおいてほかにないでしょう。20年前、製薬会社のトップにしてみれば、薬用石鹸を大量に販売するなど望み薄のアイディアでした。それがあっという間に、使って当たり前の手洗い用衛生商品になったのです。では、その結果、病気にかかる人は減ったのでしょうか？　「薬用石鹸が本当に効果的だという証拠はどこにもなく、逆に抗生物質に負けないバクテリアを作りだして別の問題を生んでいるのではないか、と疑うに十分な根拠はある」と語るのは、米国医師会の学術評議会議長、マイロン・ゲネル医師です。結局、薬用石鹸も、人々の恐怖心を利用して売り込み、本当は危ないかもしれないのに消費者を食い物にしている、よくあるタイプの商品にすぎないのです。

　薬用石鹸に含まれる抗菌成分として、一番よく使われるのはトリクロサンです。これは影響を受けやすいバクテリアは殺しますが、筋金入りのバクテリアには歯がたちません。「抵抗力の強い微生物の中には病原菌もいるかもしれず（中略）これまで着床できなかったはずが、競争相手が壊滅状態になったおかげで増殖できている」と、タフツ大学適応遺伝・薬剤耐性研究センター（Center for Adaptation Genetics and Drug Resistance）のスチュアート・レヴィ所長は言います。人間の皮膚も、口や耳などの開口部も、住んでいる家の表面も、すべて微生物で覆われていて、人間（と微生物自身）にとって害になるかもしれない別の微生物に遭遇したときに守ってくれているのです。それなのに体の表面、内部、周囲にすむ微生物を、抗菌物質で常に攻撃していると、自分の体が病原菌に対して使う防衛線を、自ら弱めてしまうことになります。

　善玉微生物は、人体に危害を与え得る悪玉微生物と競争することで僕たちを守ってくれるだけでなく、免疫系がどう機能すべきかを体に教えてくれます。イスラエルにあるワイツマン科学研究所のイルン・R・コーヘン博士はこう語ります。「免疫系は、脳と同じく、経験を通じて自分自身を形成していく」。現在、「衛生仮説」と呼ばれる考え方の裏付けとなる証拠が、数多くの研究者により次々と発見されています。衛生仮説とは、喘息やその他のいろんなアレルギー疾患の劇的な増加は、土壌や自然のままの水にすむ多様な微生物にさらされる機会の欠如に起因する、という考え方です。「住環境がきれいになればなるほど、喘息やアレルギーを発症しやすくなる」とは、ニューヨークのアルベルト・アインシュタイン医学校アレルギー・免疫学部長、ダヴィッド・ローゼンストライヒ博士の言です。

　アメリカの細菌ノイローゼは、2001年にアメリカで起きた炭疽菌テロ事件や、生物兵器を使った細菌戦争に対する恐怖心によって、さらに助長されています。2001年12月に発行されたニュースレター *"Household and Personal Products on the*

Internet"（インターネット上の生活・日用雑貨）では、「病気（特に炭疽菌関連）に対する恐怖心の拡大により、消費者は消毒をもっと真剣に考えるようになり（中略）薬用消毒剤の売り上げが急上昇する見込み」と報告されています。

　ちゃんとした情報に基づいた衛生環境づくりはとても大切ですが、微生物との接触を完全に避けるのは不可能です。微生物はどこにでもいるのですから。1970年代に作られた長編テレビドラマ「プラスチックの中の青春（原題：*The Boy in the Plastic Bubble*）」では、免疫不全症をもって生まれ、無菌状態の中でしか生きられなかった若者の悲劇的な物語を描いています。ジョン・トラボルタが有名になる直前に演じたこの男の子は、完全に密閉された無菌室の中で生活し、保護壁を介してしか周りの人とやりとりできません。時折、部屋から外の世界へと出て行くときは、宇宙服のようなものを着なくてはならないのです。鳥かごのような無菌の部屋で感じるあまりの孤独と寂しさに、ついにそこから出てふつうに生きることを選びますが、それもつかの間、やはりすぐに病原菌に犯されて死んでしまいます。このドラマは、生物学的な生存リスクのために自分を周りから隔離することが、いかに不可能でいかに望ましくないかを、若者向けテレビ番組という媒体で描いた寓話なのです。

　西洋の化学薬品のほとんどが目指しているのは、病原菌の撲滅です。僕の服用するエイズ治療薬の場合、その治療法は「高活性抗レトロウィルス療法」と呼ばれます。高度な製薬技術の奇跡を享受している身としては、この治療法に対する異論を唱えられる立場にはありませんが、ただ僕は、この微生物たちとの戦いをいつまでも続けられはしないと確信しています。スティーブン・ハロッド・ビューナーは、自著 "*The Lost Language of Plants*"（失われた植物の言葉）で次のように書いています。「バクテリアは忌むべき病原菌などではなく、そこから命が芽生える種子であり、地球上のすべての命の素地である。我々が細菌に宣戦布告するとき、それはこの惑星の根底にある命の基盤に戦いを挑んでいるのであり、結局、目で見えるあらゆる命や、ひいては自分たちに対しても戦いをしかけているのにほかならない」

　ヒトの健康と恒常性（環境の変化にかかわらず内部状態を一定に保とうとする働き）には、ヒトと微生物との共存が不可欠です。バクテリアの数を数えている学者たちがこの単純な事実を定量化したところ、我々人間の体には1人当たりだいたい100兆以上のバクテリアがすんでおり、しかも「人体にすみついている微生物群と、それをすまわせているホスト（ヒト）との関係は、複雑というよりほかにない」といわれています。ヒトもその他のいかなる生物も、すべて微生物から、そして微生物とともに進化してきたため、微生物なしではヒトも生きていくことはできません。「自然というものは、互いに最大限まで共存共栄することで、環境を共有する他の生物にとって自分が不可欠な存在となるようにできているように見える。それは種の保存と繁栄を確実にするための戦

略なのだ」と民族植物学者のテレンス・マッケナは書いています。

　ふたつの有機体が統合されて、新たなひとつの有機体を形成する「シンビオジェネシス」の研究では、生物が進化して変わっていくことを、生物同士の共生の結果だと考えています。これはあらゆる生命体の起源を原核生物までたどっての結論です。原核生物とは、その細胞に核膜をもたない生物のことで、たとえばバクテリアなどです。原核生物の遺伝物質は、その細胞の中で自由に漂っています。「バクテリアの細胞には、何らかの液状媒体や、別のバクテリアまたはウィルス、その他いろんなところから遺伝子が勝手に入ってくる」と書いているのは、生物学者のリン・マーギュリスとカーリーン・V・シュヴァルツです。周囲の環境からDNAを取り込むことで、原核生物は遺伝に必要な形質を周りと同化させるのです。こうした原核生物はまず真核生物（核膜をもつ細胞）へと進化し、ついには人間のような複雑な生命体になりました。しかし原核生物は進化を遂げた子孫である我々から離れたことは一度もなく、今でもずっと一緒にいるのです。

　「原核生物こそが、人間をこんなにも複雑にした主任エンジニアだ」と興奮気味に解説するのは、僕の友人であり学者のジョエル・キモンズ。つい最近、カリフォルニア大学で栄養学の博士号を取得しました。原核生物は人間の体の中、特に一番スゴいのは腸管の中で我々の遺伝子情報を吸収しますが、この情報は、人間が生物としてどう機能すべきかを伝達します。つまり我々が何かを知覚するとき、原核生物がその経験の一部を担っているのです。「我ら食べる、ゆえに我ら知る」とジョエルは言います。こうした腸内の微生物を含め、さまざまな微生物と人間は相利共生の関係にあります。分かつことができないほど絡み合った共生関係の全体像は、理解の限界をはるかに超えるほど複雑怪奇なのです。

微生物多様性、そして野生の力を取り込む

　生きた発酵食品を食べるとき、いろんな種類の物を食べると、自分の体内にすむ微生物群の多様性を高めることができます。そして生物多様性は、生態系全体の存続に不可欠であるという認識が高まっています。地球とそこにすむすべてのものは、相互につながり依存しあう、継ぎ目のない一枚の命の織物のようなものです。現在さまざまな種の絶滅の反動として起こっている恐ろしい現実の数々は、地球全体で生物多様性が失われた場合のダメージをまざまざと描きだしています。つまり人類という種の存続は、生物多様性にかかっているのです。

　微生物レベルの世界でも、生物多様性の大切さは同じです。これを微生物多様性と呼ぶことにしましょう。人間の体はひとつの生態系であり、多様な微生物が体内に生息し

ていると、最も効率よく機能します。もちろん、消化を健康的にしてくれる特定のバクテリアを配合した「プロバイオティック（共生物質）」サプリを買うこともできます。しかし自分の家に存在している天然の微生物を使って食べ物や飲み物を発酵できれば、身の周りの生命の力ともっとつながることができます。共に地球にすんでいる微生物たちを自分の食事の中に、そして自分の腸内環境の生態系に招き入れることで、自分の環境が自分そのものになるのです。

　天然発酵は、自分の体の中に野生の力を取り込んで、自然世界と一体化する方法のひとつです。微生物による発酵食品を含め、野生の力をもつ生きた食べ物には、内側から湧き上がる素晴らしい生命力があります。そしてこの生命力のおかげで、僕たちは環境条件の変化に適応しやすくなるし、病気にもかかりにくくなるのです。微生物はどこにでもいるし、そんな微生物たちを使って発酵させる方法も、単純で柔軟なのです。

　では、生きた発酵食品を食べさえすれば、健康で長生きできるのでしょうか？　世界のさまざまな文化の言い伝えには、長寿と関連づけられている食べ物がいろいろあります。ヨーグルトやみそなどがその良い例です。そして数多くの研究者によって、そんな言い伝えの因果関係を裏付ける証拠も見つかっています。ロシアの草分け的な免疫学者であり、ノーベル賞受賞者でもあるイリヤ・メチニコフは、20世紀初めにバルカン半島地域でヨーグルトを食べていた100歳以上の人々を研究し、ラクトバチルス乳酸菌が「老化現象を遅らせ、改善もさせた」と結論づけています。

　個人的には、長寿と健康の秘訣をたったひとつのモノや方法に絞ってしまうつもりはありません。人生にはさまざまな要素が絡んでいるし、どの人生もそれぞれ違うからです。しかし発酵が人類全体の長寿と健康に貢献してきたことは間違いありません。発酵のさせ方は、その数はもちろん、内容もバラエティに富んでいます。地球上すべての大陸で、何千といういろんな方法で実践されてきたのですから。人類は、発酵食品や発酵飲料がもたらす栄養素や治癒力を何千年もの間享受してきました。この本を読み進めていくと、そんな栄養素や治癒力を自分でも味わうことが、どれほどシンプルに実現できるかを理解してもらえると思います。

第2章 人類と発酵の歴史
その1
―― 発酵と文化と科学の関わり ――

　人類は、人間という種でいる間ずっと、発酵の魔法と発酵がもつパワーを理解してきました。ミードと呼ばれる蜂蜜酒は、一般的に最古の発酵嗜好品といわれます。しかも人間は土地を耕すより先に蜂蜜採集をしていた、と考古学者は考えています。インド、スペイン、南アフリカというほど地理的に散らばった場所でそれぞれ見つかった洞窟画には、人々が採蜜している様子が描かれています。そしてこの洞壁画はどれも旧石器時代、つまり約1万2000年も昔に描かれたものなのです。

採蜜を描いた先史時代の洞窟画

　偶然であれ故意であれ、蜂蜜に水が混ざると発酵が起きます。まずホコリの粒子と一緒に空気の中を舞っている酵母が、栄養素いっぱいの甘い蜂蜜水にたどり着きます。蜂蜜に何も混ざっていないときは、それ自体が保存料になって微小生命体の活動を妨げてしまいますが、水で薄められると、空気中を浮遊している酵母にとって魅惑的なものになります。酵母は蜂蜜水に着水してごちそうをたらふく食べ、盛んに泡を出しながら生き生きと急速に増えていき、ほどなく蜂蜜水はミードになります。人間の目には見えないほど小さな生物の仕業によって、糖分がアルコールと二酸化炭素に変換されたのです。

　マグロンヌ・トゥーサン=サマの幅広い調査をまとめた "A History of Food"（食の歴史）によると、「蜂蜜から生まれ、神々の飲み物でもあったミードは普遍的な飲み物でした。あらゆる発酵飲料の祖先ともいえます」。狩猟・採集者だったころの人類の祖先も、少なくとも何人かはミードを楽しんだことがあったはずです。ミード作りに火は必要ないため、人類が火を使い始めるよりも早く生活の一部になっていたかもしれませ

ん。人類の祖先が、木にできた穴の中で発酵している蜂蜜水を初めて見たときに感じたであろう不思議さや、畏敬の念を想像してみてください。発泡を見て怖がったでしょうか？　それとも興味津々だった？　どちらにせよひとくち飲んだ途端に気に入って、さらに飲んだことでしょう。そしてなんだか体が軽くふらふらした感じになりました。間違いなく、なにか神がかった存在が、この不思議な液体とそれを飲んだときの状態を与えてくれたのです。

　文化人類学者であり文化理論家でもあるクロード・レヴィ゠ストロースは、ミード作りは人類がネイチャー（自然そのまま）からカルチャー（人の手を加えるという意味での文化）へと進歩した証だという説を提唱しています。穴のあいた木の使われ方の変化を例にとり、ネイチャーとカルチャーの違いをこう対比させています。「（木の穴が）蜂蜜の受け皿になるとき、蜂蜜が生のままの状態で入っているならネイチャー、一方、自然にできた穴ではなく、人工的にあけた穴に蜂蜜を発酵させようと入れた場合はカルチャーである」。アルコールを発酵させるテクニックを習得して、それを利用して神聖なるトランス状態になるのは人間カルチャー（文化）ならではの特徴ですが、それは酵母菌カルチャー（培養酵母）がひっそりと行っている生命の営みがあるから可能なのです。スティーブン・ハロッド・ビューナーは自著 *Sacred and Herbal Healing Beers*（聖なるハーブ製の癒しビール）でこう書いています。「どうやら人類の発酵に関する知識は、いろんな文化でそれぞれ別々に生まれ、それでいてどの文化も神が与えてくれたものと考えている。またその知識の活用が、人類という種の発達と密接につながっているのも明らかなようだ」

　発酵物によって普段と全く違う状態になることは、さまざまな文化にみられる口頭伝承や不可解な伝統、または詩などの存在と、深くて長いつながりがあります。メキシコ北部からアリゾナ南部あたりに位置するソノラ砂漠の先住民パパゴ族は、サワロサボテンの実を発酵させ、ティズウィンと呼ばれる飲み物（酒）を作ります。ビューナーは自著の中で、パパゴ族に伝わる、ティズウィンを飲むときのこんな歌を紹介しています。

　　　くらくらがついてきたぞ！
　　　すぐそこまでついてきたぞ
　　　あぁでもこりゃいいな
　　　ずっとずっとむこうの
　　　あの平地へオレをつれてくんだ
　　　くらくらが見えるぞ
　　　あの高いところに見えるぞ
　　　ほんとこりゃいいな

やつらがオレをむこうにつれてってくれるんだ
そんでやつらがくらくらを飲ませてくれるんだ

グレイ・マウンテンのふもとで
座りこんで酔っぱらいはじめてるオレが
素敵な歌を歌ってみせよう

　こういう類いの芸術性は、どんな文化においても発酵アルコールのおかげで生みだされることがほとんどです。アルコールによる陶酔状態とは「すべての原始的な人間が、賛美歌の中で語っている（状態）」などと偉そうなコメントをしているのはフリードリヒ・ニーチェです。言語は、人間という種をほかの生物から切り分ける一番基本的な能力ですが、これは「（アルコールなどの）影響下にある」（つまり酔っぱらっている）状態の中で培われ、鍛えられ、磨かれてきました。ミードやワイン、ビールなどは、数多くの伝統の中で何千年もの間、神聖なものとして捉えられています。時に禁止されながらも、発酵アルコール飲料は常に信仰の対象であり続け、重要な象徴的意義を与えられて、聖なる存在に捧げられてきたのです。

　シュメール人はビール製造者として知られ、5000年近くも前にそのレシピを書き残した人々で、ビールの女神ニンカシを崇拝していました。ニンカシは「我が口をいっぱいに満たすもの」という意味です。エジプト人は、大きな陶器の入れ物に入れたワインやビールを、ミイラにした王族と共にピラミッドに埋葬しました。さらに "The Egyptian Book of the Dead"（エジプトの死者の書）では、故人の魂のための祈りが「パンとビールを与えるもの」に向けられています。一方、古代マヤの儀式には、「バルチェ」と呼ばれる蜂蜜を発酵させたものが使われましたが、陶酔効果を最大限にするべく、浣腸のように腸へ直接入れる方法がとられていました。そんな見たこともないような方法で消費されていたためか、侵略者たちはバルチェに悪魔がひそんでいて、「蛇やミミズに変化してマヤ人の魂をかじっている」と考え、キリスト教国の名の下にバルチェを禁じました。しかしそういうカトリックでは、聖変化の魔法でワインがイエス・キリストの血になるのです。そして僕の信仰するユダヤ教の伝統で何度も唱えられる「ブドウの実を作りたもうた創造主を讃えたまえ」という祈りの言葉には、聖なる儀式の飲み物であるワインが欠かせません。

パン（半円）とビール（壺）を表すヒエログリフ（古代エジプト文字）

　アルコール以外の発酵物は、人間文化が進化するにつれて、人類が植物の栽培や動物の家畜化を行っていったのと一緒に発達したようです。「カルチャー」という言葉にこ

んなにも広い意味があるのは偶然ではありません。カルチャーの語源はラテン語で「耕す」という意味の「*colere*」です。発酵菌のカルチャー（培養）は、植物や動物と同じように育てられます。そういう意味では、辞書で単語「*culture*」の第一定義になっている「文化」の、「社会的に伝播される行動パターンや芸術、信念、きまり、そのほか人間活動や想念が生みだすものの全般」が育まれるのとも同じです。いろんな「カルチャー」は複雑に絡み合っているのです。

　遊牧民たちは、ヤク、馬、らくだ、ヒツジ、やぎ、牛など、さまざまな動物を家畜化しました。そしてミルクがどうやって酸っぱくなっていくのかを観察し、意図的に菌を培養してミルクを凝固させる方法を学び、消費できる期間を長くしました。偶然であれ意図的であれ、加熱殺菌していない生のミルクを放置しておくと発酵します。乳酸菌が乳糖を乳酸に変換してミルクを酸っぱく変質させ、ついにはミルクをカード（凝乳）とホエー（乳清）に分離し、より安定した保存可能な乳製品にするのです。

　やがて人類は穀類の栽培技術を身につけました。穀物でできたお粥やパン生地も必然的に発酵します。小麦粉を（もしくはどの穀物をどういう形にしたものでも）水と混ぜると、それを発酵させる酵母やバクテリアが引きよせられてきます。パンもビールも穀物を発酵させたものですが、どちらが先に作られたかで歴史学者たちは議論を戦わせています。一般的に、人間が穀物農業に落ち着いた理由は、確実に入手可能で保存もできる食料を作るためだったと考えられています。学術誌 *"American Anthropologist"*（アメリカの文化人類学者）主催のパン・ビール論争に関するシンポジウムで、植物学者ポール・マンゲルスドルフは次のような疑問を投げかけています。「西洋文明社会の基礎は、常に半酩酊状態だった栄養失調の人たちによって築かれたと考えるべきなのか？」と。一方、もうひとつの仮説が提示するのは、文化的観点からの逆説です。食料に不自由していない遊牧民にとって、単なる食料よりもビールのほうが定住するのに魅力的な要因になったということはあり得ないか？　というのです。どちらの説が正しいにせよ、発酵はその物語の一部を担います。そして穀物発酵の技術は、穀物農業とともに進化していきました。

科学は不可解な現象に混乱する

　長い歴史の間ずっと、多くの人々は発酵を神秘的な命の力だと見なしてきました。かたや西洋科学の歴史では、発酵は長い間いろんな混乱とともに謎に包まれていました。少なくともローマ時代のころから、大プリニウスなどの自然史学者は、発酵を「自然発生」という考えで説明していました。自然発生説では、ある特定の生命はいかなる生殖プロセスにも関係なく発生すると考えます。そうして自然に発生し得ると信じられてい

たものは、単なる発酵の泡立ち現象にとどまりませんでした。科学者たちは、今からそう遠くない17世紀になっても、ネズミの自然発生現象の秘密をまじめに解明しようとしていたのです。当時、ヤン・バプティスタ・ファン・ヘルモントはこんな発表をしています。「小麦の入った容器に汚れたシャツをおし込むと、汚れたシャツによる発酵で小麦の匂いが変わることはないが、だいたい21日目くらいに小麦からネズミへの変質が起こる」。ファン・ヘルモントはサソリの作り方も編みだしました。レンガに穴をあけ、乾燥させたバジルをつめて、日あたりのいい場所に置くのだそうです。

ファン・ヘルモントが小麦と汚れたシャツからネズミを作りだしている間に、オランダ人のアントニ・ファン・レーウェンフックは顕微鏡を発明し、1674年に初めて微生物を観察しました。

> この目ではっきり見て取れたのは、小さなウナギかミミズが互いに重なりあうごめく姿であった。まるで（顕微鏡を介さずに）裸眼で桶一杯の小ウナギと水を見ているかのごとく、ウナギは互いの間でもだえ、水は多種多様な微細動物を含んで全体が生きているかのように見える。これまでに発見した自然の驚異のうち、最も不可思議な光景であった。一粒の小さなしずくに何千もの生き物が生き生きと、互いの間で各々の動き方でうごめいているのを見た今、これ以上に素晴らしい光景を目の当たりにすることはもはやないであろうといわざるを得まい……。

一方、フランスの哲学者ルネ・デカルトは、あらゆる自然現象はすべて機械的な動きに還元できるという革新的なものの見方を打ち出しました。デカルトは、科学の研究において、自然現象を機械的な因果関係で説明しようとする時代へと我々を導いたのです。化学が盛んになったのは18世紀および19世紀のことですが、そのころ化学的還元主義ともいえる考え方がもてはやされました。これは、どんな生理現象も、究極的にはすべて一連の化学反応に還元できる（分解すると、基本の化学反応法則に落とし込める）という考え方です。当時の化学者たちは、発酵が生きた有機体によって引き起こされるなど、「時代遅れ」だと取り合いもしませんでした。

化学者たちは、顕微鏡によって明らかにされた「微細動物」の存在を認識はしていたものの、そうした生物の重要性を頑なに否定し続け、ややこしい理論を組み立てて、なんとかつじつまを合わせようとしました。化学肥料開発の先駆者として知られる19世紀の化学者、ユストゥス・フォン・リービッヒは、発酵が生物学的作用ではなく化学的な反応だと主張する一派の中心人物でした。発酵における酵母の重要性は、酵母自体が死んだ物体として腐敗していくことにある、とリービッヒは信じていたのです。1840年に発表した論文で、リービッヒは次のように書いています。「酵母の死滅した部分、つまり生命がなくなった状態で変化している部分が、糖分に反応するのである」

ルイ・パスツールと微生物学の出現

ここで登場するのがフランスの化学者、ルイ・パスツールです。パスツールが発酵の仕組みを研究し始めたきっかけは、フランスのリール市で、ビートルート（訳注：赤カブのような甜菜（てんさい）の一種）を原料にしたアルコール製造業を営む実業家からの依頼でした。この実業家が、自社工場で作る製品の質の不安定さに悩まされていたとき、息子が大学でパスツールの授業を受講していたのです。一貫した方法論に基づいてビートルート発酵を研究したパスツールは、すぐに発酵が生物学的な反応によるものだと確信するに至りました。1857年4月に出版されたパスツールの最初の発酵研究 *"Mémoire sur la Fermentation appelée lactique"*（乳酸菌発酵と呼ばれるものについての覚え書き）にはこう書かれています。「発酵は、生命体の死や腐敗よりも、命そのもの、そして小球体の生成と切り離せない関係にある」。パスツールは、ビートルートの搾り汁を加熱して、乳酸を生成する天然の微生物を死滅させ、代わりにアルコールを生成する酵母を植え付ける方法で、この実業家の問題を解決しました。これが最初の加熱処理の適用例であり、その功績は現在すべての牛乳パックに「パスチャライゼーション」（訳注：直訳すると「パスツール加工」で、「加熱殺菌処理」のこと）とその名が残されています。

パスツールの発見は当時の化学研究機関の見解に反するものだったので、パスツールは、自身の研究を擁護して権威と戦いました。そしてさまざまな微生物種の一生についての研究に残りの生涯を捧げ、微生物学という新たな学問分野を生みだしたのです。パスツールの研究は、その生き生きとした言葉遣いが特徴的です。たとえばある特定酵母の培養に成功したことを述べつつ、自然発生説を根底とする考え方に疑問を投げかけたとき、自然発生説のことを「未分化パンスペルミア説」（訳注：地球生命体は宇宙から隕石と共にやってきた、というパンスペルミア説とほとんど同じだという意味の揶揄）と呼んでいます。またサワービールを顕微鏡で観察していたとき、酪酸と動き回る微生物が同時に現れたのを見て、この細菌を「ビューティリック・バイブリオス」（酪酸ビブリオ菌）と名付けました。なんだか、ロックバンドかバイブレータに似合いそうな名前ですが、これはパスツールが初めて酵母から細菌を見わけたときに、動き回っているその細菌に付けたもともとの名前なのです。

学術系の化学研究機関がパスツールの発見を頑なに否定する態度をとる一方で、当時勢いを増してきた発酵産業はパスツールの発明をありがたく取り入れていきました。パスツールの発見は、発酵食品や発酵飲料の大量生産を大きく後押ししたのです。こうした製品自体はもう何千年間も味わわれてきたものですが、以前は自然から学んだ方法で作られ、祈りや儀式、神への捧げ物などが伴うこともよくありました。それが今や、

仰々しい儀式をしなくても、科学的な正確さをもって大量に安定生産できるようになったのです。

　微生物学の出現は、微生物に対するある種の支配的な態度を生みだしました。自然界に存在する人間以外のものや、自分たち以外の民族文化と同じく、支配し利用しなければならないものと考えたのです。こうした態度を痛烈に表している本は "*Bacteria in Relation to Country Life*"（ジェイコブ・リップマン著、田園生活とバクテリア）です。この本が発行されたのは1908年、パスツールの研究から薬剤としての抗生物質の開発が始まるまでの、ちょうど中間あたりのことでした。

　　人類をとりまく環境がより複雑になってきた今、バクテリアを含むさまざまな微生物の研究をしないわけにはいかなくなってきた。もし微生物が我々の健康や幸福を脅かすなら、我々は自分たちを守る術を学ばねばならない。微生物を滅ぼすか無害化する方法を知る必要があるのだ。だが微生物が人類にとって有益であるなら、微生物をコントロールし、微生物の活動が人間社会にとって広く役立つよう利用する術を知らねばならない。

　ホモ・サピエンスは、自分たちが他よりも優れ、他を支配できると過信する傾向がありますが、ルイ・パスツール自身の残した、次のちょっとした名言の意味を考えてみたほうが良いかもしれません。「最後に結論を下すのは微生物である」

人類と発酵の歴史
その2
―― 標準化、画一化、そして大量生産 ――

> マクドナルドのフライドポテトから得られる満足感のひとつは、フライドポテトに対して僕が抱くイメージや期待感に完璧なまでにピッタリであってくれることだ。僕の脳裏にあるフライドポテトとはつまり、マクドナルドが世界数十億人の脳裏に見事に植え付けたフライドポテトのイメージそのものなのである。
> ――マイケル・ポラン著 "The Botany of Desire"（欲望の植物学）

世界に存在する「カルチャー」は、それぞれの地域に特化した現象として発達してきました。これは微生物のカルチャー（培養）にも人間カルチャー（文化）にも共通していえることです。各文化に見られる言語、信仰、食べ物（発酵食品も含めて）などは驚くほど多様です。しかしこの豊かな多様性が、貿易の拡大によって脅かされ、画一的な世界市場へと変わりつつあります。かつて、ビール、パン、チーズなどは地域ごとに味も製法も異なり、その土地特有のちょっと変わった個性をもつ製品でした。ところがラッキーな僕たち21世紀の消費者は、ビールならバド・ライト、パンならワンダーブレッド、チーズならベルビータというように、どこで買っても見た目も味も変わらない発酵食品を手に入れられるのです。大量生産や大量流通のための販売戦略には画一性が求められます。そのため地域ごとの個性、文化、味などは最小限の共通項にまとめられていき、その共通項自体もますます小さくなっています。一方で、マクドナルドやコカ・コーラといった巨大企業は、世界規模で大衆の脳裏に浸透し、自分たちの商品に対する購買意欲を操っているのです。

これが文化の同質化であり、年々、さまざまな言語、口頭伝承、信仰、慣習などが消滅している、悲しくて残酷な変化の正体です。同時に、これまでにないほどの巨大な富と権力が、限られた人の手に集中しています。天然発酵はこういった同質化や画一性とは真逆で、自分の家で行えるちょっとした対抗手段でもあります。すぐその場にいる培養微生物たちを使って、世界にたったひとつだけの発酵食品を作るのですから。身の周りにすむ生物で発酵させたものは、まさに自分の環境そのものであり、毎回どこかが前

とは少し違っています。もしかするとマイケル・ポランにとってのマクドナルドのフライドポテトみたいに、自分で作ったザワークラウトやみそが、完璧に自分の抱いていたイメージや期待通りになるかもしれません。でもおそらくは、想定と違う何か変わったところがあって、描いていたイメージや期待のほうを修正せざるを得ないことでしょう。自分で作る発酵食品は、画一化された商品という領域を逸脱するものです。しかしながら、世界的に取引された初期の商品のいくつかは発酵食品でした。特にチョコレート（カカオ）、コーヒー、紅茶などは、世界のあちこちで大量に輸出入された最初の農産品であり、すべてその生産過程には発酵が関わっているのです。

　1985年に、僕は友人のトッドと数カ月間アフリカを旅しました。カメルーンでは、アボン・ムバンという町からそう遠くない場所でふたりの先住民と知り合い、ジャングルでのトレッキングに連れて行ってもらいました。僕らは竹の棒をトレッキングポール代わりに使って、膝まである沼地をかきわけながら進んでいきました。先住民たちはそのジャングルで、必要最低限のものだけで暮らす生活を、何世代にもわたって伝統的に続けてきた人々です。なのにトレッキングの道すがら、カカオ栽培をしている先住民の集落をいくつか見かけました。そのとき知ったのは、カメルーン政府が先住民を無理矢理定住させて、商品作物栽培に従事させようとしていることでした。先住民の伝統的な移動性の生活様式は法律で禁じられ、段階的に失われてしまいました。さまざまな国際金融機関への借金返済のために、税収や外国為替取引ばかりを追い求める政府にとって、先住民の伝統文化など露ほどの価値もなかったのです。

　伝統文化が法律で禁じられるとき、これこそが文化の同質化です。これまでに何度も起こったよくある話で、アメリカ先住民の誰もが語れる話でしょう。僕の祖父母も、虐殺から逃れてきた地で、自分の生まれ育った東欧イディッシュ文化がたった一世代のうちに霧散するのを目の当たりにしました。スーパーマーケットの棚にうんざりするほど品物が詰め込まれている国への帰路につくころ、僕はひとつの結論に至りました。僕が何を言って何をしたとしても、アフリカに僕がいたこと自体、資本主義の社会秩序をより華やかなものに見せたにすぎないのだと。つまり、自分の伝統文化を捨て、子どもをミッション・スクールに通わせて植民地支配者の言語で教育し、輸出用のカカオ豆を育てれば、いつの日か単なる娯楽や刺激を得るためだけに、地球の反対側に旅行できるほど過剰な富を蓄えることができるかもしれない、という魅惑的な幻想を強めてしまっただけなのです。

覚醒作用のある発酵嗜好品とグローバリゼーションの始まり

　チョコレートは、アマゾン熱帯雨林原産の樹、テオブロマ・カカオ(テオブロマとはギリシャ語で〈神の食べ物〉の意)の種子を原材料にして作られます。熟した実を採った後、天然の微生物で最長12日間かけて発酵させ、それから加工します。この発酵でカカオの実の果実部分が分解され、種子であるカカオ豆の色、味わい、香りや成分が変化します。チョコレートのあの独特で魅惑的な味わいは世界中で広く愛されていますが、あの味は発酵して初めて得られるのです。発酵後にカカオ豆を実からはずし、乾かしてから焙煎して皮をむき、最後に挽いて粉にします。

カカオ豆

　人類は少なくとも2600年間カカオを味わってきました。アマゾン川流域に住む人々、そしてマヤ文明とアステカ文明がカカオの樹を中米やメキシコにもたらしました。当時カカオは固形の食品ではなく、覚醒効果のある飲み物の原料として、焙煎して挽いたものが使われていました。砂糖を加えないままのカカオは非常に苦いのですが、マヤ文明やアステカ文明では甘みをつけないばかりか、唐辛子を混ぜることも多く、濃い泡状の飲み物として飲用していました。「チョコレート」という言葉はアステカ語のxococ(苦い)とatl(水)の複合語であるxocolatl(ショコラトル)が語源であるといわれています。カカオはマヤやアステカの宗教儀式で重要な意味をもつ聖なる飲み物だったのです。また、カカオ豆は通貨としても利用されていました。

　スペイン人は1519年にカカオを発見すると、すぐにスペインへ輸出し始めました。そしてヨーロッパでも、カカオは19世紀になるまでもっぱら飲料として消費されていました。今日、チョコレート生産はアメリカドルで年間600億ドル規模の世界的な産業になっています。カカオの主な生産地域はアフリカ、東南アジア、そしてブラジルです。しかし僕がアフリカで出会ったカカオ生産者の何人かは、チョコレートを一度も食べたことがないそうです。マルクスの言う疎外された労働者とは、まさにこのことです！

　カカオは熱帯雨林の樹木ですが、商業用には生産高を上げるために通常「ゼロ・シェード(日陰なし)」で栽培され、農薬が大量に振り撒かれます。このことが原因で、カカオ業界はいま危機に陥っています。ゼロ・シェードで育てられたカカオの樹は真菌性(カビ)の疫病にかかりやすく、すでに多くの地域のプランテーションが壊滅状態となり、現在残っているほかの農園にも脅威となっています。アメリカ政府機関の研究者

たちはカカオの遺伝情報をマッピングし、この最も愛されている商品の、抵抗力の強い品種を遺伝子操作によって作ろうとしています。きっとまもなくお近くのスーパーマーケットにお目見えすることでしょう。

　熱帯地方原産で、覚醒効果をもち、グローバル化したもうひとつの嗜好品もまた、発酵を伴います。コーヒーの木（学名：*Coffea arabica*）の真っ赤に熟した新鮮な実は、まず自然に発酵させて果実部分を分解し、豆を実から分離します。そして発酵後のコーヒー豆を乾かして焙煎したら、次にどうするかはもうきっとご存じでしょう。
　コーヒーの原産地はエチオピアです。そこから紅海を越えてアラビア半島に渡り、15世紀末までにイスラム教世界全体に伝わりました。ヨーロッパで最初にコーヒーが登場したのはヴェネチアです。ヨーロッパではまず食品や薬として知られ、後に飲み物として人気になりました。飲み物としてのコーヒーが初めて紹介されたのは1643年のパリで、それから30年のうちに250軒のカフェがパリにできました。現在世界有数のコーヒー生産国はブラジル、コロンビア、ベトナム、インドネシア、そしてメキシコとなっています。

　お茶もまた、発酵によって覚醒作用をもち得る嗜好品です。緑茶には*Camellia sinensis*（茶の木）の未発酵の葉を使いますが、発酵させると茶葉のもつ覚醒効果が高まり、紅茶や烏龍茶タイプのお茶になります。中国では、少なくとも3000年間お茶が飲用されてきました。紅茶が初めてヨーロッパにお目見えしたのは1550年代のリスボンでしたが、その後100年かかってロンドンにたどりつき、あっという間に大流行して、現在に至ります。
　19世紀初頭まで、ヨーロッパ（と北米）向けの紅茶はすべて中国の広東省にある港から輸出されました。貿易商人たちは内陸に入ることを許されず、茶葉を栽培し発酵させる技術は、貿易上の機密として固く守られていました。中国は自国内に十分な資源も進んだ技術ももっていたため、イギリス人が提供する物では金、銀、銅以外何も欲しがりませんでした。しかしそれも、イギリス人が収益効果の高い取引材料のアヘン（これもしばしば発酵を伴う製品）に気づくまでのことでした。イギリス王家から貿易の特権を与えられた東インド会社は、インドにアヘン製造産業を確立し、紅茶と引き換えにアヘンを中国へともたらしました。こうして世界規模の麻薬取引が始まり、以後その規模は拡大を続け、ますます繁栄しているのです。イギリスは19世紀になってやっと茶栽培の技術を習得し、インドや東アフリカなどの植民地で茶の生産を始めました。今日、インドは世界最大の茶葉生産を誇り、その後に中国、スリランカ、ケニヤ、そしてインドネシアが続きます。

チョコレート、コーヒー、そして紅茶の大量生産と世界規模での取引が、全世界にもたらした経済的・文化的変化の大きさは、とても言葉では表現しきれません。覚醒作用をもつこれらの嗜好品は、中毒性のある物として今日では認識されていますが、民族植物学者のテレンス・マッケナは「産業革命にとって理想的な麻薬」だといいます。「摂取すると活力が上がり、集中力を要する単調な繰り返し作業も続けることができる。実際、ティーブレイクやコーヒーブレイクなどというものは、近代的産業国家から利益を得ている輩に、これまで一度も批判されたことのない唯一の麻薬の儀式なのだ」

　そしてここまでの図式の総仕上げをする最後の関連商品が、砂糖です。チョコレート、コーヒー、紅茶はすべて、ほぼ同時期の1650年ごろイギリスにやってきました。覚醒作用があるこの3つの発酵嗜好品は、どれも発祥文化圏においては無糖の苦い飲み物として飲用されていましたが、ヨーロッパではこの3つを砂糖と融合させました。そうしてこの3商品を、新たに大量販売していく重要商品である砂糖と、それぞれペアにして売り込んだのです。これがマーケティングの誕生であり、これまであまりぱっとしなかった商品の大量需要を作り上げた最初のケースでした。今日では、これがなければ生きていけないと消費者に思い込ませる商品は際限なくあるような気がしますが、これがその始まりだったのです。

「こうしたホットドリンクの流行は、砂糖の需要を急増させる強力な要因になった」と、ヘンリー・ホブハウスは自著『歴史を変えた種──人間の歴史を創った5つの植物』に書いています。1700年から1800年の間に、イギリスにおける人口1人当たりの砂糖の消費量は4倍以上に増え、これまで年間平均4ポンド（約1.8キログラム）だったのが18ポンド（約8.1キログラム）になりました。シドニー・W・ミンツは『甘さと権力──砂糖が語る近代史』の中でこう書いています。「砂糖はそれまでの贅沢な稀少品という地位を捨て、賃金労働者階級にとっての異国産の必需品として初めて大量生産された製品になった」。一般の人がどんどん砂糖を使うようになり、買える以上の量を欲しがるようになりました。一方で、「砂糖を生産し、輸送し、精製して税金をかけることが、権力者にとっては需要に比例してより効果的に勢力を強める源となっていった」のです。そしてチョコレート、コーヒー、紅茶の消費量も同様に増えていきました。

　サトウキビ（学名：*Saccharum officinarum*）はニューギニア原産ですが、今から8000年も前にインド、フィリピン、その他のアジア熱帯地域へと広がっていきました。砂糖は中東で、そして中東ほどではないにせよヨーロッパでも長い間知られており、取引も行われてきました。供給量が限られていたため非常に高価で、薬やスパイスとして使われていましたが、今日のような食べ物として扱われてはいませんでした。しかし1418年以降、アフリカ西海岸沖の大西洋水域にあるマデイラ諸島、カナリア諸島、サ

ントメ、カーボベルデの島々に、まずポルトガル人、次にスペイン人が、初めて辺境植民地を作り、砂糖の大規模農園が誕生しました。そしてこの大規模砂糖農園の場所が大西洋の島々だったために、アフリカ西海岸が奴隷労働者の主要供給源として確立され、組織化されていったのです。

　帝国主義のヨーロッパ列強諸国は、カリブ海や熱帯アメリカのさまざまな土地を植民地化していきながら、アフリカの奴隷労働者を使ってもっと大規模な砂糖の（後には別の作物の）プランテーション経済を作り上げました。人類のたどってきた悲惨な歴史の流れの中で、記録に残るものだけを見ても、奴隷制がこれまで多様な文化に存在し、いろんな方法で実施されてきたのは間違いないようです。スラブ人は古代の奴隷制に対して独自の呼び名をもっていますし、最近の報告によれば、コートジボワールの大規模カカオ農園では、21世紀になってもまだ奴隷制が執拗に続いているといわれています。

　しかしアフリカからの奴隷に関して、組織的な人種差別を世界規模で確立したのは砂糖貿易でした。砂糖精製技術の革新により、製品としての砂糖の色はどんどん白くなり、一方で砂糖生産の仕組みは肌の色の濃い人々を非人間的に扱うようになっていきました。象徴的にも、実際の人間に対する扱いにおいても、砂糖は人種差別的な世界秩序をもたらしたのです。さらに砂糖と、砂糖にひもづけられた覚醒作用をもつ発酵嗜好品は、世界規模の植民地支配をも生みだしました。

　その土地に住む人々が消費するための栄養価の高い食品を作るより、ほかの地域への輸出用に、しかも覚醒作用のためだけの作物を大量に作るなど、どこに住む人にとっても（またその土地そのものにとっても）全くおかしな話です。これはそこに住んでいる人々とその土地とのつながりを無理やり断ち切ることによってのみ起こり得ます。こうした仕組みは、もともと奴隷制や直接植民地支配などの方法で実現されてきましたが、僕らの時代になると、支配のしかたの主流は、より目立たない方法に変わりました。それは国際資本です。たとえば国際通貨基金（ＩＭＦ）、世界銀行、第三世界の債務、超国家企業（多国籍企業というより、こういう巨大企業は国家を超越し、国に取って代わるので、超国家のほうがより現実に即した名前だと思います）、世界貿易機関（ＷＴＯ）などです。もし農園で働く人々が、その土地を自分たちの望むように使える術をもっていたとしたら、どこかほかの大陸に住む人々が覚醒作用を得るためだけに使う贅沢品ではなく、きっと自分たちが食べる作物を育てることでしょう。

　ミンツはこう書いています。「砂糖入りの熱い紅茶を、イギリスの労働者が初めて飲んだのは、歴史上重要な意味をもつ出来事であった。社会全体を変化させ、経済・社会基盤を根底から作り変える前兆だったのだから。我々は、こうした出来事が生んだ結果をしっかり理解するよう努めなくてはならない。なぜなら、それが基盤となって、生産者と消費者、仕事の意義、自己の定義、物事の性質などの概念が、それまでとは全く

違ったものになったからだ。何を商品と呼ぶのか、そして商品という言葉の意味するものは何なのかが、以後永久に変わってしまったといえるだろう」

　僕ら豊かな欧米の消費者は、快楽の欲求を満たしてくれる製品が遠い国から絶えずやってくることを当たり前と思うようになってしまいました。しかしそれは（輸送に使われる）石油、（人々の糧となる本来の食べ物を作れたであろう）土地、（地元でもっと必要とされることに向けられたはずの）労働力、そして地球全体の生物多様性など、貴重な資源の大きな代償の上に成り立っているのです。グローバル化した市場は、自国文化の退廃に等しく、英語で「decay（腐敗）」を語源にもつ退廃（decadence）とは、結局持続不可能ということです。つまり、退廃的な行動パターンは、生物学的な、もしくは社会的な衰退や崩壊に、きっと貢献してしまうのです。

文化の商品化への抵抗

　グローバリゼーションという世界の単一化、商品化、そして文化の同質化などの悪質なプロセスに抵抗するための、月並みな対抗策をここで提案するつもりはありません。しかし、1999年にマクドナルドをブルドーザで破壊して世界的ヒーローとなったフランスの酪農家、ジョゼ・ボヴェが、ひとつのモデルを提示しています。ボヴェはこう書いています。「マクドナルドは経済的帝国主義の単なる象徴にすぎない。匿名のグローバリゼーションを代表するものであって、本当の食べ物との関連性はほとんどない。（中略）こうした食の商品化に対する抵抗の波は、世界の至るところで感じることができる」。ボヴェのマクドナルド破壊行動のきっかけとなったのは、ホルモン肥育牛肉の輸入をヨーロッパ諸国が禁止したことに対して、アメリカが行った貿易制裁でした。「我々は多国籍企業の操る世界貿易のモデルを拒否する」とボヴェは力説します。「農業に帰ろう（中略）人民には自分の食糧を自分で確保する権利があるのだから」

　最近のアメリカでボヴェのようなアクションを起こそうものなら、テロ行為というレッテルを貼られて秘密の軍事裁判にかけられてしまうでしょう。文化の同質化に真っ向から抵抗しようとしても、抗えるものではありません。かといってあきらめてしまってもいけません。抵抗勢力は、主流から外れた周辺部分の、ありとあらゆるところに存在します。そこは文化の主流に飲み込まれるのをうまく逃れた人々の集まる場所です。その周辺部分で僕たちは、自分たちが必要だと思うものや欲しいものを自由に表現する多彩な代替文化を作り、互いに支え合うのです。

　抵抗する方法にはいろんなレベルがあります。派手で公に目立つやり方をとることもたまにありますが、普段いろんなことを決断する場面のほとんどは日常的で個人的なも

のです。たとえば僕らは何を食べるかの決断を、もし恵まれた状況にあれば、一日に数回行います。そして、食べ物について僕らが日々行う選択の積み重ねは、計り知れない影響力をもっているのです。

　食べ物は、マス・マーケティングや商品化の文化に抵抗するチャンスをたくさん作ってくれます。消費者行動には、画期的で影響力を持つやり方がいろいろとあります。魅惑的で利便性の高い商品を選ぶだけの消費者の役割におさまる必要はありません。自分の食欲と、自分の理念に基づいた市民活動を合体させて、食べ物に自ら関わり、作る側の一部を担うこともできるのです。食べ物は人類の歴史上ずっと、地球の生命力と一番わかりやすくつながれる絆です。いつの時代も、豊穣の実りの収穫は、それを祝い、神に感謝する機会なのです。

　現代の都市化された社会では、食べ物を育てる過程だけでなく、原材料としての農産品そのものからすらも完全に切り離されてしまっている人がほとんどです。アメリカ人の多くは、工場で加工された食べ物を買って食べることに慣れてしまいました。「食べる側も食べられる側も、生物としての現実から乖離してしまっている」と書くのは、作家であり環境活動家のウェンデル・ベリーです。「その結果は一種の孤独であり、人間にとってこれまで前例のない経験である。もしかすると食べる者にとっての食べることが、ひとつ目は自分と食品供給者との間の商業的な取引、ふたつ目は自分と食品との間の食欲に基づく取引にすぎなくなっているのかもしれない」。製品として作られた食べ物は死んでいます。僕たちを支えてくれる命の力とのつながりを断ち切り、自然界に溢れんばかりに存在する魔法の力を得る機会を奪い去っているのです。「我々から奪い去られた自然の恵みを取り戻す時が来た」とインドの活動家、ヴァンダナ・シヴァは書いています。「良質の食べ物を育てて与えることが最高の贈り物であり、また最も革命的な行為であると祝福する、今がその時だ」

　誰もが農業に従事できるわけではありません。しかし地球とのつながりを育み、画一化され標準化された世界市場へと向かう波に逆らう方法は、自分で作物を作ることだけではありません。小さなことながらも、カルチャー（文化）の同質化に抵抗する具体的な方法のひとつは、自然界に存在する野生の微生物のカルチャー（培養）を利用し、やさしく操っていく行為に自ら関わってみることです。先人たちの使ってきた膨大な発酵技術の数々を再発見し、再解釈してみるのです。自分の身の周りに存在するさまざまな生命の力に関与してその力に敬意を表しながら、自分の体に微生物カルチャー（培養した微生物）の生態系を作っていきましょう。

第4章 発酵微生物を操ってみる
── 自分でやってみるための手引き ──

　発酵食品にはなんだかよくわからないところがあって、そのため多くの人は発酵食品を自分で作ることに及び腰になるようです。工場で作られる発酵食品はすべて、薬品による徹底的な殺菌、厳密な温度管理、管理の行き届いた微生物培養などで同じ仕上がりにしているため、発酵食品を作るにはこうした条件すべてが必要なのだろうと一般的に思われています。そしてビール作りやワイン作りに関する本がこうした誤解をさらに根強いものにしています。

　僕からのアドバイスは、専門家崇拝の偏った思想を断固として拒否することです。恐れてはいけません。ハードルが高いなんて思っちゃダメです。どんな発酵食品作りも、技術革新がその製造工程をなんだか複雑にしてしまう前から存在していたことを忘れないでください。発酵に専用の道具など必要ありません。温度計すらいらないのです（あると便利ですけど）。発酵させるのは簡単だし、ワクワクします。誰にだってできます。微生物たちも柔軟に僕たちに合わせてくれます。もちろんどの発酵食品作りでも、かなりの微妙なさじ加減を学ぶ必要はありますが、継続していけば、それまでの経験が教えてくれます。とはいえ基本の作り方は単純でわかりやすいものです。十分自分でできます。まずひとつご紹介しましょう。

Recipes

タッジ（エチオピア式ハニーワイン）

所要時間　2〜4週間

用意するもの
- 4リットル（もしくはそれ以上）サイズの陶器の甕（かめ）、または広口瓶、もしくはプラスチック製の食品用バケツ
- 4リットルサイズの飲料用ガラス瓶（口が細めのもの）
- エアーロック（発酵栓）
  （手作りビール・ワインキットの専門店で購入可能です。あれば便利ですが、必須ではありません）

材料（4リットル分）
- 蜂蜜（もしあれば非加熱・未加工のもの）3と3/4カップ

・水　15カップ（3リットル）

作り方

1　甕または広口瓶に水と蜂蜜を入れ、蜂蜜が完全に溶けるまでよく混ぜます。タオルか布で開口部を覆い、暖かい部屋に2〜3日おき、思いつくたびできるだけ頻繁に（最低でも1日に2回）中身を混ぜ返します。空気中から酵母が甘い蜂蜜水にひき寄せられてくると信じましょう。

2　3〜4日（寒いときはそれ以上、暑いときはそれ以下）経つと、蜂蜜水に泡が立ち、香りも強くなっているはずです。泡が立ち始めたら、きれいに洗った飲料用のガラス瓶に移し替えます。瓶がいっぱいにならなければ、水と蜂蜜を4対1の割合で注ぎ足します。そして、もし簡単に手に入るならエアーロック（発酵栓。149ページの挿絵参照）で栓をし、中の空気を逃がして外の空気は入れないようにします。エアーロックがない場合は、瓶の口に風船をつけるか、ゆるく蓋をして中の空気を逃がし、圧力を内側にためないようにします。

3　泡立ちがゆるやかになるまで2〜4週間そのままにします。これは「すぐに」味わえるワインです。いま飲んでしまってもいいですし、熟成させることもできます（151ページ参照）。

　おいしくて、僕たちを酔わせてくれるワインはこんなに簡単に作れます。この基本レシピにフルーツやハーブを加える応用レシピは、150ページを参照してください。

自分でやってみる

　「自分でやってみる」という行動理念を実践している人たちは実にたくさんいます。これは自分の可能性や能力を高め、新しい学びをどんどん受け入れていこうとする姿勢です。「自分でやる派」の人たちは、たとえば家庭菜園や庭の手入れをする人、料理を「一から」作る人、自分で服を縫ったり手工芸品を作ったりする人、いろんな物を作ったり直したりする人、ヒーリングを施せる人などさまざまです。無政府主義のパンク・ロック文化も、自分たちでやるという意味の「ＤＩＹ精神」を生き方のスローガンに掲げています。「zine（ジン）」と呼ばれる自主制作誌を発行したり、バンドのメンバーになったり、まだ十分食べられる物を探してゴミをあさったり、空き家に勝手に住んだり、主義に基づいて抗議活動をしたり、知識や技術を共有するスキルシェア交流会を行ったり。こんな行動はすべて、このＤＩＹ精神の表れなのです。

　何もないところでの田舎暮らしもそのひとつです。僕の住むショート・マウンテンでは、生活のインフラもすべて自分たちで作って、維持も自分たちでします。太陽光発電も、電話線も、上下水道も含めてです。ヤギやニワトリを飼い、自分たちの食べる作物はほとんど自分たちで育て、居住空間も自分たちで建ててメンテナンスもします。仲間の中には作曲、糸紡ぎや染色、毛糸やレース編み、裁縫、車の修理などをする者もいま

す。自給自足型の田舎暮らしは、さまざまなことに対応できる何でも屋としての幅を広げたいと願う人にはまさにうってつけです。「自給自足」の生活に還るには、今まさに失われようとしているいろんなスキルを、ひとつひとつ時間をかけて習得していく必要があります。そしてありとあらゆることのやり方を学ぶのは、とてつもない満足感を得られるとともに、自分の可能性も広がると感じています。

「自分でやってみる」発酵は、実験と発見の旅です。というより再発見です。なぜなら発酵は火や簡単な道具などと同じく、物事を変化させる最も基本的な方法として人類の祖先が用いて、人間文化の基盤を形作ったものだからです。発酵が作り出すものに同じものはふたつとありません。使う材料のみならず、周りの環境や季節、温度、湿度、その他いろいろな要素が、発酵の変化を引き起こす微生物たちの反応の具合に影響します。数時間で完成する発酵もあれば、何年もかかるものもあります。

　発酵に必要な準備や作業はふつうほんの少しだけです。所要時間のほとんどは待ち時間になります。自分でやってみる発酵は、おそらくファストフードから一番かけ離れた食品といえるでしょう。発酵食品の多くは置けば置くほどおいしくなります。おいしくなるのを待っている間、目に見えない味方が行っている不思議な営みに思いを馳せ、観察してみましょう。南米のチャロティ族は、発酵が起こるときを「良い精霊の誕生」だと考えています。音楽や歌で良い精霊を呼び寄せ、その精霊のために準備した家に住みついてもらうよう熱心に語りかけるのです。皆さんも精霊たちにとって心地よい環境を作ることができます。それを精霊というのか、微生物というのか、発酵過程というのかは、自分にとってしっくりくる呼び方でかまいません。（ジェダイのように）フォースはあなたと共にあり、「それ」は必ずやってきます。

　僕の仕込んだ甕が泡立ち始めて、生命の力がその存在をあらわにするときはいつも最高にワクワクします。しかし10年の経験をもってしても、ワインが酸っぱくなったり、酵母が死んでしまったり、熟成中の甕にウジがわいたりと、発酵が思い通りに行かないことがあるのもまた避けられないことです。時には、求めている風味を醸し出す微生物にとっては暑すぎたり寒すぎたりすることもあります。気まぐれな生命の力が相手なので、その付き合いが長期間に及ぶこともあります。そして欲しい結果が得られやすい状況を作ろうと僕らは頑張るわけですが、肝に銘じておくべきは、どんなに頑張っても結果を完全にコントロールするのは不可能だということです。たまに自分の実験が思いもかけない結果になるのも仕方ないことですが、もしそうなった場合はその経験から学び、やる気をなくしてしまわないようにしましょう。何か問題が起きた場合の対処法について質問があれば、いつでも遠慮なく（sandorkraut@wildfermentation.com）までメールでご相談ください。そして忘れないでほしいのは、サンフランシスコ・サワードゥの

有名な天然酵母のパン種も絶品のブルーチーズも、元はといえばはるか昔に誰かの家の台所やどこかの農家で起きた自然発酵からきているのです。もしかするとお宅のキッチンにも、心癒されるような味を生む微生物が漂っているかもしれませんよ？

「僕らは不完全で完全」という言葉は、僕の人生のモットーのひとつです。これは友人のトリスケットと、あとふたりの新米大工と協力して、ショート・マウンテンの「町の中心部」から400メートルほど離れたセックス・チェンジ・リッジのはずれに僕らの家を建てていたとき、トリスケットから学んだ言葉です。僕らはまず、崩れかけた古いコカ・コーラのボトル詰め工場から木材を取ってきて、自分たちの山から伐りだしたハリエンジュ（針槐）の基礎に載せていきました。僕らは全部作りながら学んでいったのです。もし僕らの求めていたものが画一性であったなら、2倍幅のトレーラーハウスを買ったほうがよっぽど良かったことでしょう。しかし幸運にも僕らの希望は、とても個性的な、森の情感たっぷりの家に住むことでした。そして、結果的にその通りになったのです。冒頭のモットーは、発酵にも間違いなく当てはまり、僕はこの言葉をよくつぶやきます。「僕らは不完全で完全」。もしご自分の望むものが完璧に画一化された予測可能な食べ物なら、この本はあなたにふさわしくないと思います。しかしちょっと気まぐれで、物を変化させる巨大な力を秘めた小さな生き物たちと一緒に協働作業してみたいと思うなら、このまま先に読み進めてください。

どんな食べ物も発酵できる

これまでに発酵されたことのない食品など、僕はひとつも知りません。僕は今でこそ何でも食べるようになりましたが、以前はベジタリアンでしたし、動物性の物は全くとらないビーガンだったこともあります。今の僕は、時代や世代的な流行の移り変わりを反映しているポスト・ベジタリアン（以前ベジタリアンだった人）とでもいうグループに属すると思っています。したがって僕が経験あるのは、ベジタリアン・クッキングやベジタリアン用の発酵に関するものです。肉や魚を使った発酵はこの本では扱いませんが、そういう発酵は世界に山ほどあります。いろいろある中でも、ソーセージ、ニシン漬け、魚醤の3つは特に有名です。リクアメンと呼ばれる発酵魚醤は、古代ローマの主要な調味料でした。これはベトナムのニョクマムやタイのナンプラーなどの、現代の東南アジア料理で広く使われているさまざまな魚醤とほぼ同じです。また北極圏に住む人々は、地中深くまで穴を掘って魚を丸ごと入れていっぱいにし、魚がチーズのような状態になるまで何カ月間も発酵させます。さらに、「鮨」という言葉は、魚と米飯を一緒に発酵させる日本の伝統から来たものです。

世界中のおなかをすかした人たちは、食べ物を保存するためだけでなく、動物の体で

本来なら食べられない部分を栄養価の高い食べ物に変えるための発酵のテクニックも編みだしました。ハミッド・ディラルは自著 "The Indigenous Fermented Foods of the Sudan"（スーダンの伝統的発酵食品）の中で、非常に独特な発酵食品の作り方を80種類紹介しています。この本で紹介されている驚くべき発酵の数々を使えば、動物の肉も骨もひとつ残らず食べられるほどです。たとえば *miriss*（ミリス）は脂肪分を発酵させたもので、*dodery*（ドッジェリ）は細かく刻んだ骨を水に漬けて発酵させたものです。僕の本にそのレシピは載せていませんが、読者の中にはこの系統の発酵を試してみたいと思う人もいることでしょう。

曖昧な境界線

　肉の発酵について考えるとき、完璧なまでに発酵させた食べ物と、腐った食べ物との違いは、かなり主観的だと思い知ったある出来事を思い出します。ヤギを屠殺した後、その肉の一部を2週間ほど発酵させてみたことがありました。肉を4リットルサイズの広口瓶に入れ、手近にあった発酵製品、たとえばワイン、酢、みそ、ヨーグルト、ザワークラウトの汁などを全部一緒に混ぜ入れて、瓶をいっぱいにしました。そして瓶に蓋をして、地下の隅の邪魔にならない場所に安置したのです。そのうち泡が立ち、いい香りがしてきました。2週間後、その肉と漬け汁を蓋付きのオーブン鍋に入れ、オーブンでローストしました。

　調理するうち、ものすごい悪臭がキッチンに漂い始めました。勇気ある美食家のみが食べる強烈なチーズみたいな匂いがしたのです。気が遠くなったり失神寸前になったりする者が続出し、ひどい吐き気を催して部屋を出て行かなくてはならない者も何名か出る始末。大勢がその匂いに不満を訴えました。それは悪夢のような夜として、すぐに仲間うちの伝説のひとつに殿堂入りしたのです。

　12月の冬の寒さそっちのけで窓を全開せざるを得ませんでした。実際にその肉を食べてみたのはたしか6人くらいだったと思います。ヤギ肉にしてはかなりやわらかく、匂いのわりに味はとてもマイルドでした。コミューン仲間のミッシュはこの肉を大絶賛し、いつまでも鍋の上をうろうろしながら肉片をちびちびと拾い、チーズのような強烈な香りを讃えながら、自分とほんの数人しか堪能できなかったこの高尚な〈通の味〉に、悦に入っていました。

　多くの文化には、こんなふうに強烈な味や香りがするとか、とても奇妙な舌触りなのに、その文化では「大好物」になっている発酵食品が存在します。こうした食品は、その文化を代表する独特な食べ物として、文化的に重要な象徴となるものですが、それは

通常その文化に属さない人たちの目にはとてつもなく不快なものと映るからこそです。たとえば僕の父は何でも恐れず食べる人なのですが、スウェーデンにいる友人を訪ねてクリスマスを一緒に過ごしたことがありました。スウェーデンの伝統的なクリスマスイブのごちそうに、灰汁（あく）で処理した魚を数週間発酵させてから調理した「ルートフィスク」がありますが、父はそのときから40年経った今でも、ルートフィスクを味わったときの感覚を説明しながら身もだえします。そのほかにも、アジアのさまざまな大豆発酵食品は西洋でも広く人気を博していますが、ぬるぬるした日本の納豆はその人気もかなり限定されるようです。そして「百年卵」の異名をもつ中国のごちそう（訳注：ピータンのこと）は、実は馬の尿につけて2カ月発酵させただけのもので、そうすることで卵が凝固して、卵黄は緑色に、卵白はスモーキーな黒になります。

　食品科学の専門家は「感覚刺激性」という専門用語を使いますが、これは主として食べ物の口当たりの質を意味します（加えて、その他の感覚器官が受けとる主観的な印象も含みます）。発酵は食品のもつ感覚刺激性の質を変えてしまうことが多く、味よりむしろこの感覚刺激性が好き嫌いを左右します。だからある文化の誇る最高の美食が、別の文化では最悪の悪夢になり得るのです。「それゆえに〈腐敗〉の概念は生物学より文化の領域に属する」と書くのは、フランスの国立科学研究センター長のアニー・ユーベルです。国際的スローフード運動の雑誌『スロー』に寄稿したエッセイで、こう述べています。「腐敗という言葉は、食べ物が消費にふさわしくなくなった時点を指すが、その線引きは、社会によってそれぞれ定義の異なる味・見た目・衛生の概念を基準に判断されるのである」

　この境界線は流動的なものであり、発酵食品は往々にしてこの境界を曖昧にする傾向があります。生と死の二元性を考えてみましょう。発酵とは、死の上に起こる生の営みです。生きている微生物が、食べ物の死んだ部分を消費して別のものに変化させ、その過程で栄養素を解き放ち、さらなる生命の維持に役立てているのです。よく発酵食品作りのレシピでは、「味わいが熟成するまで」発酵させなさい、などという不可解な指示があります。つまりそのポイントがどこなのかは、自分で決めなくてはいけないのです。だから僕は、発酵中できるだけ頻繁に味見してみることを強く勧めています。そうすれば発酵過程の味の移り変わりを学べるし、自分にとって一番良いと感じる熟成度合いも理解できるからです。また、腐敗という主観的で移ろいやすく曖昧な境界線の向こう側の味が、いったいどんなものなのかも経験することができるでしょう。

　正しく発酵されていない食品で食中毒を起こしたりしないか、と質問されることがたまにあります。僕自身はそんな経験は一度もないし、周りにいる発酵マニアからもそんな報告を受けたことはありません。一般的には、発酵によって食品が酸性またはアル

コール性になると、サルモネラ菌などの深刻な食中毒を起こすタイプの細菌にとってすみづらい環境になります。とはいえ僕は、発酵の過程で何かがおかしなことになってもそのせいで食中毒になることはない、などと絶対的な権威としていえる立場にはありません。

　見た目や匂いがあまりにもひどければ、コンポストのエサにしてしまいましょう。僕の経験では、通常なんだかおかしなことになっているのは表面だけです。そこは、微生物をたっぷり含んだ空気にさらされている場所ですから。その下部分の発酵は問題ありません。よくわからないときは、自分の鼻が教えてくれると信じましょう。それでもわからないときは、ほんの少しだけ味見してみるのです。自分の唾液と混ぜて、ワイン・テイスティングのときのように口の中でまわしてみます。自分の味覚を信じましょう。おいしくないなら、食べないことです。

道具と材料の基本

　ほとんどの発酵食品作りで必要となる基本の道具は、発酵させる物を入れておく容器です。伝統的に好まれたのはひょうたんですが、動物の内臓や陶器の入れ物などもよく使われました。円筒形の入れ物は、ほとんどの発酵食作りで一番扱いやすい形です。僕は昔ながらの重い陶器の甕を使うのが好きです。しかし残念ながら値段は高いし壊れやすいし、どんどん手に入りにくくなっています。もし中古品を買うなら、ヒビが入っていないか気をつけてチェックしましょう。または運が良ければ昔懐かしい町の金物屋にあるかもしれません。甕を買うなら、なるべく地元で見つけるようにしましょう。重いし、輸送費も高くつくからです。

　僕はこれまで広口のガラス瓶を使っていろんなものを発酵させてきましたが、唯一の欠点はずんどうでないことです。また、この本を書く準備としていろいろと実験する中で、僕はついにプラスチックに反対する純粋主義を手放しました。近くのデリカテッセンで手に入れた5ガロン（約19リットル）のプラスチック製バケツを使って発酵させてみたところ、ちゃんとうまくできたのです。プラスチックから染み出た化学薬品が食べ物に染み込んでしまうという意見は、確かにその通りなのだろうと思います。しかし僕らはすでにプラスチックだらけの世界に住んでいるのだから、そういった化学薬品にさらされることを避ける方法は、実のところ存在しません。お店で買う食品のほとんどは、健康食品店で買った物ですら、プラスチックやビニールに包まれています。とはいえ、もしプラスチック製の物を使うなら、食品用の製品であることを確認しましょう。以前建築材が入っていたプラスチックのバケツなどを使ってはいけません。また、金属製の容器に入れて発酵させるのもいけません。発酵に使う塩や、発酵過程で生成される

酸に反応する可能性があるからです。

　もうひとつ、穀類や豆類を使って発酵させるときに、あるといろいろ使えて便利なツールは、穀物用ミルです。自分で挽けば、その材料が新鮮で、使う直前まで発芽可能なくらい生きていることを確証できます。あらかじめ挽いてある穀物だと、酸化して栄養素が失われたり、鼻につくような匂いや嫌な味を帯びたりすることもあります。また自分で挽くと、キメの細かさを自分で調節することもできます。粗挽きにすると見た目も美しくおいしくなります。僕がミルを使うのは、パン、ポリッジ（お粥）、テンペなどを作るときです。また種類によってはビール作りに使うこともあります。近くのホームセンターやキッチン雑貨の店をチェックしてみましょう。その他の必要な道具については、この先の該当するレシピで紹介していきます。

　僕はアメリカに住み、キッチンの道具もよく使う参考資料もすべてアメリカの単位システムに則っているため、この本のレシピはまずアメリカの単位を基準にして作りました。それからそのレシピをメートル法に換算したのですが、そのとき知ったのは、メートル法の世界で固形材料を計量する際に、重さ（グラム、キログラムなど）を使用するということです。一方、アメリカでは一般家庭での場合容積（カップ数、ミリリットル、リットルなど）を使います。そこでこの本では、小麦、豆、穀物などの重さをすべて量りなおす代わりに、アメリカ単位の容積を単純にメートル法の容積に換算しました。つまりこの本のメートル法への換算は、翻訳というよりは翻字に近く、便宜的な置き換えになります。それでもそうやってのせた情報が、アメリカ以外の地に住む発酵チャレンジャーたちの役に立つことを願います。

　この本の全レシピを通じて、一番よく出てくる材料は水です。発酵プロジェクトにおいては、過度に塩素消毒されている水を使ってはいけません。水に塩素を加えるのは、まさに微生物たちを殺すためなのです。水道水に塩素の匂いや味を感じたら、沸騰させて塩素を蒸発させた水を使うか、別のルートから手に入れた水を使いましょう。
　もうひとつよく使う材料は塩です。塩はいろんな生物にダメージを与える物質ですが、多くの食品発酵プロセスで重要な役割を果たすラクトバチルス乳酸菌という細菌は、塩をある程度まで許容します。僕は海水塩を好んで使います。発酵させるには海水塩でも漬け物用の粗塩でもかまいませんが、スーパーマーケットでよく売られている食卓塩にはヨウ素や固化防止剤が入っているので使わないほうが無難です。ヨウ素は塩素と同じく抗菌性なので、発酵を妨げる可能性があります。粗いコーシャソルトもひとつのオプションですが、粒が大きいため、使うときは分量に気をつけてください。同じ重さでも粒が粗いほうが容積は大きくなることを踏まえて、容積ベースのレシピでは少し多めに入れる必要があります。この本のレシピでは粒の細かい塩を前提にしているため、粗い

コーシャソルトを使う場合は、分量のだいたい1.5倍になります。また、沸騰させた水であらかじめ溶かしておく必要もあるかもしれません。

その他の材料については、必要になったときに、その都度お話ししていきます。全体的には、オーガニックな食材を使って発酵させることをお勧めします。オーガニックな食品のほうが栄養価も高く、よりおいしく、また生態系バランスの保持に役立つという点でも優れているからです。しかしひとついわせてもらえば、スーパーマーケットや健康食品の巨大チェーン店などで手に入るオーガニック食品のほとんどは、大規模で企業的な栽培方法である、単一作物栽培で作られた物です。僕の知っているテネシー州のオーガニック生産者は、以前ナッシュビルにある健康食品店に自分の農作物を卸していました。しかしその健康食品店は、とある全国チェーンに買収され、それ以来この生産者の野菜のみならず、地元で育てられたどの作物も、全米に流通可能な量を別の州にある中央倉庫へ送れない場合は、この健康食品店では扱えなくなってしまったのです。

地元の農家を支えることは大切だと僕は考えます。できるだけ地元でとれた旬の物を食べましょう。ファーマーズ・マーケットや直売所で買い物をしましょう。また地域支援型農業（CSA）プロジェクトにも参加しましょう。これは消費者が会員となって地元の農家を支える仕組みで、農家が数を限定して会員をもち、一年を通してその時期に収穫した作物を会員に配るのです。

しかし何より一番いいのは、自分が食べる作物を自分で育ててみることです。そうすればその作物が最高に新鮮であることは明白ですし、植物の命という奇跡に関わる喜びを味わうこともできます。とはいえ、発酵させようとする材料の出どころについてあまり気にしすぎないように。微生物たちはそんなにえり好みしません。あなたの用意した物が何であろうと、ちゃんと発酵してくれるでしょう。

新たな経験と知識を求めて

この「自分でやってみる」手引書を書く合間に、僕はまたひとつ新たな自給自足生活のスキルを取得中です。僕はもう何年も、飼っているヤギたちの甘美で栄養たっぷりで新鮮な生のミルクを堪能してきましたが、実際にヤギの世話をしたことはありませんでした。それがこのたび初めて、ヤギの搾乳を学んでいるのです。搾乳を通じて、ヤギのサシィ、リディア、レンティル、レニー、ペルセフォネ、ルナ、シルビアを、それぞれ別の性格をもったヤギとして、個別に理解することも学んでいます。また搾乳することで手の力もついてきました。そして搾乳のコツは、つまるところリズムを見つけることだと感じています。

発酵のコツも、これとあまり変わりありません。微生物とのやりとりの中で微生物のことを理解し、リズムを見つけていくのです。産業革命が起こるまで、発酵食作りはすべて自分の家か、少なくともその地域で行うものでした。神聖な伝統であり、地域の人々が一緒になって、しばしば儀式のように行ってきました。こういった発酵食作りを自分の家で復活させてみることで、とてつもない栄養が得られるだけでなく、自分が食べたり周りと分かちあったりする食べ物に、命と魔法をもたらすことができるのです。

　この本は作り方重視の料理本です。つまり、僕が説明していく作り方のいろんなテクニックが重要なのです。したがってここで指定している材料はある意味適当で、いろんなものに変更されることを前提にしています。また、アメリカから遠く離れた地域に伝わるちょっと変わった発酵食レシピの多くは、文献に書かれた説明をもとに再現してみたものです。全体的に参考にした本として記しておくべき2冊は、ビル・モリソンの"*Ferment and Human Nutrition*"（発酵と人間に必要な栄養）と、キース・スタインクラウスの"*Handbook of Indigenous Fermented Foods*"（伝統的な発酵食品に関するハンドブック）です。どちらの著者も、非常に実用的で素晴らしい情報をたくさん集めています。そのほかにもいろんな各国料理の本やホームページ、文化人類学的な文献や歴史的文献なども参照し、それぞれ参考にした箇所で出典を記しています。ただし、書き物を情報源として使うときの問題点は、しばしば書き方が曖昧なことで、しかも複数の情報源をあたってみると、互いに食い違っていることもよくあります。僕が再現してみたものがどれくらい本場の味に近いのかは保証できませんが、ちゃんとうまく作れることと、おいしいことだけは保証します。とはいえ、是非ここに書かれたレシピから離れて、自分の好きな食材を使ったり、そのとき一番たくさんある物を使ってみたりしてください。それが自分の畑でとれた物でも、見逃せないセールで大量に購入した物でも、はたまたゴミ捨て場から救済してきた食材たちでも何でもかまいません。発酵を大いに楽しみましょう！

第5章 野菜の発酵

　発酵させた野菜（漬け物など）はあらゆる食事の引き立て役です。舌を刺激するその味は、食べ物全体のアクセントや口直しになるだけでなく、消化も促進してくれます。世界のさまざまな料理でも、発酵野菜は繰り返し食卓に登場する食べ物です。キムチに心酔している韓国人は、朝昼晩すべての食事でキムチを食べます。僕は毎日少しずつ発酵野菜を食べるのが好きです。30分かけて野菜を包丁やスライサーで刻めば甕（かめ）はいっぱいになり、それを発酵させれば数週間食べ続けられます。栄養価が高くておいしい発酵野菜を、食べたいときにいつでも食べられるのです。それ以上何の追加作業も必要ありません。いろんな種類の発酵野菜を複数の甕で同時に作って、バラエティをもたせましょう。本当に簡単ですから。

塩水に漬ける基本のテクニック

　腐るがままにされた野菜と、おいしい発酵食品への道をたどる野菜の運命を大きく分ける物はふつう、塩です。野菜は塩水の保護下にあるとき一番よく発酵します。この塩水とは、単純に塩が溶け込んだ水です。ザワークラウトのように、塩で野菜から水分を引き出して濃厚な野菜エキスの塩水を作る物もあれば、キュウリのピクルスのように、あらかじめ塩水を作って野菜の上からかける物もあります。塩水は腐敗微生物の成長を抑え、増えてほしいバクテリアであるラクトバチルス乳酸菌の成長を助けます。この塩水に使う塩の量は非常にまちまちです。塩の量が多くなるほど発酵は遅くなり、より酸っぱい（酸味の強い）発酵食品になります。しかし塩が多すぎると微生物のすめない環境となり、発酵は起こらなくなります。

　発酵に使う容器については、第4章で説明しました。発酵させようとする材料を甕いっぱいに入れたら、その中にはまる落とし蓋を見つけましょう。野菜たちの自由にさせておくと、浮力で上まで浮かんできて、空気にさらされたところからカビが生えてし

まいます。塩水の保護下に沈んだ状態を保つには、落とし蓋と重しが必要です。僕はたいてい甕の内側にちょうどはまるサイズの大きなお皿を落とし蓋に使います。甕とお皿の間に多少隙間があるのはかまいません。

　もしくは板をちょうどいいサイズに丸く切って使うのもいいでしょう。しかしその際は堅い木の一枚板を使い、ベニヤ板やパーティクルボードなどは絶対にやめましょう。口には入れたくないような接着剤で成型されているからです。重しには、通常4リットルのガラス瓶に水をいっぱいに入れて使っています。しっかり洗って煮沸した石でもOKです。

　僕が時々使う別の方法は、広口瓶に野菜を入れて発酵させ、その口にちょうどはまる、ひとまわり小さい瓶に水をいっぱいに入れて、発酵の重しにするやり方です。またはジッパーつきのビニール袋に漬け汁を入れて（中身が漏れてもいいように）、瓶の中の発酵物を沈めることもできます。手近にある物で工夫してみましょう。リサイクルセンターは、発酵食作りに使えそうな瓶や入れ物の宝庫かもしれません。

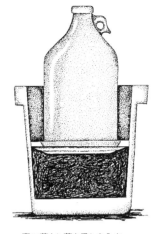

甕に落とし蓋と重しを入れ、発酵物を塩水に漬け込んでいる様子

ザワークラウト

　僕にとって、ザワークラウトがすべての始まりでした。ニューヨークに住んでいた子どものころからザワークラウトが大好きで、しょっちゅうがっついて食べていた屋台のホットドッグには、必ずマスタードとザワークラウトがつきものでした。また、ルーベンサンドウィッチ

広口瓶にひと回り小さい瓶を入れ、重みで中身を沈めている様子

（コーンビーフにサウザンドアイランド・ドレッシングとザワークラウトをのせ、その上全体にとろけたチーズがかかっているもの）のザワークラウトも大好きでした。しかし肉を食べるのをやめたとき、ザワークラウトも食べなくなってしまったのです。

　ただしそれもマクロビオティック（マクロビ）と呼ばれる食事法の波に、2年くらいはまるまでのことでした。マクロビのルーツは日本の精進料理にあります。制約はわりと厳しく、穀類、野菜、豆類を中心に、単純な方法で調理した物を食べるという考え方です。マクロビの食生活では、みそのほか、加熱殺菌されていない生きたザワークラウ

トやその他のピクルス類を定期的に食べて、消化を助けることが強調されています。そのため僕はほぼ毎日ザワークラウトを食べるようになり、作り方を学んでからはもう何甕ものザワークラウトを作ってきました。

　この本の原稿の最終版を校了し、いよいよ出版に向けて準備していたまさにそのとき、ザワークラウトに含まれるガン予防の有効成分を証明した新たな研究が発表されました。もともとキャベツやその他のアブラナ科の野菜（ブロッコリー、カリフラワー、芽キャベツ、からし菜、ケール、カラードグリーン、チンゲンサイ、その他いろいろ）は、抗ガン性の栄養分がいっぱい詰まっている野菜だと長い間認識されています。そして今回 "Journal of Agricultural and Food Chemistry"（農業と食品化学ジャーナル）で新しく発表されたフィンランドの研究によると、キャベツに含まれるグルコシノレートが発酵によって分解され、イソチオシアネート化合物になることがわかったのです。このイソチオシアネート化合物がガンを抑えることはすでによく知られています。この研究を発表した著者のひとりであるエーヴァ＝リーサ・ニュヘネンはこう述べています。「発酵したキャベツのほうが、生のキャベツより体にいいことがわかってきました、特にガンと闘う場合には」

　ザワークラウトは、遊牧民であるタタール人によってヨーロッパにもたらされたと一般に信じられています。そのタタール人がザワークラウトを知ったのは中国だといわれ、中国には実に古くからさまざまな発酵の伝統があります。「ザワークラウト」はドイツ語の名前で、フランス人は「シュークルート」と呼びます。ヨーロッパ全土にわたり、地域ごとに独特なザワークラウトがいくつも存在し、どれも違った方法で作られています。たとえば戦争で引き裂かれたセルビアやボスニア・ヘルツェゴビナ地域では、通常キャベツを丸ごと大きな樽で漬け込みます。ロシアのバリエーションではリンゴを使ってザワークラウトに甘みをつけます。またドイツ人といえばザワークラウトのイメージが強いため、英語の蔑称でドイツ人のことを「クラウト」と呼んだりします。そのためアメリカがドイツと戦争したとき、ザワークラウトには一時的に「自由のキャベツ」という名前が付けられました。いわば、（イラク戦争時、フレンチフライの別称として使われた）「フリーダム・フライ」の先輩です。

　ドイツからアメリカに移民してペンシルベニア州に住みついた人たちは、「ザワークラウトヤンキー」として知られるようになりました。"Sauerkraut Yankees: Pennsylvania-German Foods and Foodways"（ザワークラウト・ヤンキーズ：ペンシルベニアのドイツ料理と食文化）の著者ウィリアム・ウォイス・ウィーバーは、南北戦争時のザワークラウトにまつわる逸話を次のように描いています。「南部連合軍がチェンバーズバーグ（ペンシルベニア）を占領した1863年の夏、飢えた反乱軍兵士が真っ先に住民に要求したもののひとつはザワークラウトの樽だった」。しかし残念なが

ら反乱軍は到着する時期を誤りました。ペンシルベニア州のドイツ人たちは秋に収穫したキャベツでザワークラウトを作り、冬から春にかけて味わうのです。「真夏にザワークラウトを作るなど、正気の沙汰ではない」(とはいえここテネシー州では、6〜7月に春キャベツを収穫して、まさに真夏のザワークラウトを堪能しています)。

キャベツを発酵させてザワークラウトにするのは、1種類の微生物だけのしわざではありません。ほかのほとんどの発酵プロセスと同じように、ザワークラウトにも複数の微生物種が順番に関わっています。それはちょうど、森の中で優先種となる木の種類が次々に入れ替わり、前を受け継いだ種がそれぞれ次の種にとってすみやすい環境を作る森のサイクルと何ら変わりありません。

まずは大腸菌と呼ばれる細菌が発酵をスタートさせます。そして大腸菌が酸を生成していくと、だんだんロイコノストック菌にとってよりすみやすい環境になっていきます。その結果、大腸菌の数は減り、ロイコノストック菌が増えていきます。その後も酸が生成され続けてpH値が下がり続けていくと、今度はラクトバチルス菌がロイコノストック菌に取って代わります。つまり発酵には3つの異なるタイプのバクテリアが順番に関わり、その入れ替わりは酸性度の増加具合で決まるのです。

しかし七変化の裏にあるこんな生物学的なムツカシイ話にやる気をそがれないようにしましょう。これは、あなたがその単純な条件さえ作ってしまえば勝手に起こることなのです。ザワークラウトは簡単に作れます。

Recipes

ザワークラウト

所要時間 1〜4週間(またはそれ以上)

用意するもの
- 4リットル(もしくはそれ以上)サイズの陶器の甕、またはプラスチック製の食品用バケツ
- 甕またはバケツの内側にはまる皿
- 4リットルサイズの飲用ガラス瓶(またはよく洗って煮沸した重し)
- 布カバー(枕カバーやタオルのようなもの)

材料(4リットル分)
- キャベツ　2キログラム
- 海水塩　大さじ3

作り方

1 キャベツを包丁で切るか、グレーター(おろし金の一種)で削ります。細かさや粗さ、芯を入れるか入れないかはお好みで。僕はふつうのキャベツと赤キャベツを交ぜて、明るいピンク色のザワークラウトに仕上げるのが大好きです。キャベツは刻んだものから大きなボウルに入れていきます。

2 ボウルに入れながらキャベツに塩をふっていきます。塩がキャベツから水を抜き(浸透圧の作用で)、これが塩水になってキャベツを腐らせることなく発酵させ、酸っぱくします。こ

の塩はキャベツの歯ごたえを保つ働きもあり、キャベツをやわらかくしてしまう微生物や酵素の働きを妨げます。キャベツ2キログラム当たり塩約大さじ3が大体の目安です。とはいえ僕は塩の分量を量ったことはなく、キャベツをひとつ刻み終えるごとに、いくらかふりかけているだけです。夏は多めに塩をふり、冬は少なめにします。

　塩分控えめや塩を全く使わないザワークラウトを作ることも可能です。塩分を控えたい人のために、ソルトフリー（塩を使わない）バージョンのレシピも後でいくつか紹介します。

3　お好みでその他の野菜を加えます。コールスロー風のザワークラウトにするなら、ニンジンを削り入れます。僕がよく加える野菜はタマネギ、ニンニク、海藻、青菜、芽キャベツや小さなキャベツの玉を丸ごと、カブ、ビーツ、ゴボウなどです。果物を追加してもいいですし（リンゴを丸ごとまたはスライスして入れるのは定番）、ハーブやスパイスなどもOKです。よく使われるのはキャラウェイ、ディル、セロリシード、ジュニパーベリー（杜松実）などですが、お好みで何でも使えます。いろいろ実験してみましょう。

4　材料をすべて混ぜ合わせ、甕に詰めていきます。少量ずつ材料を甕に入れ、自分の握りこぶしや頑丈なキッチン用品など何でも使って、軽くたたきながら押さえ、しっかりと詰めていきます。そうすると材料が甕にギュッと詰め込まれ、キャベツからしっかり水分が出ます。

5　甕の内側にピッタリはまる皿か何かの蓋で落とし蓋をします。その落とし蓋の上に、清潔な重し（水をいっぱいに入れたガラス瓶など）をのせます。この重しがキャベツから水分を押し出すとともに、キャベツを塩水の中に沈めてくれます。甕全体にカバーをかけ、ホコリやハエから守ります。

6　重しの上から押さえてキャベツに圧力を加え、水分を押し出します。これを定期的に繰り返し（思いつくたびできるだけ頻繁に、数時間おきくらい）、塩水が落とし蓋の上にあがるまで繰り返します。こうなるまでに24時間程度かかることもありますが、それは塩がキャベツからゆっくりと水分を抜いているからです。キャベツによっては、特に古いものだと、水分も少なくなります。もし次の日になっても塩水が落とし蓋より上にあがらなかったら、塩水を注ぎ足して塩水を落とし蓋の上まであげます。水1と1/4カップに対し、塩大さじ1を入れ、完全に溶けるまで混ぜます。

7　甕をそのままおいて、発酵させます。僕は通常キッチンの隅の、あまり目立たない場所に置いておきます。そうすれば忘れないし、誰の邪魔にもならないからです。または涼しい地下などに置くとよりゆっくりと発酵して、長期保存も可能になります。

8　ザワークラウトの様子を毎日もしくは1日おきにチェックします。発酵が進むと量が減っていきます。時折カビが表面に発生することもあります。多くの本はこのカビのことを〈カス〉と呼んでいますが、僕は花と捉えるほうが好きです。すくいとれるものだけすくいとりましょう。きっとバラバラになってすべて取り除くのは不可能だと思います。でも気にしないでください。これは単に表面で起きている現象で、空気に触れた結果です。ザワークラウトそのものは無酸素の塩水に守られています。落とし蓋と重しもきれいに洗いましょう。

　そしてザワークラウトの味見をします。通常2～3日経つと舌を刺激するような味がし始め、時間が経つほどにその味は強くなっていきます。冬の地下室のひんやりした温度の中では、数カ月にわたって味わいが深まっていきます。夏の間や暖房のきいた部屋の中だと、発酵のサイクルはもっと早くなります。そして最終的にはや

わらかくなり、味も落ちてきます。

9 おいしく味わいましょう。僕は通常甕からボウルやジャム瓶に1杯分取り出して、冷蔵庫に入れておきます。まだ味が若いうちから食べ始め、風味がだんだん進化する過程を2〜3週間楽しみます。ザワークラウトを食べた後のボウルに残ったザワークラウト・ジュースも飲んでみてください。ザワークラウト・ジュースは稀少なごちそうであるとともに、他に類を見ない消化促進飲料でもあります。

甕からザワークラウトを取り出すときは、毎回中身をきちんと詰め直しましょう。ザワークラウトが甕の中にきっちりきつく詰まっていること、表面が平らになっていること、落とし蓋と重しが清潔であることを確認します。時々漬けている塩水が蒸発してしまうこともあるので、ザワークラウトが塩水より下に沈んでいなければ、塩を溶かした水を必要なだけ追加しましょう。こうしてできたザワークラウトを、缶詰にしたり加熱処理したりする人もいます。もちろんそうしたっていいのですが、ザワークラウトのパワーの大部分はそれが生きていることにあるので、なぜわざわざ殺すの？ と不思議に思ってしまいます。

10 食べるタイミングと作るタイミングのリズムを作っていきます。僕はひと甕分を完全に食べきる前に、次のひと甕を作り始めるよう心がけています。残っているザワークラウトを甕から取り出し、塩をふった新鮮なキャベツをそこに詰め直して、古いザワークラウトとその漬け汁を上からかけます。こうすると、生きた微生物が培養のスターター（種菌）となって、新しい甕の発酵を早めてくれます。

シュークルート・フロマージュ・ルラード
（チーズのザワークラウト巻き）

これはパーティでちょっと楽しくザワークラウトを盛りつける方法です。指でつまんで食べられるように、酸っぱくなったキャベツの葉にチーズを入れて巻きます。フランス語の名前を付けた理由は、ザワークラウトのフランス語名「シュークルート」が大好きなのと、初めてこれを作ったのがフランス出身の友人ジョセリンの、毎年恒例のフランス革命記念日パーティに持っていくためだったからです。

まず、基本のザワークラウトレシピに、以下の変更を加えます。1個または2個分のキャベツの芯まわりを、ソフトボールサイズくらいにそのまま残します。そのキャベツの芯を甕に入れ、その周り全体と上に、細切りにして塩をふったキャベツを詰めていきます。そして前述の基本レシピ通りに発酵させます。1〜2週間後、丸ごと発酵させたキャベツの芯を取り出して、葉を一枚ずつ慎重にはがしていきます。そのキャベツの葉1枚に、ザワークラウト少々と、フェタチーズやその他のチーズを砕いてのせてから、その葉を巻いて中身をくるんで、爪楊枝で刺してとめます。

ソルトフリー（塩なし）、または塩分控えめザワークラウト

精製塩を避けたいと思っている人も、ザワークラウトを味わうことは可能です。ザワークラウトは、塩をできるだけ使わない、または全く使わないで作ることもできます。僕は3つの方法で塩なしクラウトを作ってみました。ひとつはワインでキャベツを発酵させる方法、もうひとつはキャラウェイシード、セロリシード、ディルシードを塩の代わりにする方法、最後は塩ではなく海藻を使う方法です。海藻にはさまざまな海のミネラル成分が含まれており、そのひとつはナトリウムですが、食卓塩として知られる塩化ナトリウムほど精製濃縮されていません。

ただ、塩なしクラウトに対する個人的な感想ですが、ザワークラウトはやっぱり塩入りのほうがおいしいと思います。塩は、その環境で生

き残れる微生物の種類を制限するため、発酵中にしっかりと酸味のきいた味わいを深めてくれるのです。また、塩はキャベツの歯ごたえも保ってくれますが、ソルトフリーのクラウトは、スパイスのきいたシードクラウトを除き、すべてやわらかくなります。もしできるだけ塩は控えたいけれども完全な塩なしでなくてもかまわないなら、これから紹介するソルトフリーレシピの微塩バージョンとして、1リットル当たり塩小さじ1〜2を加えてみることをお勧めします。

塩なしのクラウトは、塩入りクラウトより賞味期限が短くなるため、やや少なめに1リットル分の材料にしてみました。1リットルのクラウトを作るには、キャベツ600グラム、つまりだいたい中サイズのキャベツ1個が必要になります。この発酵には1リットルサイズのガラス瓶が使えます。広口のものが理想的で、水を入れたひとまわり小さい瓶（もしくはジッパーつきのビニール袋でもOK）で、キャベツを液面下に沈めておきます（52ページのイラスト参照）。塩なしだと発酵がより早く進行するため、ソルトフリークラウトは頻繁に味見して発酵具合を確認し、1週間くらい経ったら冷蔵庫に入れましょう。

※ ワインザワークラウト

ワインは、ザワークラウトに心地よい甘みをつけてくれます。まずキャベツを切り刻み、お好みの野菜やスパイスなどを何でも混ぜて、瓶にきつく詰めていきます。そしてワインの種類を問わず、1と1/4カップ程度注いで、塩水と同じようにキャベツより上に液面がくるようにします。そして前述の通りに重しをのせ、あとは基本のザワークラウトレシピのステップ[7]以降と同様にします。

※ スパイスのきいたシードザワークラウト

塩なしのザワークラウトの中ではこれが僕の一番のお気に入りです。主な理由は、大量のシード類のスパイスが、塩と同じようにキャベツの歯ごたえを保ってくれるからです。これは友人であり隣人のジョニー・グリーンウェルが教えてくれた作り方で、このレシピは健康業界の権威であるポール・ブラッグの本に書いてあったそうです。

まずキャベツを刻みます。それからキャラウェイシード、セロリシード、ディルシードを大さじ1ずつ混ぜ、すり鉢やスパイス用のミルなどを使ってすります。すったシード類をキャベツと混ぜ、瓶の中に押しながらきつく詰めます。水を少量（1と1/4カップ）加え、漬け汁がキャベツより上にくるようにしたら、前述の通りに重しをのせます。あとは、基本のザワークラウトレシピのステップ[7]以降と同様にします。

※ 海藻ザワークラウト

塩を海藻で置き換えるのも、塩なしクラウトを作るもうひとつの方法です。僕が好きなのはダルスという味わいのある赤い海藻ですが、どんな種類の海藻でも作れます。乾燥した海藻をひと握り（約28グラム程度）準備し、はさみで細かく刻んだら、湯に浸して戻します。30分以上かけて戻しましょう。戻した海藻を刻んだキャベツと混ぜ、さらに何でも好きな野菜や香辛料を加えます。それを瓶にきつく詰め込み、塩水と同じように海藻の戻し水を必要なだけ、液面がキャベツより上にくるまで入れます。そして前述の通りに重しをのせ、あとは基本のザワークラウトレシピのステップ[7]以降と同様です。

ザワーリューベン

ドイツに古くから伝わるザワークラウトのバリエーションに、カブを使ったザワーリューベンがあります。アメリカでは、カブはなにかと文句をいわれる上に、あまりありがたがられない野菜です。地元で青果店を営むアンディとジューディ・ファブリは、ときに売れ残ってやわ

らかくなり始めたカブを何籠も抱えることがあります。僕らのコミュニティでは、古くなりかけた農作物はいつだって喜んで引き受けています。たとえ一番誇らしい時期を過ぎていても、まだ十分食べられて栄養価も高い食物をコンポストに追いやる前に救い出すのは、使える物は最後まで使う派の人間にとって大切な任務です。そして発酵は、こんな突然の大収穫を活用するのにもってこいの方法なのです。

　僕はぴりっとしつつも甘いカブの味が大好きです。発酵すると、カブの独特な味がさらに強烈になります。初めてこのザワーリューベンをコミューン仲間に出した夜は、僕の作る発酵食品の中では珍しいくらいみんな夢中になっていました。まるで濃厚なチョコレートのデザートだったかのように、みんなずっとその話ばかりしていたのです。気に入ってもらえて本当によかったのは、この本を書いている今、僕らの畑は大豊作のカブで溢れかえっているからです。ザワーリューベンはカブのいとこであるルタバガでも作ることができます。キャベツとカブを一緒に発酵させることだってもちろん可能です。いろいろ組み合わせて遊んでいいのです。

所要時間　1～4週間

材料（2リットル分）
・カブやルタバガ　2キログラム
・海水塩　大さじ3

作り方
1　カブをグレーターで削ります。細めにするか太めにするかはお好みで。

2　カブをいくらか削るごとに塩をふりかけていきます。塩の量は、分量より多めでも少なめでもちゃんとできるので、お好みで調節してください。

3　ザワークラウトのレシピと同じように、別の野菜やハーブ、スパイスなどを好みで追加していきます。または何も追加せず、ほかの味に邪魔されないカブの強烈な味を楽しみましょう。

4　ザワークラウトと同じように、削ったカブの上に落とし蓋と重しをのせます。カブはキャベツよりたくさん水分を含むので、キャベツほど圧力や時間をかけなくても塩水が出てきます。

5　2～3日後、様子をチェックします。表面に出てきたカビを拭き取り、落とし蓋と重しを洗います。ザワーリューベンを味見してみます。時間が経つごとに味が強くなっていきます。どんどん進化する味を楽しんでください。暖かい季節だと数週間、寒い季節だと数カ月間楽しめます。

サワービーツ

　ザワークラウトと同じ系統の、もうひとつのバリエーションはサワービーツです。

所要時間　1～4週間

材料（2リットル分）
・ビーツ　2キログラム
・海水塩　大さじ3
・キャラウェイシード　大さじ1

作り方
1　上記ザワーリューベンと同じ手順ですが、カブの代わりにビーツを使い、キャラウェイシードをそのままか、すりつぶして加えます。ビーツに塩をふって出てきた汁は、色が濃く少しねっとりして、まるで血液のようになります。発酵が進むにつれ、液体が蒸発して漬け汁が減ってくるかもしれません。漬け汁の液面を落とし蓋より高く保つよう気をつけましょう。必要なら水1と1/4カップにつき塩大さじ1の割合の塩水を足します。サワービーツはそのままで

も食べられますし、ボルシチ作りにも使えます。

ボルシチ

ボルシチをもたらした東欧伝統の食文化は、発酵して酸味のきいた食品を広く活用しています。この酸っぱくてとてもおいしいボルシチも、サワービーツを使って作ることができます。

●

所要時間 1時間（またはそれ以上）

材料（6〜8人分）
- タマネギ　2〜3個、適当な大きさに切る
- 植物油　大さじ2
- ニンジン　2本、適当な大きさに切る
- ジャガイモ　角切りにして、2と1/2カップ
- サワービーツ　2と1/2カップ
- 水　7と1/2カップ（1.5リットル）
- キャラウェイシード　大さじ1

作り方

1 タマネギを刻み、ソース鍋に入れた植物油で、刻んだタマネギが茶色くなるまで炒めます。

2 ニンジン、ジャガイモ、サワービーツ、水を加えて沸騰させます。

3 フライパンでキャラウェイシードを少しから煎りしてからすりつぶし、スープに加えます。

4 スープが沸騰したら、火を落として30分弱火で煮込みます。

5 長時間寝かしたほうが、スープの味がしっかり混ざって落ち着きます。食卓に出す日の朝か、前日に準備しておきましょう。

6 ボルシチを温め、サワークリーム、ヨーグルト、またはケフィア（第7章参照）を添えて、温かいうちに食卓に出します。

キムチ

キムチは韓国の辛い漬け物で、驚くほどたくさんのバリエーションがあります。発酵させるのは白菜、大根やカブ、ネギ、その他いろんな野菜や魚介類を使うことも多く、それらにショウガ、唐辛子、ニンニク、それにしばしば魚醤などを加えて作ります。

キムチは韓国でも北朝鮮でも国民的な食べ物です。Korea Food Research Institute（韓国食品研究所）の概算によると、韓国の平均的な大人は毎日125グラム以上キムチを消費しているそうです。毎日積み重ねると、かなりの量のキムチです。韓国でも工場で生産されたキムチが人気を博し始め、家庭の手作りキムチは衰退傾向にあります。それでも同研究所の調査では、韓国で消費されるキムチの4分の3は未だに家庭で作られているそうです。毎年秋には雇用主が従業員へ「キムチボーナス」を出す慣習があり、そのお金で従業員は1年分のキムチの材料を買うのです。

つい先日、僕は友人マックスジーンの父親のレオン・ワインスタインをキムチでもてなしました。レオンは朝鮮戦争中に米軍の軍務についていた人で、キムチの香りはレオ

ンに当時のことを思い出させました。香りは記憶を強烈に揺さぶり起こすものですが、自己主張の強いキムチのアロマは、レオンを50年前の最前線にひき戻したのです。

　1996年、日本と韓国の間で起きた国際貿易論争で、本物のキムチとは何かが議論になりました。多くの日本人がこの韓国風の漬け物を好んで食べるようになったようで、日本は韓国にとって最大のキムチ輸出先になりました。しかし日本の製造業者がキムチに似た製品を開発し、発酵の過程で生まれる風味をクエン酸などの食品添加物で置き換えたのです。日本のキムチもどきのほうがキムチより安価なのは、製造過程から時間的要素が排除されたためです。味もそれほど強烈ではないため、より幅広い層に受け入れられてもいるようです。

　韓国は、国際食品規格委員会であるコーデックス委員会に訴えて、発酵食品としてのキムチの定義を確立しようとしました。「日本人が売っているのはキャベツに香辛料や人工的なキムチ風味の添加物をふりかけたものにすぎない」と語るのは、ドゥサンコーポレーションのロバート・キムです。ドゥサンコーポレーションは世界最大のキムチ工場を韓国で運営しています。これに対し日本側は、日本の製品は伝統的なキムチを改良したひとつのバリエーションにすぎず、インドにとってのカレーやメキシコにとってのタコス同様、韓国のものだけがキムチだなどとはいえないと反論しました。さまざまな討議や外交が5年以上行われた後、コーデックス委員会は判決を下し、発酵している韓国版のものがキムチの国際標準であることが確立されたのです。

　キムチ作りはザワークラウト作りに似ているところもあります。異なるのは、キムチのレシピでは通常キャベツやその他の野菜を、まず非常に塩分の高い漬け汁に数時間浸けて短時間でやわらかくしてから、それを水で洗って、より少ない塩分で発酵させる点です。ショウガ、ニンニク、ネギ、そして唐辛子を気前よく使う点も特徴的です。また、通常キムチのほうがザワークラウトよりも早く発酵します。ザワークラウトと同じように甕で作ることももちろん可能ですが、以下に紹介するのは1リットルサイズの瓶を使った少量レシピです。

Recipes

白菜キムチ

これは基本のキムチです。

所要時間　1週間（もしくはそれ以上）

材料（1リットル分）
- 海水塩
- 白菜　500グラム
- 大根　1本　またはラディッシュ　2〜3個
- ニンジン　1〜2本
- タマネギ　1〜2個（またはもっと！）

（白ネギ、青ネギ、ワケギ、エシャロットで代用または併用も可）
- ニンニク　3～4片（またはもっと！）
- 唐辛子　3～4本（またはもっと！）量は辛さのお好みで
生でも乾燥でもソースでも（ただし合成保存料なしで！）、どんな形態の唐辛子でも可
- ショウガ（すりおろし）　大さじ3（またはもっと！）

作り方

1　水5カップに対し塩大さじ4を混ぜて塩水を作ります。よく混ぜて塩を完全に溶かします。この塩水はかなり塩がきいているはずです。

2　白菜を粗く切り、大根とニンジンは薄切りにします。1の塩水に野菜を漬け、皿または別の重しで野菜を液面下に沈めて、野菜がやわらかくなるまで数時間、もしくは一晩おきます。そのほかにも、さやえんどう、海藻、キクイモなど、お好みの野菜を何でも加えて、塩水に漬けておきます。

3　調味料を準備します。ショウガをすりおろし、ニンニクとタマネギをみじん切りにします。唐辛子は種を除いてみじん切りにするか、すりつぶすか、そのまま丸ごと入れます。キムチはいろんなスパイスをたくさん吸収します。分量はいろいろ実験してみて、あまり気にしないようにしましょう。スパイス類を混ぜあわせてペースト状にします（お好みで、スパイスペーストに魚醤を追加することもできます。ただしラベルをチェックして、合成保存料が入っていないことを確認してください。合成保存料は微生物たちの活動を妨げてしまいます）。

4　野菜を塩水からざるにあげ、塩水はとっておきます。野菜を味見して塩けを確認します。しっかり塩けを感じるくらいが適当ですが、食べられないほどにはしたくないので、塩が強すぎるときは野菜を水で洗います。逆に塩けを感じないときは、塩小さじ2程度を野菜にふりかけて混ぜます。

5　ショウガ＋唐辛子＋タマネギ＋ニンニクのスパイスペーストを野菜に混ぜます。全ての材料をよく混ぜ合わせてから、1リットルサイズの瓶にぎゅっときつく詰め込んで、塩水があがってくるまでしっかり材料を押しながら入れます。必要であれば4でとっておいた塩水を追加して、野菜を液面下に沈めます。そしてひとまわり小さい瓶か、ジッパーつきのビニール袋に塩水を入れた重しを野菜の上にのせます。

もしくは、キムチを毎日忘れずチェックできると思うなら、単に自分の指で（きれいに洗ってあること！）野菜を塩水に押し戻すのでもかまいません。個人的には触感を活用するこの方法が好きで、特にチェック後その指をなめて、キムチの味見をするのが楽しいのです。どちらのやり方でも、瓶には覆いをかけてホコリやハエから守ります。

6　キッチンの中などの、暖かい場所で発酵させます。毎日キムチを味見してみましょう。1週間程度発酵させて、味が熟成してきたら冷蔵庫に移動させます。これとは別のもっと伝統的なやり方では、塩をもっとたくさん使って、地中に掘った穴や地下室などの涼しい場所で、さらに時間をかけて発酵させます。

ラディッシュ（大根類）と根菜のキムチ

僕は植物の根に強いつながりを感じます。地中深くに育っていくその力強さに畏敬の念すら覚えます。あちこちの石をよけながら、土壌にひそむ水や栄養分への飽くなき探究の果てに、形が曲がりくねった根もあります。魅惑的な曲線や鮮やかな色を誇らしげに見せているものもあります。その味もさまざまで、極端なくらい

特徴的な味をもつ場合もあります。

　そんな根菜のひとつであり、とりたてて変わったところもないラディッシュ（二十日大根）が、神秘的な植物のメッセージで僕の人生を変えました。それは2000年2月、僕が入院していたときの出来事です。その少し前、春の予感いっぱいに気持ちよく晴れた1月のある日、僕はラディッシュを植えることにしました。そんなに早い時期に屋外に種をまいたのは、単に気持ちを体で表現してみたかっただけで、真冬に種が発芽して育っていくのを見て、命の素晴らしさをただ感じるためのパフォーマンスだったのです。仮に野菜ができたとしても、きっとちっぽけにしか育たないでしょうから。案の定、天気のよかったこの日を境に、気候は寒く景色は灰色になり、新芽が出てきた様子もなかったので、僕は可哀相なラディッシュのことはあきらめて、やがて忘れてしまいました。そうこうするうち、僕は腹部に妙な圧迫を感じ始め、何回かの検査ののち、入院生活を送ることになったのです。

　ほとんどの時間を屋外で過ごす森の生活とは対照的に、病院は全く自然からかけ離れた環境でした。窓は堅く閉じられ、何もかもが白く、すべて消毒済み、食べる物は全部「超加工」食品で、口だけでなく血管や肛門からも僕に化学薬品を投入してきます。僕は怖くなり、ただもう家に帰りたいと願っていたある晩、ラディッシュたちが夢に現れて僕を慰めてくれたのです。僕はまいたラディッシュの種から芽が生えている鮮明なイメージとともに目を覚ましました。とてもリアルでした。そのとき僕は、植物からのメッセージを受けとったような気がしたのです。

　退院の日、我が家に戻ったのは午後遅くで、その日は畑には行けずじまいでした。いつも「共謀」して畑の世話をしている仲間に、ラディッシュの芽が出ていなかったか聞いてみると、見ていないとのこと。なんだ、あれはただの夢だったのか、と思いました。翌朝、畑に行く時間がとれたので行ってみると、なんたることでしょう、ラディッシュの芽が出ているではありませんか。繊細だけれど小生意気で小さな芽が、寒さにも風にも負けず、力強い生命力で太陽に向かって伸びていました。療養中も今日も、ラディッシュは僕にとって植物のトーテム（守護霊的な象徴）になりました。育てるのが簡単で、ぴりっと舌を刺激する強い個性があり、いろんな色や形のバラエティがある。ラディッシュは、心細かったときに僕の支えになってくれただけでなく、僕らの味方である植物がいかに万能であるかを、改めて僕に教えてくれたのです。

ラディッシュ

　キムチの話に戻りましょう。韓国には伝統的に、ラディッシュの一種である大根（ムー）のキムチがあります。カブを使うものも韓国のレシピでよく見かけます。しかしそれにさらに別の根菜を加えていくと、新解釈のレシピになります。定番のキムチ四重奏であるショウガ、唐辛子、ニンニク、ネギ類（どんな形のものでも）を使って何でも好きな野菜を発酵させれば、キムチはできてしまいます。このキムチレシピでは、すりおろしたホースラディッシュ（西洋わさび）を入れています。これが伝統的な辛味スパイスによく合い、うまく引き立ててくれます。

　このレシピに出てくる根菜の中には、あまりなじみのないものもあるかと思います。ゴボウ（学名：*Arctium lappa*）は、アメ

リカのほとんどの地域で雑草として育ちます。しかし実は強力な薬効をもった植物で、リンパ腺などの腺組織の流れを刺激し、血液もきれいにしてくれます。また皮膚、腎臓、肝臓といった排出系の臓器も整えてくれます。栄養価も高く、微量ミネラルも豊富で、スタミナ、長寿や精力とも関係があります。ハーブ専門家のスーザン・S・ウィードはこう書いています。「ゴボウは我々の体の一番末端の、奥にひそんでなかなか届きにくいところに栄養を与えてくれる。地面を突き破って、深い変化を起こしてくれるのだ」

　ゴボウには土の風味ともいえる味があると思います。これほどまで自分が育つ環境である大地をそのまま体現している植物はないという気がします。日本料理によく使われ、アメリカでも健康食品を扱う多くの店で生のゴボウが販売されています。しかしゴボウはごく一般的な雑草なのです。僕が初めて野生のゴボウを収穫したのは、ニューヨークのセントラルパークでした。都会の真ん中に生えている雑草を食べるなんて、考えるだけでもおぞましいという人も少なくないようです。確かに、都会の人々がそのまっただ中で生活しているような公害にさらされた植物を食べるのかと僕も一瞬躊躇しました。しかしこんな都会にあってなお、根づいて生き残ってきた雑草のしぶとさに、畏敬の念を抱かずにはいられません。コンクリートの割れ目から自分を押し上げて育った雑草の根性に、僕もあやかりたいと思ったのです。

　自分でゴボウを収穫する場合は、1年目の根を掘るようにしましょう。ゴボウは2年草で、2年目になるとトウが立ち、イヌや人にくっつく厄介な棘つきの種をつけます（そのため英語名はburdock、棘つきの雑草と呼ばれます）。2年目の根部分は木のように堅くなり、あまりおいしくないのです。

　キクイモは英語でエルサレム・アーティチョーク（学名：*Helianthus tuberosus*）と呼ばれますが、いわゆるアーティチョークとは見た目が全く異なります。キクイモはヒマワリ属のでこぼこした塊茎で、北米東部原産の植物です。そのさっぱりシャキシャキした味は白クワイ（ウォーターチェスナット）に似ています。お店ではあまり売られていないので、ファーマーズ・マーケットに行くのが一番いいかもしれません。非常に育てやすい野菜のひとつで、一度植えると毎年収穫できます。

●

所要時間　1週間

材料（1リットル分）
・海水塩
・大根　1〜2本
・ゴボウ　小1本
・カブ　1〜2個
・キクイモ　2〜3個
・ニンジン　2本
・赤ラディッシュ　小2〜3個
・ホースラディッシュ　小1本
　（またはおろしたホースラディッシュ大さじ1、ただし保存料なしのもの）
・ショウガ（すりおろし）　大さじ3（またはもっと！）
・ニンニク　3〜4片（またはもっと！）
・タマネギ　1〜2個（またはもっと！）
　（白ネギ、青ネギ、ワケギ、エシャロットで代用または併用も可）
・唐辛子　3〜4本（またはもっと！）量は辛さのお好みで
　生でも乾燥でもソースでも（ただし合成保存料なしで！）、どんな形態の唐辛子でも可

作り方

1　水5カップ（1リットル）に塩大さじ3を混ぜて塩水を作ります。

2　大根、ゴボウ、カブ、キクイモ、そしてニンジンを薄切りにして、1の塩水に漬けます。

新鮮なオーガニック野菜であれば、栄養豊富な皮を残したままで使います。なるべく薄めに切ると味がよく浸透します。僕は根菜類を斜めに薄切りするのが好きですが、マッチ棒のように千六本切りにしてもかまいません。赤ラディッシュは切らずに、葉っぱがついていてもそのまま塩水に漬けます。皿や別の重しを使って野菜を塩水に沈め、野菜がやわらかくなるまで数時間、もしくは一晩おきます。

3 60ページにのっている基本のキムチ（白菜キムチ）レシピのステップ③以降と同様にしますが、スパイスミックスにはすりおろしたホースラディッシュも加えます。

フルーツキムチ

　僕は先日テネシーの隣人ナンシー・ラムジーと知り合いました。ナンシーとの会話で、話題がやっぱり発酵食品になったとき、実はナンシーもキムチが好きで、自分でも作っていることを知りました。ナンシーは宣教師として韓国に13年間住んでいたので、キムチのことをよく知っているのです（しかし当時に比べナンシーの宣教活動に対する見解は極端に変わり、今では宣教活動に対する批判や、他国の人をキリスト教へ転向させようとすることでその国の文化に与える負の影響などについての本の執筆に忙しくしています）。

　ナンシーは、フルーツキムチが彼女の一番好きなキムチなのに、アメリカでは見たことがないと話してくれました。そこで僕は翌日街に行ってたくさんフルーツを買い込み、試しに自分で思うままに作ってみました。フルーツの甘さがキムチのきつい味にとても相性よく合わさり、これまでに食べたどんな食物とも違う、意外さとともに忘れられない味の感覚を生みだしてくれます。

●

所要時間　1週間

材料（1リットル分）
- パイナップル　1/4個
- すもも　2個、種を抜く
- 西洋なし　2個、芯をとる
- リンゴ　1個、芯をとる
- ブドウ　小1房、房から実を外す
- カシューナッツ（または別のナッツ）　1/2カップ強
- 海水塩　小さじ2
- レモン汁　1個分
- コリアンダー　小1束、ざく切り
- 生ハラペーニョ　1〜2個、みじん切り
- 唐辛子　1〜2本、生・乾燥またはどんな形態のものでも可
- 白ネギまたはタマネギ　1個、みじん切り
- ニンニク　3〜4片（またはもっと）、みじん切り
- ショウガ（すりおろし）　大さじ3（またはもっと）

作り方

1　フルーツをひとくち大に切ります。皮はお好みでむきます。ブドウは粒を丸ごとそのまま使います。その他自分が試してみたいフルーツも追加します。ナッツを加えます。すべてをボウルに入れ、フルーツとナッツを混ぜ合わせます。

2　塩、レモン汁、スパイス類を加え、全体をよく混ぜます。

3　清潔な1リットルサイズの瓶にキムチの材料を詰めていきます。瓶にしっかりきつく詰め込み、漬け汁があがってくるまで中身を押さえながら入れます。必要であれば少し水を足します。重しをのせて、60ページにある白菜キムチレシピのステップ⑤以降と同様に発酵させます。この甘いキムチは、熟成するごとにアルコールの風味がだんだん強くなっていきます。

サワーピクルス

　ニューヨーク市で育ち、主に食べ物を通じてユダヤの伝統に触れるうちに、僕はサワーピクルスを好んで食べるようになりました。しかしお店でピクルスとして売られているものは、手作りのものですら、酢漬けにされたものがほとんどです。僕にとってのピクルスは、塩水で発酵させたものです。

　ピクルス作りでは、頻繁に様子を見る必要があります。僕が初めて塩水でピクルスを漬けてみたときは、やわらかくて形も崩れた、あまりおいしそうには見えないピクルスになってしまいました。それは僕が数日間ほったらかしにしていたためと、おそらく塩水の塩分が足らなかったせいと、テネシー州の夏の暑さのためと、それにそれにそれに。「僕らは不完全で完全」だからです。たまに発酵の失敗作ができるのもしかたのないことです。僕らが相手にしているのは、とても気まぐれな命の力なのですから。

　しかし僕はあきらめませんでした。僕を突き動かしたのは、僕の心の奥底から湧き上がる、ニンニクとディル風味いっぱいのおいしいサワーピクルスへの深い切望でした。マンハッタンのロウアー・イーストならガスのピクルス屋台、アッパー・ウェストならゼイバーズ、その他の場所ならちょっと高級なヘルスフード・ストアで売っているボビーズ・ピクルスみたいなピクルスです。挑戦の結果、塩水に漬けるピクルス作りは意外に簡単なことがわかりました。キュウリが一番よくとれる夏の暑さの中では、こまめに様子を見てやる必要があるだけです。

　良いピクルスとして讃えられる特徴のひとつは、その歯ごたえです。タンニン豊富で新鮮なブドウの葉を発酵の甕に入れておくと、ピクルスの歯ごたえが保たれます。ブドウの蔓が手近にある場合は、是非使ってみることをお勧めします。また、塩水に漬けて作る別のレシピで、サワーチェリーの葉や樫の葉、ホースラディッシュ（西洋わさび）の葉などを使ってピクルスの歯ごたえを保つ例もみたことがあります。

　ピクルスの出来具合を大きく左右する要素は、漬ける塩水の濃さ、温度、そしてキュウリのサイズです。僕は小〜中サイズのキュウリを漬けるのが好きです。あまり大きいと硬かったり、中に「す」が入っていたりするからです。かといって全部同じサイズの物を漬けようとしなくても大丈夫です。いろんなサイズの物を漬ける場合は、単純に小さい物から食べ始めていきます。大きい物のほうが発酵に時間がかかると思うからです。

　塩水の濃さは、いろんな伝統やレシピ本によって大きく異なります。濃さを表す方法で一番よく見かけるのは溶液の「重さ」に対する塩の重さをパーセント表示したものですが、溶液の「量」に対する塩の重さをパーセント表示したものもあります。ほとんどの家庭のキッチンでは、通常重さより量を使いますから、塩水の濃さを測るには以下の目安が役に立つと思います。　1リットルの水に、塩大さじ1（重さは約17グラム）入れるごとに、塩水の濃さは1.8％ずつ増えていきます。つまり、1リットルの水に塩大さじ2だと3.6％の漬け汁、大さじ3だと5.4％、という具合です。

　昔のレシピの中には、卵が浮くまで塩を入れて塩水を作ること、と書いてあるものもあります。これはだいたい塩分10％の溶液になります。かなり長期間ピクルスを保存するのに十分な塩分量ではありますが、あまりに塩辛すぎて、食べる前に長時間真水に浸けて塩抜きをしないととても食べられません。塩分控えめピクルスは3.5％程度の塩水で作られ、デリカテッセン（総菜屋）用語で「ハーフ・サワー」と呼ばれます。ここで紹介するレシピは、ほどほどの塩分と酸っぱさをもたせるもので、約5.4％の塩水を使います。塩水の濃さはいろいろ実験してみてください。発酵させようとするものにどれだけ塩を入れるかを考えるとき、一般的にいえ

る経験則はこれです。夏の暑いときは塩を多めに入れて微生物の活動を遅くすること、逆に微生物の活動の遅くなる冬は塩を少なめに入れること。

●

所要時間 1～4週間

用意するもの
- 陶器の甕、またはプラスチック製の食品用バケツ
- 甕またはバケツの内側にはまる皿
- 4リットルサイズの飲料用ガラス瓶に水を入れたもの、またはその他の重し
- 布カバー

材料（4リットル分）
- ワックスのかかっていないキュウリ　小～中サイズ　1.5～2キログラム
- 海水塩　大さじ6
- 花のついている新鮮なディル　3～4本、または別の形態のディル（生、乾燥した葉や種）　大さじ3～4
- ニンニク（まるごと）　2～3個、皮はむいておく
- 生のブドウ／チェリー／樫／ホースラディッシュの葉（もしあれば）　ひと握り
- 黒コショウ粒　ひとつまみ

作り方

1　キュウリを傷つけないように気をつけながらよく洗います。花は取り除き、がくなど端部分に残っているものもこそぎ落としておきます。その日に収穫されたもぎたてのキュウリではない場合、2～3時間氷水に浸けてキュウリをイキイキとさせます。

2　2リットルの水に海水塩を溶かし、塩水を作ります。塩が溶けるまでよく混ぜます。

3　清潔な甕の底に分量のディル、ニンニク、新鮮なブドウの葉、そして黒コショウ粒をひとつまみ入れます。

4　甕にキュウリを入れていきます。

5　2の塩水をキュウリの上から注ぎ、その上に（清潔な）皿をのせ、水を入れた飲料用の瓶または煮沸済みの石などを重しに使って、上から押さえます。塩水の高さが重しをのせた皿の上まで来ない場合、塩水を追加します。このとき追加する塩水は同じ割合で、水1カップにつき塩は大さじ1より少なめにします。

6　甕に布をかけてハエやホコリから守り、涼しい場所に置きます。

7　甕を毎日チェックします。表面に浮いたカビはすくい取りますが、全部とりきれなくても気にしないでください。もしカビがついたら、皿も重しも水で洗い流しましょう。2～3日経ったらピクルスを味見してみます。

8　発酵が進む間もピクルスを味わっていきましょう。甕は毎日チェックし続けます。

9　やがて1～4週間（期間は気温によって異なります）経つと、ピクルスは完全に酸っぱくなります。冷蔵庫に移して発酵の速度を落とし、その味を楽しみ続けてください。

野菜ミックス漬け

　上記の塩水に漬けるやり方で作れるのは、キュウリのピクルスだけではありません。手元にたくさんある野菜を、ほぼ何でもこのやり方で発酵させることができます。ただしトマトは例外で、やわらかくなりすぎて形がなくなってしまいます。ひとつ忘れられない野菜漬けは、初霜の予報を受けてあわててその夏最後の収穫をしたときに作ったものです。小さな黄色いズッ

キーニ、赤唐辛子、小ナス、青トマト、豆類などを使いました。バジルをたくさん入れてみたら、ピクルスも漬け汁の塩水も、非常に風変わりな甘い味になりました。僕がとりわけ気に入ったのは小ナスのピクルスで、もとの濃い色が塩水に抜けて、美しい縞模様になりました。青トマトも、特に果肉たっぷりのプラムトマトがうまく漬かっていました。ただ、このときに漬けた分は塩水を少し濃くしすぎて、仕上がりが僕好みより塩辛かったので、そのまま漬け汁に単純に真水を加えて、塩水を薄めました。そうしてできたピクルスのおかげで、畑でとれた夏野菜を、クリスマスごろまで食卓に出し続けることができたのです。

塩水漬けニンニク

　僕はニンニク信者です。生ニンニクは非常に強力な薬だと信じて、毎日食べるようにしています。自分で作ったピクルス甕の中身がだんだん底に近づくと、香辛料として使ったニンニクやその他のスパイス類が残ってプカプカ浮くか、底に沈んでいきます。

　僕はこのニンニク片を集めて広口瓶に入れ、塩水に沈めて保存するのが好きです。冷蔵庫に入れるかそのままキッチンのカウンターで発酵させ続けます。このニンニクはまだ匂いも強烈で、一緒に発酵していたほかのおいしい野菜やスパイスの味がすべて染み込んでいます。僕はこのニンニクを料理に使ったり、そのまま生で食べたりします。漬け汁になっている塩水を使うのも好きです。この漬け汁はすぐにものすごくニンニクっぽい風味を帯びてくるので、サラダのドレッシングに使ったり、消化を助ける滋養強壮剤として小さなグラスでそのまま飲んだりします。もしこのニンニクの使い方に興味を引かれるなら、初めの野菜漬けの部分は飛ばして、ただ皮をむいたニンニク片だけを塩水に漬けるのでもいいかもしれません。

消化を助ける強壮剤や
スープの出汁としての塩水

　漬け汁の塩水は、その中で野菜が発酵できる塩っぽく水っぽい環境をただ提供するだけでなく、ピクルスの材料に使ったいろんな野菜やスパイスの味を全体になじませる役割も果たします。そしてこの塩水自体も発酵の泡を出しながら、複雑な味になっていくのです。この塩水はラクトバチルス菌の宝庫でもあります。ザワークラウトから出た野菜のエキスや、ニンニクを漬けた塩水と同じように、消化を助ける優れた強壮剤なのです。

　とはいえ、もしかするとピクルスを食べ尽くした後に残った塩水は、そのまま飲むには量が多すぎるかもしれません。さらに味もキツくて、しょっぱいときています。そんなときはスープの出汁にしてみてください。ロシア語で漬け汁の塩水は「ラソル」と呼ばれ、ラソルをベースに使ったスープは「ラソルニック」といいます。漬け汁の塩水を自分好みの塩加減になるまで水で薄めて、野菜（ピクルスを含む）とトマトペースト少々を加えます。サワークリームをぽってりとのせて、熱いうちにいただきます。

ミルクウィード／ナスタチウムの
〈ケッパー風〉さや

　ケッパーは、ケッパーブッシュ（学名：*Capparis spinosa*）として知られる地中海原産の低木のつぼみですが、僕はその木そのものを見たことはありません。市販されているケッパーがもつ、塩味系のおいしさのほとんどは塩水に漬けられて生まれた味です。そしてケッパー以外にも、同じ食感をもつ別の花のつぼみやさやがあります。

　友人のリサ・ラストと僕はケッパーを食べながら、僕らがどれだけケッパーを好きかという話をしていました。ファッションと同じように

食べ物でも、ちょっとしたアクセサリーで全体が大きく変わるものです。そのときリサが、たくさん生えているミルクウィードにさやができ始めているのに気づき、塩水に漬けてみることを思いつきました。そこでひと瓶さっと作ってみたら、これがものすごくおいしい。ケッパーブッシュのケッパーよりおいしかったとまで言ってしまいましょう。ミルクウィードのさやをお店で買うことはできませんが、雑草なのでそこら中に生えているようです。狙いのさやは真夏に見られ、大きな花が落ちた後にできます。さやを摘むときは、小さい物をとったほうが、仕上がりがよくなります。

　ナスタチウムのさやも、同じやり方でケッパーの代用にできます。夏の終わりごろ、花が落ちた後に姿を見せるこのさやは、皺だらけでギュッと縮まり、まるで緑色の脳みたいに見えます。味はナスタチウムの葉や花と同じく、少しぴりっとした辛味があります。

●

所要時間　4〜7日間

材料（500ミリリットル分）

- ミルクウィードかナスタチウムのさや（小さいもの）　2カップ弱
- 海水塩
- ニンニク（丸ごと）　1〜2個

作り方

1　さやを収穫します。まだ小さくてやわらかいうちに摘みましょう。特にミルクウィードのさやは、サイズもかなり大きくなりますし、筋っぽく苦くなります。

2　水1と1/4カップに塩大さじ約3/4を溶かして、塩水を作ります。

3　500ミリリットルの瓶がいっぱいになるまでさやとニンニクを入れます。ニンニクは皮をむく忍耐が続く限りできるだけたくさん入れます。

4　さやとニンニクの上から塩水を注ぎます。塩水の量が足りなければ、もう少し水と塩を追加します。

5　さやとニンニクに重しをのせて塩水に漬け込みます。瓶の口にちょうどはまるひとまわり小さい瓶か、塩水を入れた小さなジッパーつきのビニール袋を使います。重要なポイントは、すぐ浮きたがるさやを塩水の保護下に保つことです。

ミルクウィード

ナスタチウム

6　この「ケッパー」を毎日味見します。僕らが作ったとき、4日目からおいしくはなりましたが、まだ味がしっかり熟成していませんでした。1週間後、表面にカビの膜ができました。その膜を取り除いてケッパーを食べてみると、完璧でした。

7　冷蔵庫に保存して、必要なときに利用します。

日本のぬか・ふすま漬け

　ぬか漬けは日本の伝統的な発酵食品です。僕は吸水性のある米ぬかに、塩、水、海藻、ショウガ、みそ、そして時にはビールやワインなどを混ぜたものを甕いっぱいに詰め、その中に野菜を漬け込んでいきます。この濃厚なぬか床を使えば、丸ごとの野菜がわずか数日で漬けあがりますし、逆に長期間発酵させることも可能です。僕は通常野菜を丸ごと漬けて、取り出した後でスライスします。つんと酸っぱい味はすぐに野菜に浸透します。こうして作ったぬか漬けは、わりといつも評判の良い漬け物です。

　僕にとって入手しやすかったのは、米ぬかよりも麦ふすまのほうでした。ぬかもふすまも繊維質の豊富な、穀物の外皮の部分で、精白加工段階で取り除かれるものです。麦ふすまでも問題なくぬか漬けができるので助かりました。ぬか床が使えるようになるまで2〜3日かかりますが、一度ぬか床ができてしまえば、永久に野菜を入れたり取り出したりできます。

●

所要時間　2〜3日間、その後はずっと継続

用意するもの
- 8リットルサイズの陶器の甕、またはプラスチック製の食品用バケツ
- 甕またはバケツの内側にはまる皿
- 4リットルサイズの飲料用ガラス瓶に水を入れたもの、またはその他の重し
- 布カバー

材料（8リットルサイズの甕分）
- 米ぬかまたは麦ふすま　1キログラム
- 板昆布もしくはその他の海藻　10センチサイズ3枚
- 海水塩　1/2カップ弱
- みそ　1/2カップ強
- ビールまたは酒　1と1/4カップ
- ショウガ　2.5センチを2〜3個に切る
- カブ、ニンジン、ラディッシュ、エンドウまたは豆類、キュウリその他季節の野菜　2〜3個ずつ

作り方

1　ぬか（またはふすま）を、鉄鍋もしくは厚手のフライパンでから煎りします。弱火で焦げ付かないようよくかき混ぜます。煎るとぬかの風味がよく引き出されますが、必須のプロセスではありません。ぬかが熱くなり、良い香りがたつまで煎ります。

2　熱湯1と1/4カップを海藻の上から注ぎ、30分程度おいて戻します。

3　塩水を作ります。分量の塩を水6と1/4カップ（1.25リットル）に溶かします。よく混ぜて完全に溶かしましょう。

4　3の塩水約1と1/4カップをコップまたはボウルに入れ、みそと混ぜます。みその塊をほぐしてペースト状にします。しっかり混ざったら、出来上がったみそペーストを残りの塩水と合わせてよく混ぜます。ビールまたは酒も塩水に加えます。

5　海藻の戻し汁をこして4に加えます。

6　軽く煎ったぬかを甕に入れ、海藻とショウガを加えます。その上から5を入れてよく混

ぜ、乾いたままのぬかが部分的に残らないように、液体を均等に行き渡らせます。

7 塩水を含んだぬかに野菜をそのまま丸ごと埋めていきます。野菜が互いに触れあわないようにします。

8 ぬかに落とし蓋と重しをのせます。もし翌日になっても塩水がぬかの上の落とし蓋より上まであがっていない場合は、塩水をもう少し追加します。水１と１/４カップに対し、塩大さじ約１の割合です。逆に塩水の表面が落とし蓋より２.５センチ以上あがっている場合、その水をいくらか捨てて、重しをもう少し軽めにし、ぬかが水分を保持できるようにします。

9 初めの数日間は毎日野菜を取り替えて、新鮮なものを入れます。このぬか床はまだ発展途上にあり、新鮮な野菜の助けを借りて、ラクトバチルス菌をぬか床の中に培養していきます。野菜を取り替えるたびにぬかをよく混ぜます。

　この段階で漬けた野菜は、おいしいかもしれませんし、おいしくないかもしれません。レシピによっては捨てるように書いてあるものもありますが、僕は喜んで食べています。自分で食べて判断しましょう。毎日野菜を取り替え続けると、そのうちしっかりした酸味が出ておいしくなります。そうなってからは、もっと長期間漬け込み始めてかまいません。たとえば大根をぬかに漬けたたくあん漬けには、３年間漬け込んだものもあります。

10 ぬか床に手を入れて野菜を取り出します。野菜についたぬかを指で落とし、できるだけ甕に戻します。そして野菜を水で洗い流しますが、塩けが強いと感じる場合は、野菜を少し水に浸けておきます。それから切って盛りつけます。取り出した野菜には、甕に入れた材料すべての味がわずかに感じられます。それはつまり、海藻、ショウガ、みそや酒など、食べた人にいったい何の味だろうと思わせるくらいの、かすかな日本の風味です。

11 こうして作った発酵用のぬか床は、永久に使うことができます。ぬか床が新鮮な野菜から出る水を吸収しすぎて水っぽくなったら、カップやボウルをぬかに押し付けて水分を少し捨てます。ぬかの量があまりにも減りすぎていると感じたら、軽く熱したぬかを加えましょう。塩分は野菜に入り込んで一緒に外に出ていくので、発酵しやすい環境を保つために、塩分も補充する必要があります。野菜を加えるたび、毎回少しだけ塩も加えましょう。風味づけのショウガや海藻もピクルスとして味わいます。ショウガ、海藻、みそ、ビールや酒なども、時々少量ずつ加えます。しばらく不在にするときは、地下室や冷蔵庫などの涼しい場所で甕を保管します。

グンドゥル

　グンドゥルは、キュルツェとも呼ばれ、強い味わいをもつ、おいしい青菜のピクルスです。これはネパールのネワール族に伝わる伝統の発酵方法で作られます。ここにのせた作り方は、リンジン・ドルジェ著 *Food in Tibetan Life*（チベット生活における食べ物）というチベット料理本で学びました。この発酵がほかと大きく違う点は、材料は唯一その野菜、青菜のみで作られることです。塩もほかのどんな材料も必要ありません。僕はカブの葉でグンドゥルを作ってみました。１リットル作るのにだいたい８株分くらいの葉が必要でした。大根の葉やからし菜、ケール、カラードグリーンなど、アブラナ科（レタスではなく）の耐寒性の青菜であれば、どれでもうまくいくと思います。

●

所要時間　数週間

用意するもの
・１リットルサイズの瓶

- 瓶用のスクリュー式の蓋
- 麺棒

材料（1リットル分）
- 青菜　約1キログラム

作り方

1　天気のいい日に作業を始めます。青菜を日の当たる場所に数時間置いてしおれさせます。

2　まな板などの硬いものの上に青菜をのせ、麺棒を使ってしおれた青菜をつぶしていきます。これは葉から汁気を出すためなのですが、栄養たっぷりのジュースを失ってしまわないように注意しましょう。

3　葉と、葉から出た汁を一緒に瓶に詰め込みます。使える道具は何でも使って、もちろん自分の指も使って、葉を瓶に押し込みます。力を使ってつぶした葉をどんどん入れていくと、葉から水分が出てきます。こんなにもたくさんの葉がこんな小さな容器に入るのかと驚くかもしれません。瓶が葉でいっぱいになり、出てきた汁で葉が浸かりきるまで入れます。この汁は強い刺激臭のある野菜汁になります。

4　瓶にスクリュー式の蓋をして閉じ、日のあたる暖かい場所に置いて、2〜3週間そのままにします。それより長く置いてもかまいません。

5　2〜3週間経ったら、蓋を開けて葉の匂いを嗅ぎます。きつい鼻を突くような匂いがするはずです。グンドゥルにはいろんな味が詰まっています。食べてみましょう。切り刻んでそのままピクルスとして盛り合わせることもできます。

6　もしくは、乾燥させてスープの薬味としても使えます。ネパールでは冬の間中そうやって使われています。グンドゥルを乾燥させるには、発酵した葉を瓶から取り出し、紐にかけるか広げて天日干しにします。湿っているとカビが生えるので、葉がしっかり乾いていることを確認してから貯蔵します。

第6章 豆の発酵

　豆類は、豆果や菽穀類とも呼ばれる重要なタンパク源です。特に大豆は、含有するタンパク質の質と量のために一躍脚光を浴びています。東アジア地域では「畑の肉」の異名もあります。しかし残念ながら、栄養密度の高い大豆は消化しにくく、ふつうに調理しただけだと、腸内ガスや消化不良を引き起こす原因になることで有名です。ところが発酵させた豆類は、複雑なタンパク質が人間の体にとってより吸収しやすいアミノ酸に分解されて、いわゆる「事前消化」された状態になります。豆類に秘められたパワフルな栄養素を引き出すのに一番効果的な方法は発酵なのです。さらに、豆を穀物と一緒に発酵させると（実際よくそうされますが）、出来上がった物は人体にとっての必須アミノ酸をすべて含んだ、完璧なタンパク源になります。

　アメリカ合衆国は世界最大の大豆生産国です。しかしその大豆が、人間向けの栄養価の高い食品として使われるケースはほんのわずかです。大部分は家畜用のエサや植物油に加工されます。大豆由来成分も、結局、プラスチック、接着剤、ペンキ、インクや溶剤などになってしまうのです。今や大豆は、世界の飢餓問題について訴えるときのメッセージを、強力にアピールするためのシンボルになっています。「膨大な量の最高品質食糧が動物の飼料になっている」と、フランシス・ムア・ラッペは自著『小さな惑星の緑の食卓』の中で抗議しています。ラッペの試算によると、食用牛に9.5キログラムの植物性タンパク源を与えて、その結果生産される人間消費用の食肉タンパクの量は、たった0.5キログラムです。これは世界中で毎日何千人もの人が飢餓で命を落としていることを考えると、恥知らずな、とんでもない無駄です。

　『小さな惑星の緑の食卓』は、一世代前のアメリカで、ベジタリアン主義を広めるのに一役買いました。そして一部のベジタリアンの間では、みそやテンペ、たまりや醤油など、アジアの伝統的手法によるさまざまな大豆発酵食品が使われるようになりました。実際、菜食主義と大豆発酵食品には長年のつながりがあります。最初に考案された豆発酵物は、1000年以上も昔、肉ベースの食生活に代わるものを探していた中国の仏教徒

が作ったものです。それはさらに古くから中国に伝わる発酵食品の「醤(ジャン)」をアレンジしたものでした。醤とは主に肉や魚を発酵させて作った調味料で、いろんな様式のものがずらりと存在し、複雑ながらも、それぞれちゃんと意味がありました。孔子は『論語』(紀元前500年頃)の中でこう教えています。「その食べ物に適した種類の醤を添えない料理は出すべきではない。1種類の醤だけですべての料理の味付けをするより、多くの種類を提供して、それぞれの食べ物に備わる基本的な性質と調和できるようにすべきである」

　仏教が生みだした大豆食品は仏教とともにアジア各地に広まり、日本にも伝わりました。日本には古代より、魚を発酵させて作った「ひしお」(醤)と呼ばれる独自の調味料がありました。そして大豆の発酵は、日本でさらにアレンジされて、901年にはもう「みそ」という和語が書物に登場しています。

　日本におけるみその消費が、寺院から世間に広まったのは、1185年から1333年の鎌倉時代のことでした。贅沢三昧で世間に無頓着な貴族に反発した、侍の反乱によって始まった時代です。この時代の新たな支配階級は質素倹約を旨として、食生活も白米を中心に、野菜、豆、魚介類を添えるのみでした。そしてこの時期に初めてみそ汁が作られて、一般に広まったのです。ウィリアム・シャーレフと青柳あきこの書いた"The Book of Miso"(みその書)によると、「(みそ汁は)庶民の食事の代名詞となった」。今日も、みそ汁は日本食の定番です。

みそを作る

　何年もかけて発酵させることもよくあるみそは、体のエネルギー(気)を不思議と落ち着かせてくれる食べ物です。中国哲学や中医学(そしてマクロビオティック食事法)の基礎となっている陰陽のエネルギーの法則では、みそは「収縮する」(求心の)エネルギー、つまり陽の気をもちます。日本の民間伝承でも、みそは健康と長寿に深い関わりがあるとずっと信じられてきました。

　みその具体的な効能に、放射能や重金属の曝露から受ける影響を防ぐ働きがあります。この事実は、広島と長崎への原子爆弾投下後まもない日本での研究で判明し、そのきっかけとなったのが長崎の医師、秋月辰一郎のある気づきでした。原爆が投下された日、秋月医師は外出中で市内にはおらず、働いていた病院は破壊されました。それから長崎に戻って被爆した人たちの治療にあたっている間、秋月医師と病院のスタッフは毎日一緒にみそ汁を飲み、放射能に汚染された地域から近距離にいたにもかかわらず、誰ひとり原爆症を発症しなかったのです。この実体験に基づく事例報告をきっかけに、後にみそにはジピコリン酸というアルカロイドが含まれ、このジピコリン酸が重金属と結合

して、一緒に体外に出ていくことが判明しました。放射能だらけの世界に住む今、体を癒してくれるこの作用は、僕らみんなにとって必要なものです。

　僕が初めて食べた自家製みそは、通称トンデモふくろう先生が作ったものでした。ふくろう先生は御年70代半ばの友人で、30数年前に、中医学の勉強に専念するため統計解析のキャリアを捨てた人物です。非常に風変わりな漢方医で、自分の信念は断固として曲げません。そんな先生の勧めるいろんな滋養のある食材の中でも、一番うるさく勧めるのがみそです。先生はもう何年も自分でみそを作っており、ショート・マウンテンにも一緒に持ってきたのです。

　ふくろう先生の自家製みそは、豆粒がいっぱいで濃厚でした。僕はその命のエネルギーに魅了されてみその作り方を学び、それ以来毎年冬になるとみそ甕を仕込んでいます。僕がこれまでに発酵させてきた食品の中で、だんだんとこれが一番感謝されるものになりました。自分でみそを作る人はほとんどいない一方、あげたみそを必ず使うような人は、皆みそにはうるさいものです。自分でみそを作って大好きな人たちと分かちあうのは、その人たちに深い滋養を与えるひとつの方法です。

　みそ作りには多大な忍耐を要します。ほとんどの種類のみそに必要な発酵期間は最低でも丸１年です。みそ作りのプロセスで一番辛いのは待つことです。作る作業自体は本当に単純です。みそは、昔から涼しい季節に作ったり容器の移し替えを行ったりします。空中に漂う微生物が比較的少ない時期だからです。とはいえ真夏の暑さの中でみそを作ってみたときも、ちゃんと良いみそができました。

　伝統的なみそは大豆で作られますが、どんな豆類でも、また複数の豆類を混ぜても作ることができます。僕がみそに使ったことのある豆は、ひよこ豆、ライ豆、黒インゲン豆、スプリット・ピー（乾燥して割れたエンドウ）、レンズ豆、黒目豆、金時豆、小豆、ほかにもまだまだいっぱいあります。それぞれの豆がもつ独特な色や風味は、出来上がったみそにそのまま反映されます。手元にたくさんある物を何でも使って、大胆にいろいろ発酵させてみましょう！

糀を入手する

　糀とは、みその発酵を起こすカビ菌（ニホンコウジカビ）の胞子を植え付けた穀物のことで、一番よくあるのは米糀です。これがこの本で初めて紹介する、厳密にいうと天然発酵ではない発酵になります。天然発酵で作ることも可能ですが、コウジカビがしっかり存在している環境が必要になります。たとえば昔ながらのみそ屋とか、もしかすると今から２〜３年後のお宅の地下室かもしれません。そうなるまでは、スターターであ

る糀を入手しなくてはなりません。アジア食材の店や、健康食品の店には、糀を置いているところもあります。また、地元に市販のみそを作っている会社があれば、糀を売ってくれるかどうか聞いてみましょう。または自分でニホンコウジカビの胞子を米に植え付けて、自分の糀を作ることもできます。

Recipes

赤みそ

このみそは味がハッキリしていて塩辛く、少なくとも丸1年発酵させる必要があります。大豆を原料にしてこの製法で作るみそは、昔から「赤」みそとして知られていますが、実のところ色はさまざまで、特に大豆以外の豆で作ると赤になるとは限りません。また、より短期間でできる「甘」みそのレシピは、このレシピの後に続きます。

●

所要時間 1年、もしくはそれ以上

用意するもの
- 陶器の甕(かめ)、または広口瓶、もしくはプラスチック製の食品用バケツ。少なくとも容量4リットルサイズのもの。
- 甕またはバケツの内側にぴったりはまる落とし蓋(皿もしくは堅木の円板)
- 重し(よく洗って煮沸した重石)
- 布かビニール(甕を覆ってホコリやハエから守るため)

材料(4リットル分)
- 乾燥豆　5カップ
- 海水塩　1と1/4カップ
　さらに甕につける分に1/4カップ強
- 加熱殺菌していない熟成みそ　大さじ2
- 糀　6と1/4カップ

作り方

1　乾燥した豆を一晩水に浸けてから、やわらかくなるまで茹でます。豆を焦がさないように気をつけましょう。特に大豆を使う場合は、茹で上がるまでにしばらく時間がかかります。

2　別の鍋にざるをかけ、茹でた豆をそのざるにあげて茹で汁を切り、茹で汁はとっておきます。

3　豆の茹で汁(もしくは熱湯)2と1/2カップに、塩1と1/4カップを溶かし、塩けの強い塩水を作ります。塩が完全に溶けるまでよく混ぜます。混ざったら、そのままおいて冷まします。

4　豆を好みのなめらかさに潰していきます。使える道具は何でも使います。僕は通常ポテトマッシャーを使って、多少豆粒を残します。

5　3の塩水の温度をチェックします。温度計は必要ありません。自分の(きれいな!)指を入れてみましょう。指を浸しても熱くない温度になったら、そこから約1カップすくいとり、熟成みそを入れて溶きます。そして溶いたみそを残りの塩水に戻し、そこに糀を加えます。

そして最後に、こうして混ぜ合わせたものを潰した豆に加え、全体の質感が均等になるまでまんべんなく混ぜます。もしこれまでに使ったみそより厚ぼったいと感じる場合は、豆の茹で汁か水をもう少し加えて、好みのなめらかさにします。これが、あなたのみそです。これ以後のステップは、長期発酵させるための容器への詰め方になります。

6　濡らした指に海水塩をつけて、みそを発酵

させる容器の内側の底と側面に、塩をつけていきます。こうすることでみその端部分の塩分含有量を高くして、来てほしくない自然の微生物からみそを守るのです。

7 甕にみそをきっちりきつく詰めていきます。空気の隙間ができないように気をつけましょう。上面を平らにならし、その上に塩をふって塩の層を作ります。上面にふる塩の量は遠慮しないこと。みそを取り出すときに、一番上の層はどうせ捨ててしまうのです。

8 みそを落とし蓋で覆います。甕のサイズと形にぴったり合わせて切った堅い木の蓋が理想ですが、僕は通常甕の中にはまる一番大きい皿を使います。落とし蓋の上に重しをのせます。僕は石をみつけてきれいにこすって洗い、煮沸して使います。この重しが重要なのは、ザワークラウトと同様に、内容物を塩けの強い水分の保護下にしっかり留めて発酵させるためです。最後に、カバーを外側全体にかけて、ホコリやハエから守ります。ビニールを編んだ厚めの袋が一番長持ちしますが、布や丈夫な紙でも大丈夫です。甕にカバーをかぶせて結ぶか、テープでとめます。

9 油性ペンでわかりやすくラベルを書きます。ラベル付けは、違う年に作った甕を複数同時に発酵させるようになると、特に重要になります。地下室や納屋など、高温にならない場所で保存します。

10 待ちます。発酵開始後初めての夏が過ぎた後、秋か冬に少し食べてみます。これを1年みそと呼びます。みその年は、過ぎた夏の数、つまり発酵が最も活発になる夏をいくつ過ぎたかで数えます。きちんと詰め直し、表面に改めて上塩をふります。そしてまた1年後に少し食べてみて、そのまた1年後にも食べてみましょう。

みその味は、時間が経つほどにまろやかで複雑な味になっていきます。僕は先日9年もののみそを食べましたが、まるでしっかり熟成されたワインのように崇高な味わいでした。

11 容器の移し替えについて。2～3年間発酵しているみその甕を開けると、表面がかなり見苦しくなっていて、ゾッとするかもしれません。そんな部分はすくいとってコンポストに投げ込み、その下にあるみそは素敵で香りも味も最高であると信じましょう。僕は通常20リットルの甕に入っているみそを一度に全部取り出して、隅々まできれいにしたガラス瓶数個に詰めていきます。蓋が金属の場合は、瓶と蓋の間にパラフィン紙を一枚入れています。みその作用で金属が錆びつくのを防ぐためです。そしてそのガラス瓶を地下で保存しています。瓶詰め後も発酵は継続するため、中に圧力がたまってきます。定期的に瓶の蓋を開けて、この圧を抜く必要があります。時折、みその表面にカビがつくことがあります。甕の場合と同様に、その部分をすくいとって捨て、その下の残り部分を味わいましょう。こういった煩わしさを避けるために、みそを冷蔵庫で保存することも可能です。

甘みそ

みその作り方には、非常にたくさんのバリエーションがあります。使う豆や穀物の種類の違いに加え、塩や糀の割合の差、また発酵させる期間によってみその種類が変わってきます。甘みそは、より一般的に知られている塩辛くて長期間発酵させたみそとは大きく異なります。甘みそは実際に甘いのです。また、先に紹介した赤みそに比較すると、豆の量に対する塩の量は約半分、糀の量は約2倍になります。さらに発酵期間はかなり短く、最長でも約2カ月、赤みそより高い温度で発酵させます。

●

所要時間 4～8週間

用意するもの
・赤みそに同じ

材料（4リットル分）
・乾燥豆　5カップ
・海水塩　1/2カップ強
・糀　12と1/2カップ
（74ページの「糀を入手する」を参照）

作り方
赤みその作り方と同じにしますが、以下の変更を加えます。

1 使う塩の量は前回の1と1/4カップではなく、1/2カップ強のみです。糀は6と1/4カップではなく、12と1/2カップになります。

2 甘みそ作りでは、熟成みそは入れません。熟成みそには多様な微生物がすみ、その中には酸を生みだすラクトバチルス菌も含まれています。甘みそが甘いのは、主にコウジ菌で発酵させて、ラクトバチルス菌が繁殖し始める前に別の容器に移し替えるからです。

3 この短期間発酵のみそは、甕に塩をつける必要はありません。

4 甕は、キッチンの隅など、暖かくて邪魔にならない場所に置きます。甘みそは暖かい環境にあるとより早く発酵します。1カ月経ったら少し食べてみましょう。まだ熟成中の若いみそを、食べる分だけ別の容器に移し替えて、冷蔵庫に保存します。甕に残っているほうはきちんと詰め直して、みその表面を均等にならし、再び落とし蓋を置いて重しをのせ、カバーを外側にかけます。

5 そのままさらに数週間から1カ月発酵させます。みそを甕から別の容器に移し替えるとき、糀の形や硬さがまだそのまま残っていることに気づくと思います。このみそに少し水を加えてフードプロセッサーにかけ、なめらかなペースト状にします。そしてみそを、隅々まで清潔にしたガラス瓶数個に詰めます。蓋が金属の場合は、みその作用で金属が錆びつくため、瓶と蓋の間にパラフィン紙を一枚入れます。塩辛いみその場合は地下室の温度が貯蔵に向くのに比べ、甘みそは冷蔵庫に入れるほうがベストです。みその表面にカビがついたら、その部分をすくいとって捨て、その下のみそを味わいましょう。

みそスープ

みそを味わう昔ながらの方法は、みそスープにすることです。ユダヤのおばあさんたちがお決まりのチキンスープという形で与えてくれた慰めや癒しを、僕はよくみそスープに見いだします。これほどまで気持ちをなだめてくれる食べ物はほかにありません。

みそスープを作るとき、みそは最後に加えます。一番シンプルなみそスープはみそを湯に溶いただけのもので、お湯1と1/4カップに対し、みそ大さじ1程度です。みそを湯に加えて、完全に溶けるまで混ぜます。みそは沸騰させると台無しになってしまいます。

一方で、みそスープはいくらでも手の込んだものにもできます。僕はふつう海藻を加えるところから始めます。海藻には、深く複雑な味わいがあります。英語で海藻はsea weed（海の雑草）ですが、sea vegetables（海の野菜）と呼んだほうがおいしそうに聞こえる、と思う人もいるようです。しかし僕は敢えてweed（雑草）と呼んで、海藻のワイルドさを讃えたいと思います。

海藻には海のエッセンスが凝縮されています。栄養分も体を治癒してくれる成分もたっぷり含まれているのです。具体的な有効成分のひとつはアルギン酸と呼ばれる化合物で、鉛や水銀などの重金属やストロンチウム90のような放射性物質と結合して、体外に排出してくれる働き

ラミナリア・ディジタータ

があります（みそのジピコリン酸とほぼ同じです）。また、海藻は循環器系にも効果があり、消化も促進し、新陳代謝や分泌腺・ホルモンの流れを整え、神経系も落ち着かせてくれます。僕は自分が料理するもののほぼ何にでも、海藻を入れるのが大好きです。みそスープはほとんど毎回海藻を入れて作ります。日本のレシピでは、出汁と呼ばれるスープストックを作るとき、昔からコンブという太平洋産の海藻を使います。僕はメイン州海岸にある小さな海藻採取業者から海藻を入手しており、そこにコンブはありません。コンブに相当する北大西洋の海藻はラミナリア・ディジタータと呼ばれます。ディジタータは、肉厚でたくましいケルプの一種です。それぞれの茎から伸びた部分が、ゆらゆら揺れる緑褐色の肉厚な「指」（訳注：指を英語で〈ディジット〉ともいう）数本に分かれるため、ディジタータと呼ばれています。

メイン州「ダウンイースト」のスクーディック半島沖で、実際に自分でディジタータを収穫した経験は忘れられない思い出です。ガイドしてくれたのは、「アイアンバウンド・アイランド・シーウィード」という店で海藻採取を担当している、マットとリーボでした。その日僕らは朝４時に起き、かなりきついウェットスーツをなんとか着込んで、車で港に向かいました。

そしてマット自作の木造ボートに乗り込み、その後ろに木製の小舟を曳航していきました。この小舟もマットが作ったものです。「自分でやる主義」には全く限界がありません。僕らは穏やかな湾内をしばらく滑るように進み、霧深い朝焼けへと向かいました。海と空と陸地のすべてが、こんなにもひとつに溶けあった深い灰色の世界の中で、僕のガイドはいったいどうやって行き先を判断するのだろう、と僕はぼんやり考えていました。しばらくして、カモメやアザラシを見かけました。波もだんだん立ってきました。僕らは湾を抜けて、ディジタータのたくさん生えている、荒れ狂う外海へと向かっていったのです。

目的地に着いたのは、ちょうど潮が引いて海藻に手が届く高さになったときでした。海藻採取は潮の満ち引きがすべてを決めます。マットとリーボは、ほぼすべての収穫作業を毎月潮が一番低くなる週に行います。僕らは大きいほうのボートの碇を下ろして小舟に乗り込み、海面下の岩棚からディジタータが大量に群生しているあたりを目指しました。ディジタータに十分近づいたら、冷たくて波の荒い海に飛び込みます。マットとリーボは交代で小舟に残り、僕らが収穫したディジタータをその小舟に投げ入れられるように、僕らのいるあたりへ漕ぎ続けて、流されていかないようにしました。

僕は海のまっただ中にいて、手には切れ味の良いナイフ。やりたいのは、ディジタータが生えている岩棚の上に立ち、茎を切って収穫すること。結構簡単そうです。というかそのはずでした、もし波が親切にちゃんと止まってくれさえすれば。しかし波が一定のリズムに乗って毎回ドドーンと打ち寄せてくるたび、僕の立っている岩棚の水位は60センチからいきなり1.5メートルの深さになりました。水底深くになってしまったディジタータの茎を掴もうと思うと、体全体を海にドボンと沈めなくてはなりません。もちろん頭も一緒に。そしてそうすると、たいてい波が僕を岩棚から突き落とすのでした。

僕はしばらく片手にナイフ、もう片方の手には海藻を握ったままじたばた暴れるばかりで、まるで必ず何かハチャメチャな騒動に巻き込まれて大騒ぎする、コメディドラマの主人公になった気分でした。そうしてやっとひと握りのディジタータを収穫したと思ったら、今度はそれを手漕ぎ舟に投げ入れなくてはなりません。荒れ狂う波のおかげで、それもまた至難の業です。もうすべてがとんでもなくて、信じられないほど楽しくて、結局僕がなんとか収穫できた量がいかにちっぽけだったかなんて、もうどうでもいいことでした。僕は波に体を振りまわされながら、その一生をずっと潮の流れに押されたり引かれたりし続けている海藻の気持ちがわかったような気がしました。そして皆で小さな手漕ぎ舟を何度か海藻でいっぱいにした後、それ以上続けるのが難しいくらいまで潮があがってきたので、朝の太陽の中、僕らはサウス・ゴールズボロ港へとボートで戻っていきました。ぬるぬるしたディジタータのベッドに抱かれながら。

マットとリーボの家に戻ると、僕らはウェットスーツを脱ぎ捨ててご飯を食べ、それから海藻を吊るして干す作業に取りかかりました。それぞれ1株ずつ、別々に扱わなくてはなりません。何時間もディジタータを干していると、僕らの両手はぬるぬるしたゼラチン状の粘液まみれになりました。以前マットとリーボを手伝って、濡れた海藻を干したときは、僕が交通事故に遭って間もないころでした。あのときは、柔軟でぬるぬるした海藻が、事故のショックを僕の体から吸い取ってくれたように感じました。体から不要なものを吸収して心を落ち着かせてくれるこの海藻の性質が、海藻を食べると、自分の消化器官の中にもたらされるのです。

アメリカで手に入る海藻のほとんどは日本からの輸入品です。日本で海藻は定番の主要な食材なので、かなりの量が養殖されています。僕は、海藻の生命地域主義（バイオリージョナリズム）を応援するために、アメリカ沿岸水域の小規模海藻採取業者を支援するよう、読者の皆さんに呼びかけたいと思います。マットとリーボは「アイアンバウンド・アイランド・シーウィード」の名で海藻を販売しています。そのほかにも、国内にさまざまな海藻採取業者が存在しています。

そういえば、みそスープの作り方でしたね。いま冷蔵庫や畑にあって、使いきらなければいけない物を何でも使いましょう。僕のやり方は以下の通り。

・

1 水から始めます。水1リットルで2〜4人前のスープができます。ほかの材料の量は、この1リットルの水に見合う量になります。まず水を火にかけ、沸騰するまでの間にその他の材料を加えていきます。沸騰したら、火を弱めて材料を煮込みます。

2 最初に加えるものは海藻です。煮えていく間に、海藻のもつ味と性質が、出汁に溶け込んでいきます。僕ははさみを使って乾燥した海藻を小さく切り刻み、スプーンですくいやすい大きさにしておきます。8〜10センチくらいのディジタータやコンブ、または別の種類の海藻を1種類もしくは数種類切り刻んで、水に入れます。2〜3分煮立たせれば日本の伝統的な出汁と呼ばれるスープストックができます。ここでみそを加えてみそスープの出来上がり、とするか、もしくはもっと手を加えましょう。

3 その次に僕が入れるものは根菜です。ゴボウはぎっしりした土っぽい風味をスープにつけてくれます。また体の調子を整え、余分なものを排出してくれるパワーももっています。全体の約半分ぐらいを使いましょう。縦に切って、薄い半月切りにします。ニンジンや大根などもお好みで切ります。こういった根菜を、出汁の入った鍋に加えていきます。

4 次に僕が入れるのは、もしあればキノコ類です。僕のお気に入りはシイタケですが、どんなキノコでもスープに合います。僕はキノコを決して洗いません。キノコはあまりにも吸収力が高いため、単なる水を吸わせるよりスープを吸わせたほうがよっぽどいいと思うからです。目に見える汚れを拭き取るだけにしましょう。キノコ3〜4個を、スプーンですくえる大きさに小さく切って加えます。

5 キャベツはみそによく合います。ほんの少しだけ、小さく切って出汁に入れます。

6 もっとボリュームたっぷりのスープにしたければ、豆腐も追加できます。豆腐250グラム程度を水で洗い、さいの目切りにして入れます。また、もし全粒穀物を調理した残りがあれば、ひとすくい入れます。塊になっているところはスプーンで崩します。スープ作りは、残り物を活用する絶好のチャンスです。

7 ニンニク4片(またはもっと!)の皮をむいてみじん切りにしたものと、何か緑の野菜を準備します。ブロッコリーの茎から小さな花蕾(からい)をいくつか切りとるか、ケールやカラードグリーンなどの青菜を数枚、細かく刻みます。

8 根菜がやわらかくなっていることと、豆腐が温まっていることを確認します。大丈夫であれば火を止めます。鍋から出汁を1カップ取ったら、ニンニクと緑の野菜を鍋に入れて、蓋をします。そして取り出したカップ1杯分の出汁に、みそ大さじ約3を溶き入れます。ボリューム満点バージョンのスープにする場合は、ここにさらにタヒニ(ごまペースト)大さじ2も加えます。よく混ざったら、鍋に戻してよくかき混ぜます。味見してみて、必要であれば、同じやり方でみそをもう少し追加します。

9 スープの飾りに、青ネギやワイルドオニオン(野蒜)、チャイブなどを小口切りにしてのせます。そして味わいましょう。こういったスープは、一皿で十分満足のいく、お手軽料理です。

10 残ったスープを温めるときはとろ火にして、みそを沸騰させないよう気をつけます。

みそとタヒニ(ごまペースト)の スプレッド

みそを楽しむもうひとつの素晴らしい方法は、スプレッド(パンなどに塗るもの)として使うことです。小さなボウルにみそ大さじ1、タヒニ大さじ2、レモン1/2個分の搾り汁、そしてニンニク1片のみじん切りを合わせ、十分に混ざり合うまでよく混ぜます。パンやクラッカーなどにのせて味わいましょう。この基本のおいしい組み合わせに、レモン汁や水、または「ポット・リカー」と呼ばれる野菜の煮汁を追加して液状にゆるめて、穀物や野菜にかけるソースに使ったり、サラダドレッシングにしたりもできます。みそとタヒニの組み合わせは、いろんな使い方が可能です。僕のコミューン仲間のＳｔｖ(スティービー)は、甘みそとアーモンドバターを使って、このみそとタヒニの素敵なバリエーションを発明しました。皆さんもいろいろ実験してみましょう!

みそ漬けとたまり

みそ野菜を漬け込むのに最高の漬け床です。小さな甕や瓶に、みそと、いろんな根菜と、まるごとのニンニク片いくつかで、層を作ります。漬ける根菜はそのままでもスライスしてもかまいません。野菜同士はお互い触れ合わないようにして、それぞれがしっかりみそに覆われるようにします。野菜とみその層の上に落とし蓋をのせ、重しで押さえます。

涼しい場所に置いて、2〜3週間発酵させま

す。野菜はみその味や塩分を吸収し、みそは野菜の味や水分を吸収します。この発酵の過程を通じて、みそも野菜も変化するのです。そして色の濃い液体が甕の上部にあがってきます。これが甘くて濃厚なたまりです。たまりを別の容器に移して、その複雑な味を堪能しましょう。野菜は漬け物として味わい、みそはスープやスプレッドに使います。このみそは通常より水分の割合が高く、塩分の割合は低くなっているため、保存性がいくらか落ちていることに留意してください。

テンペ

テンペはインドネシアの大豆発酵食品で、アメリカでも人気のベジタリアンフードとなりました。テンペは、手間をかけてでも自分で作る価値の高い食品です。別にお店ですぐ手に入る冷凍版のテンペがダメというわけではありませんが、冷凍物は単なる「乗り物」になってしまった食品だと僕はよく言います。そこに覆いかぶせるものの味しかしないのです。一方、発酵して出来上がったばかりのテンペは、それ自体に濃厚で独特なおいしさと食感があります。

僕はテンペの作り方を、友人で隣人のマイク・ボンディに教えてもらい、マイクはまた別の友人アシュリー・アイアンウッドから、「フード・フォー・ライフ」（命をつなぐ食べ物）イベントで学びました。「フード・フォー・ライフ」は、食べ物に関するスキルや情報、食の政治学などを共有する集まりで、毎年夏にテネシー州チャタヌーガ近くのシクアッチー・バリー・インスティテュート（ＳＶＩ）で開かれます。僕はこのイベントで、みそ作りとザワークラウト作りを教えたことがあります。ほかにも、さまざまな発酵食品のワークショップが行われていました（発酵食品以外のたくさんのおもしろそうなトピックに関するものも）。このイベントには、毎年活動家や畑仕事をする人や調理人など、幅広い分野の人々が集まります。

テンペ作りには、この本で紹介している食べ物のどれよりも、厳密な温度管理が必要になります。しかしそれだけの努力をする価値は十分にあります。また、テンペ作りには $Rhyzopus$ $oligosporus$（クモノスカビ）と呼ばれるカビ菌（いわゆる「テンペ菌」）の胞子が必要です。

僕がテンペ菌を購入している Tempeh Lab（テンペ・ラボ）は、「ザ・ファーム」と呼ばれる、テネシー州のもうひとつのインテンショナル・コミュニティ（共通のビジョンの下に共同生活する小社会）の中にあります。僕が人に会うとき、テネシー州にあるコミュニティに住んでいますと言うと、たいていザ・ファームですか、と聞かれます。ザ・ファームは、1970年代のヒッピー・コミュニティの中でも最も有名な場所でした。一時は1200人もの人が住んでいたこともあり、メディアの注目を集めました。カウンターカルチャー（主流文化に対抗するヒッピー的な文化）を嗜好する人々にとっての先導役であるザ・ファームは、アメリカに大豆加工食品を広めるのに貢献しました。『ザ・ファーム──ベジタリアン・クックブック』（ルイーズ・ハグラー、ドロシー・ベイツ編）は、今やベジタリアンの間で定番の本になっています。今でも入手可能であり（訳注：和訳本は絶版）、テンペ作りの方法についても詳細に書かれています。僕のレシピはそれを応用したものです。

24時間、温度を29〜32℃に保つのはちょっと難しいかもしれません。一番簡単な方法は、暑い時期にテンペを作ることです。それ以外の季節は、プロパンガスレンジのオーブンのパイロットライトだけを点けて、保存用の広口瓶の蓋などで扉に隙間を作り、熱くなりすぎないようにしています。いつもより多めのテンペを天気のいい日中に温室で培養し、夜は暖炉の火で少し暑すぎるくらいにした小さな部屋に置いたこともあります。菌を育てているテンペの周り

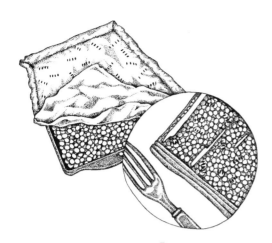

ジッパーつきのビニール袋と、
オーブンの天板を使ったテンペの成型方法

茹で上がった大豆を
タオル乾燥しているところ

にしっかり空気が循環するよう気をつけてください。いろいろ工夫して、成功させましょう。

●

所要時間　2日

用意するもの
・穀物用のミル
・清潔なタオル
・ジッパーつきのビニール袋（大3枚）、またはオーブンの天板とアルミホイル

材料（テンペ1.5キログラム分）
・大豆　3カップ強
・酢　大さじ2
・テンペ菌の胞子　小さじ1

作り方

1　大豆を穀物用のミルにかけて粗く砕き、すべての豆粒が割れて、大きな粒がほとんど残らないようにします。こうすると、豆を茹でたときに豆の外皮がとれて、胞子の成長できる表面積が広くなります。重要なのは外皮をとることです。穀物用のミルがない場合、豆を一晩もしくはやわらかくなるまで水に浸け、少し茹でた後に手で揉んで、外皮をゆるくしてから残りのステップ通りに調理します。

2　豆を茹でます。塩は入れません。なんとか食べられる程度に固めに茹でます。大豆の場合は、1時間～1時間半くらいで十分だと思います。通常食べるぐらいのやわらかさまで茹でないように。発酵の過程で、その豆がもっとやわらかくなっていきます。茹でながら混ぜていると、外皮がクリームのような泡とともに浮いてきます。この泡ごと外皮をすくいとって捨てます。

3　豆を茹でている間に、ジッパーつきのビニール袋3枚を用意し、フォークで5センチ間隔に穴を開けます。袋はテンペの型になり、穴は空気の通りをよくして、胞子の繁殖を可能にします。この袋は繰り返し使えます。使用後に洗ってしっかり乾かした後、ほかの袋と区別できるように、専用の場所に保管します。袋の代わりに、オーブンの天板を使ってテンペを成型することもできます。天板の縁の高さが少なくと

も1.5センチあるものを用意して、アルミホイルで覆い、アルミホイルにフォークで5センチ間隔に穴を開けます。

4 豆が茹で上がったらざるにあげ、きれいなタオルの上に広げていきます。量が多いときは何回かに分けて行います。タオルを使って豆を乾かします。テンペ作りで最も厄介なのは過剰な水分です。水分が多すぎると、発酵後にいやな匂いがして食べられなくなってしまいます。茹で上がった大豆をタオルでくるんで軽くたたき、大豆の表面にある水分のほとんどをタオルに吸わせます。必要であれば2枚目のタオルに取り替えます。大豆とこんなにも親密になれるチャンスはそうありません。存分に楽しんでください。

5 茹でてタオル乾燥させた大豆をボウルに移します。豆の温度が体温より高くないことを確認します。タオル乾燥をした後であればおそらく大丈夫でしょう。酢を入れて混ぜます。それからテンペ菌の胞子を加えて、大豆全体に均等に行き渡るようよく混ぜます。酢に含まれる酸は、テンペ菌にとって有利な環境を作りだし、競争相手である空気中のバクテリアを退けてくれます。

6 5で合わせたものを、穴を開けておいたジッパーつきの袋にスプーンで入れていきます。豆が均等になるように広げたら袋を閉じ、オーブンのラックなど、菌を育てる場所に置きます。オーブンの天板を使う場合も同様に、5で合わせたものを均等に広げて、穴を開けたアルミホイルでカバーします。

7 29〜32℃で約24時間培養します。発酵期間の最初の12時間には、何も劇的な変化は起こりません。だから僕は午後に作業を始めて、夜の間はそっとしておき、翌日になって後半部分の心躍るドラマを観察するのが好きです。ど

うなるかというと、大豆同士の間の空間という空間に、毛むくじゃらな白カビが形成されるのです。熱も出始めるので温度管理に気を配り、必要であれば、袋や天板を設置している培養環境の状態を調節します。このカビはだんだんと厚みを増して、粘着性のある繊維の絨毯を形成し、豆同士をつなぎます。このときのテンペは心地よい土のような香りがするはずです。マッシュルームとか赤ちゃんのような匂いです。発酵には通常20時間から30時間かかり、涼しめの環境だともっと長くなります。やがて空気穴あたりのカビに、一部灰色や黒に変色した部分が出てきます。その黒っぽい部分が大きくなってきたら、食べごろです。

8 テンペを培養装置から取り出し、型からも外します。テンペが室温になるまで冷ましてから、ほかのものと重ならないように冷蔵庫に入れます。まだ冷めないうちにテンペを重ねると、冷蔵庫の中でもカビ菌が成長を続けて、熱を発生します。

9 テンペは通常加熱してから食べます。スライスして味を付けずにソテーし、その独特な素材の味を発見してください。〈テンペの甘スパイシーソースかけ〉（84ページ）や〈テンペのルーベンサンドイッチ〉（85ページ）も試してみましょう。または、その他何でもお好みの方法で調理してみてください。

黒目豆とからす麦と海藻のテンペ

先ほど紹介したテンペのレシピは、一番基本のタイプです。どの豆でも応用できますし、穀類やその他のごちそうをテンペに混ぜることもできます。次に紹介するレシピは、黒目豆とからす麦と海藻のテンペです。

●

所要時間 2日

材料（テンペ1.5キロ分）

- 黒目豆　2と1/2カップ
- ホール・オート・グローツ（全粒からす麦の殻を除いたもの）　1と1/4カップ
- コンブまたはケルプ
  6センチ程度のもの2枚
- 酢　大さじ2
- テンペ菌の胞子　小さじ1

作り方

1　黒目豆と殻を除いたからす麦を（別々に）一晩水に浸けます。

2　豆を茹でる前に、水に浸けてやわらかくなった豆を手で揉んで砕き、外皮を外れやすくします。

3　黒目豆を茹でます。水をたっぷり使って、外皮が浮いてきたときにすくいとりやすくします。あまり長く茹ですぎないように。あらかじめ水に浸けておいた黒目豆であれば、約10分沸騰させれば十分のはずです。そのまま食べておいしいくらいまでやわらかくする必要はありません。カビ菌がもっとやわらかくしてくれますから。豆の形が崩れてしまうと、豆同士の間に空気の通る隙間がなくなって、テンペ作りがうまくいかなくなってしまいます。一般的な経験則としては、なんとか食べられる程度に豆を茹でること。つまり、前歯で噛んだときに歯が下まで通るくらいの硬さにします。原則として、通常の茹で時間の25％以上かからないはずと思ってください。

4　黒目豆を茹でている間に、からす麦を別途準備します。からす麦1と1/4カップに対し、水は1と3/4カップしか使いません。海藻をはさみで刻んで、からす麦に加えます。火にかけて沸騰したら火を落とし、水が完全に吸収されるまで約20分間炊きます。テンペには、どんな穀物も追加できます。ただし乾燥気味にぱらっと仕上げて、形状を保つとともに余分な水分がテンペに加わらないようにしましょう。炊きあがったら、蓋を開けてからす麦を冷まします。

5　豆をざるにあげて、先述のテンペレシピ通りにタオル乾燥します。または、単にざるのままおいて冷ますこともできます。時々中身を混ぜて湯気を（そして一緒に水分も）飛ばしましょう。

6　豆と穀類が体温くらいまで冷めたら、両方混ぜ合わせます。そこに酢を加えてまたもう少し混ぜ、テンペ菌を加えて更に混ぜます。そして前回のレシピのステップ**6**から、菌を培養する工程の説明通りに進めていきます。

ブロッコリーと大根とテンペの甘スパイシーソースかけ

　同居人のオーキッドは、本当におどろきのシェフです。共同生活の明らかなメリットのひとつは、おいしい料理が食べられることです。オーキッドはこれまでに多くの各国料理を徹底的に試してきたので、その要素を全部取り入れて、毎回創意溢れる無国籍料理を編みだします。このレシピは、僕が作ったテンペを使って、オーキッドが作り上げた驚異の一品です。

●

所要時間　1時間以内

材料（主菜の場合：3〜4人分、副菜の場合：4〜6人分）

- テンペ　250グラム
- ブロッコリーの花蕾　1と1/4カップ
- 大根（半月切り）　1/2カップ強
- オレンジジュース　1/4カップ強
- 蜂蜜　大さじ2
- くず粉　大さじ1
- ごま油　小さじ1

- 米酢　大さじ1
- ワイン　大さじ1
- チリペースト　小さじ2
- たまり　大さじ3（分けて使用）
- みそ　大さじ1
- 植物油　大さじ2
- ショウガのみじん切り　大さじ2
- ニンニクみじん切り　大さじ3
- 挽き白コショウ　小さじ1/2

作り方

1 水を1センチ程度入れた鍋の中に蒸し籠を入れ、その中に一口大に切ったテンペを入れて蓋をし、約15分蒸します。最後の2分になったら、ブロッコリーと大根を蒸し籠に入れます。

2 テンペを蒸している間、ボウルにオレンジジュース、蜂蜜、くず粉、ごま油、米酢、ワイン、チリペースト、そして分量のうち大さじ2杯分のたまりを入れて混ぜ合わせます。蜂蜜とくず粉が完全に溶けるまで、しっかり混ぜます。

3 別の小さなボウルに、みそ残りのたまり大さじ1を合わせます。

4 熱した中華鍋で油を加熱します。ショウガを約1分炒めたら、ニンニクを加えて約2分、または薄く色づくまで炒めます。そして白コショウを加えてもう30秒炒めます。2のジュースミックスをもう一度混ぜてから鍋に加えて、2〜3分かき混ぜながら、ソースにとろみがつくまで煮つめます。

5 中華鍋を火からおろし、蒸したテンペと野菜を鍋に入れて混ぜます。それから合わせておいたみそたまりを加えて、もう一度混ぜます。

6 ご飯と一緒にいただきます。

テンペの
ルーベンサンドイッチ

　僕の一番大好きなテンペの食べ方は、テンペのルーベンサンドイッチです。このサンドイッチには、4つの発酵食品が使われています。パン、テンペ、ザワークラウト、そしてチーズです。

●

1 フライパンに油を薄く引いて、スライスしたテンペを炒めます。

2 スライスしたパン（ライ麦パンがベスト）に、サウザンドアイランド・ドレッシング（ケチャップとマヨネーズとレリッシュ〈野菜みじん切りの甘酢漬け〉を合わせたもの）を塗ります。そのドレッシングの上に炒めたテンペスライスをのせます。

3 ザワークラウトをテンペにたっぷりとかぶせます。

4 薄くスライスしたスイスチーズ（または自分のお気に入りのチーズ）をザワークラウトにかぶせます。

5 グリルの直火、もしくはオーブンの遠火で1分程度、チーズがとろけるまで焼きます。

6 オープンサンド形式で盛りつけ、サワーピクルス（65ページ参照）を添えます。

ドーサとイドゥリ

　ドーサは油で焼いた南インドのパン、イドゥリは南インドの蒸しパンで、両方とも同じ発酵手順で作られます。どちらにも素晴らしい味わいと、ほどほどの酸味があります。ある料理本でイドゥリがユダヤ料理のマッツォ・ボールと比較されているのを見ましたが、イドゥリには、

ほかの何とも似ていない、独特なスポンジ風のふわふわした口当たりがあると思います。このドーサとイドゥリをパンの章ではなく豆の発酵の章に入れた理由は、どちらもレンズ豆でできているからです。また、この章で紹介したほかのどの豆発酵食品よりも簡単に短時間で作れます。このふたつのパンには特別に培養したカビ菌も必要ありません。どちらも本当の意味での天然発酵食品で、米とレンズ豆に存在する微生物によって変化するのです。

●

所要時間 数日

用意するもの

　イドゥリ作りには、蒸すための型が必要です。僕はイドゥリ専用のシンプルなステンレス製4段蒸し器をナッシュビルのインドマーケットで見つけ、12ドルくらいで買いました。これを使うと一度に16個のイドゥリを蒸すことができます。僕が初めてイドゥリを作ったときに使った、マフィン型よりずっとうまく仕上がりました。主な違いは、この蒸し器には小さな穴がたくさん開いていて、イドゥリそのものに蒸気が届く点です。もしイドゥリ専用の蒸し器がない場合は、別の蒸し器を使いましょう（中華料理の竹の蒸し器〈せいろう〉でも大丈夫だと思います）。必要であれば大きめのイドゥリにし

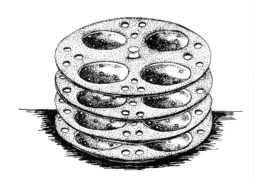

イドゥリ用蒸し器

て、盛りつけるときに小さく切りましょう。

　ドーサ作りには、油のよくなじんだフライパンか、こびりつかないタイプのフライパンさえあれば大丈夫です。

材料（ドーサまたはイドゥリ32個分）

- 米　2と1/2カップ
（玄米でも問題なくできましたが、南インドにしばらくいた友人のリバーは、白いバスマティ・ライスで作ったほうが、より本場の味に近いと思ったようです）
- レンズ豆　1と1/4カップ
（ほとんどのレシピでは「ウラドダール」という白レンズ豆を指定しています。これはインド食料品店で買えます。僕はアメリカで広く手に入れやすい赤いレンズ豆でも作ってみました。すると素敵なピンクの生地になります。またライ豆でも作ったことがあります）
- ヨーグルトまたはケフィア（お好みで）
1と1/4カップ
- 塩　小さじ1
- パセリまたはコリアンダー　小1束
（ドーサ用。イドゥリには使いません）
- ショウガ　2.5センチ
（ドーサ用。イドゥリには使いません）
- 植物油
（ドーサ用。イドゥリには使いません）

作り方

1　米とレンズ豆を最低8時間から一晩水に浸けます。浸水させるうちに米とレンズ豆は膨らんでやわらかくなります。それより長時間浸けたままにして米と豆が酸っぱくなり始めても、大丈夫です。

2　米とレンズ豆をざるにあげます。

3　米とレンズ豆に、ヨーグルトかケフィアか水を混ぜて、フードプロセッサーやその他の道具を使ってすりつぶし、生地を作ります。その

生地を、中で膨らむ余裕のたっぷりあるボウルか瓶に入れます。確実に膨らみますから。生地は滑らかで粒が残らないようにし、厚ぼったく、傾ければなんとか流れるくらいの硬さにします。必要であれば少し水を加えて混ぜます。

4 24〜28時間、もしくはそれ以上発酵させます。かなり膨らんだら、この生地でイドゥリやドーサが作れます。長期間置くほどに酸味が強くなるので、そういった味がお好みの場合は、このまま数日発酵させ続けてもかまいません。

※イドゥリにするには

5 塩を加えて混ぜます。

6 スプーンを使って生地を型に入れます。蒸すうちに生地が膨張する余裕を残しておきます。

7 蒸し器に蓋をして、イドゥリが固まるまで約20分蒸します。

8 イドゥリを型から外して冷まします。

9 6〜8を繰り返して、必要なだけ蒸します。毎回次の生地を流し入れる前に、型をきれいにします。

10 出来上がったイドゥリは、ココナッツ・チャツネ（レシピはこの後で）と一緒にいただきます。またはサンバルと呼ばれる、スパイシーでおいしい野菜とダール（豆）のスープ（この本にはのせていません）とも楽しめます。

※ドーサにするには

5 ぬるま湯1と1/4カップを生地に加えてゆるめます。生地は、クレープのように薄いパンケーキを作れるくらいのさらさら加減にします。

6 パセリまたはコリアンダー（もしくは両方）を適当に切ります。ショウガはすりおろします。この薬味を塩と一緒に生地に加えて、よく混ぜます。

7 油のよくなじんだフライパンを火にかけ、油を熱します。おたまで生地をフライパンの真ん中に落とし、おたまの底を使ってフライパンの中心から外側へ円を描くようにのばしていきます。パンケーキと同じように焼き、表面に気泡が出てきたら裏返します。ドーサは薄くあるべきです。必要であれば、生地にもう少し水やヨーグルト、またはケフィアなどを追加して生地をゆるめます。次のドーサを焼く前に、フライパンに軽く油を引きましょう。

8 ドーサは、そのまま食べるか、ヨーグルトやケフィアを少しつけるか、塩や香辛料のきいた野菜を中に詰めて食べます。ドーサに具を詰めるには、ドーサの真ん中におたまで具をひとすくい落とし、半分に折って包みます。

ココナッツ・チャツネ

チャツネはインド料理の薬味で、無限のバラエティがあります。このココナッツ・チャツネは南インドのもので、イドゥリやドーサのお供にぴったりです。甘みと酸味が同時にきいて、作ってすぐでも数日発酵させてからでも食べられます。これはシャンタ・ニンバーク・サッチャロフ著 "*Flavors of India: Vegetarian Indian Cuisine*"（インドの味：ベジタリアン向けインド料理）からヒントを得たレシピです。

所要時間 20分〜4日

材料（2と1/2カップ分）
- ココナッツロング　1と1/4カップ
- チャナダールまたはひき割りひよこ豆　大さじ3
- 植物油　大さじ2

- タマリンド・ペースト　大さじ2
  またはレモンの搾り汁1個分
- 塩　小さじ1
- クミン　小さじ1
- コリアンダー・シード　小さじ1
- 蜂蜜　大さじ1
- マスタード・シード　小さじ1/2
- アサフェティダ・パウダー（ヒングともいう）　ひとつまみ
- ケフィアまたはヨーグルト　1カップ弱

作り方

1　ココナッツロングを1/2カップのぬるま湯に浸けて戻します。

2　チャナダール（ひき割りひよこ豆）を油で少しだけ炒めて、色がつきはじめたら火をとめます（焦がさないようにしましょう）。

3　炒めたチャナダールを、タマリンド・ペーストかレモン汁、塩、クミン、コリアンダー・シード、蜂蜜、そして水に浸けて戻したココナッツと一緒にフードプロセッサーかミキサーに入れて合わせます。よく混ぜてピュレ状にします。

4　マスタード・シードを油でさっと炒めます。種がはじけ始めたら、アサフェティダと分量の半分のヨーグルトかケフィアを加えます。これが音をたてて煮えている間、かき混ぜて全体をなじませます。そして火からおろします。

5　4のマスタード・シードとアサフェティダのミックスと、火を通していない残りのヨーグルトかケフィア（微生物がまだ生きていて、活動の準備ができている状態）を、フードプロセッサーまたはミキサーに入っている3のココナッツとスパイスのミックスに加えます。全体がよく混ざるまでかき混ぜます。

6　できたてのチャツネをすぐに楽しむか、ラクトバチルス菌と酸味のアクセントを加えるため、発酵させます。発酵させるには、瓶に移して暖かい場所に置きます。口にチーズクロス（チーズ作りに使う丈夫な綿織物）をかぶせて、空気が循環できるようにします。微生物の活動でチャツネに空気の穴ができるまで約2〜4日発酵させ、それ以後は冷蔵庫で保存します。

第7章 乳製品の発酵と ビーガン向け応用編

　午前8時、今日はミルク搾り当番の日です。僕は搾乳用のバケツと、温かい湯の入った水やり用の皿を持って納屋へ向かいます。ヤギたちが僕を待っています。ミルク搾りの時間は餌やりの時間でもあるため、ヤギたちは僕が来るのを楽しみにしています。通常真っ先に入ってくるのは、群れのリーダーでいわば女王様のサシィです。よくほかのヤギをいじめるし、一番に食べることで自分の優位を誇示しているかのようです。僕は餌を少しすくって皿に入れ、サシィに与えます。サシィがむさぼるように食べている間にミルクを搾ります。サシィの乳首はしっかりと大きくて、たやすく握れます。僕はまず、親指と人差し指の付け根で乳首をギュッと強く締めつけて、ミルクが乳房に逆流していかないようにします。それから残りの指を手のひら側に握り、乳を噴出させます。この動きでたまっていたミルクが一気に飛び出し、バケツに泡を立てます。握っていた親指と人差し指をゆるめるとまた乳首にミルクが下りていっぱいになるので、同じ作業を繰り返します。左右それぞれの手にひとつずつ乳首を握り、交互にテンポよくミルクを搾っていきます。

　僕はなるべく早く終わらせようと頑張ります。サシィはエサを食べ終えるとなかなかじっとしていてくれないからです。身をよじって搾乳台から離れようとします。もっとひどいときは後ろ足でミルクバケツを蹴飛ばそうとしたり、バケツに足を突っ込もうとしたりします。ヤギはけっこう頭がよく、意図的に行動する動物です。この時点から、サシィのミルク搾りは、お互いの意志の強さの比べ合いになります。まず、ここまでに搾ったミルクを、すべてのミルクをまとめて運ぶ大きなバケツに入れます。そうすればたとえサシィの妨害工作が成功したとしても、被害は最小限ですみます。そしてサシィの背中をなでながら、耳元でこう甘く囁きかけます。「サシィ、君はいつも素敵だね、今朝はずっといい子だね。僕のせいで時間がかかってごめんよ。頼むから、どうか、どうか終わるまでいい子にしててくれないかな？」。こう交渉して、サシィが協力してくれればもっと餌を与えます。僕は片手でミルクを搾り、もう片方の手でバケツをしっかりガードします。搾っていくごとにミルクの量は減っていくので、乳房を揉んで、残

りのミルクを全部絞りだします。そうしてやっとサシィの番が終わると、まだあと３匹分のミルク搾りが待っています。それからもう３匹、ミルク搾りは必要ないけれど、餌やりと世話が必要なヤギたちがいます。

　僕がヤギのミルク搾りを始めたのはごく最近のことです。これまで９年近く、そのミルクを堪能し続けてきたというのに。僕は動物の家畜化に関しては、大きな葛藤があります。人間のエゴで動物の命を操るのは、本質的に残酷な行為だと思う気持ちがなくもありません。と言いつつも、矛盾した人間の僕は、ミルクも飲めば肉も食べます。そして今は、ヤギたちのことが少しずつわかってきて、一緒にいろんなやり取りをするのが楽しくてしかたがなくなっています。

　僕はいつも、自分たちで飼っているヤギのミルクが飲めることを本当にラッキーだと思ってきました。僕らのヤギは、大量繁殖されて商品として扱われている動物でもなければ、成長ホルモンで不自然な操作もされていません。小さな放牧スペースに囲い込まれているのではなく、畑に入ってこないよう、柵の外に出されています。山腹を好きなように歩き回り、自然の植物を食べたいだけ食べます。きょう僕はレンティルが倒木の樹皮を食べているのを見ていました。というより、レンティルが食べようとしていたのは、きっとその皮にはびこっていた苔のほうだったのだろうと思います。反芻動物のもつ消化器官で、こんな食べ物からも栄養分を吸収し、ミルクを通じてその栄養素を僕らにも分けてくれるのです。ヤギたちは、人間が触れるとかぶれるツタウルシすらも食べます。そしてツタウルシのフィトケミカル（植物性化学物質）を微量に含んだミルクを飲むと、ツタウルシに触れてもかぶれにくくなるといわれています。

　僕らは１日に２回搾乳します。搾乳でとれるミルクの量は１回につき４〜10リットルです。実際の量は季節によって異なり、ずっと継続して搾乳できるようにするには、毎年、群れの一部を繁殖させなくてはなりません。どちらにせよ、山の暮らしで使える冷蔵施設には限界があります。電気ではなく、プロパンで動かしているからです。僕は、冷蔵庫がこの世に出現する前の時代に、毎日20リットルのミルクを抱える状況を想像してみました。それほど前の話ではないはずです。ミルクは室温だとあまり長持ちしません。しかし幸運にも、何千年も昔に搾乳目的で動物を家畜化した最初の人たちが、発酵させればミルクはもっと安定して長くもつことを発見しました。発酵した乳製品は、冷蔵しなくても食べられますし、時間が経つごとに味もさらに良くなっていきます。

　冷蔵保存は、アメリカの生活では当たり前になりました。冷蔵庫がふたつ以上ある家庭もたくさんあります。僕らは傷みやすい調理済み食品をいろいろと蓄えて、食べたいときにいつでもすぐ食べられるようにしておく生活に慣れてしまいました。大きなスーパーマーケットに行くと、扉のない冷蔵ショーケースからひんやりした冷気が漂い、低

いうなり音がひっきりなしに聞こえてきます。冷蔵保存技術のおかげで、発酵ミルク本来の利点であった保存性はもうあまり意味のないものになってしまいましたが、それでもスーパーマーケットの棚は発酵乳製品でいっぱいです。消費者はチーズ、ヨーグルト、サワークリーム、バターミルクなどの発酵乳製品をせっせと購入しています。僕らが発酵乳製品を大好きな理由は、その味と、舌触りと、もうひとつよくあるのは、健康にいいからなのです。

ビーガン（動物由来の物はいっさい口にしない厳格なベジタリアン）やその他の理由で乳製品をとらない人々も、落胆には及びません。この乳製品発酵がもたらす効果や喜びをあきらめてしまう必要はないのです。ヨーグルトやケフィアは柔軟な培養菌なので、ミルク以外のものにも適応します。本章の最後に特別コーナーを設けて、こういったビーガン向けの応用レシピも紹介しています。また、もし乳糖不耐症（乳製品をうまく消化できない体質）のために乳製品を避けているのであれば、だまされたと思っていちど発酵ミルクを試してみるといいかもしれません。ラクトバチルス菌はミルクに含まれる乳糖を食べて乳酸に変えてくれるため、消化しやすくなっているかもしれないのです。

ヨーグルト

ヨーグルトほど、その健康効果がよく知られ、また認められてもいる発酵食品はありません。もしかすると、ラクトバチルス・アシドフィルス（好酸性乳酸菌）とか、ブルガリア乳酸菌とかの、やたらともてはやされている有名なヨーグルト系ラクトバチルス菌の名前をいくつか聞いたことがあるかもしれません。こういったラクトバチルス菌は腸内の微生物環境を改善することでよく知られ、しばしば「プロバイオティック」（共生物質）滋養サプリとして売られています。また抗生物質の投与中や投与後、薬による消化器官のダメージ回復にも、よくヨーグルトが活用されます。さらにヨーグルトはカルシウムがとても豊富であるほか、数多くの健康効果をもたらします。「ヨーグルトを特に摂取したほうがいいのは、ガン発症リスクの高い人々である。ガンのカスケード（連鎖反応）の引き金になる細胞変化の抑制に著しい効果があるからだ」とスーザン・S・ウィードは書いています。

ヨーグルトはおいしいものでもあります。アメリカでは甘くして食べるのがふつうですが、僕の一番好きな食べ方はさっぱり塩味系です。塩やスパイスの味が、ヨーグルトの酸味を隠すのではなく、その酸味を引き立てて、メリハリをつけてくれます（この後で紹介する、塩味系ヨーグルトソースのレシピをご覧ください）。

また、ラクトバチルス菌に加えて、ヨーグルトには通常ストレプトコッカス・サー

モフィラス（サーモフィラス菌）と呼ばれる微生物が含まれています。この微生物が、ヨーグルトをねっとりと凝固させます。このサーモフィラス菌が一番活発になるのは、体温より高い43℃あたりです。巷には、温度幅の管理がしやすい珍妙なヨーグルトメーカー（製造器）がいろいろ出回っています。そんな道具を持っていれば言うことなしですが、断熱材つきのクーラーボックスでも簡単に培養装置が作れます。

　ヨーグルト作りには種菌（スターター）が必要です。ヨーグルト専用の種菌を買うこともできますが、生きた菌入りの市販のヨーグルトを使うこともできます。種菌として使うヨーグルトのラベルに、ちゃんと「生きた菌が含まれています」と書かれていることを確認しましょう。もし何も書いていなければ、おそらく菌の培養後に加熱殺菌されています。実際、多くの市販ヨーグルトはバクテリアを殺すために加熱殺菌されます。
　一度種菌からヨーグルトを作ったら、毎回少し残して次の種菌にしましょう。常に気をつけてあげれば、スターターは永久に使い続けることができます。ニューヨークのハドソン通りにある老舗、ヨナー・シンメルのクーニッシュ・ベイカリーが作る味わい深いヨーグルトは、店の創業者が100年以上も前に東ヨーロッパから持ってきたのと同じ種菌を、今も使っています。

Recipes

ヨーグルト

所要時間　8〜24時間

用意するもの
- 1リットルの広口瓶
- 断熱クーラーボックス

材料（1リットル分）
- 成分無調整牛乳　1リットル
- 種菌として使う、菌が生きたままのプレーンヨーグルト　大さじ1

作り方

1　熱湯で広口瓶と断熱クーラーボックスに予熱を加えます。こうすることでヨーグルトから熱を奪うことなく、発酵に必要な温かさを保ちます。

2　小さな泡が出てくるまで牛乳を温めます。温度計がある場合は82℃にします。弱火にしてかき混ぜ続け、牛乳が焦げつかないようにします。完全に沸騰させる必要はありません。牛乳を加熱しておくこの手順は、絶対に必要ではありませんが、温めておくと、より濃厚なヨーグルトができます。

3　牛乳を冷まします。43℃、または自分の（きれいな！）指をつけてみて、熱く感じるけれどもつけておくのが辛くない程度にします。早く冷ましたいときは、熱い牛乳の入った鍋を、冷たい水の入ったボウルか鍋につけるとよいです。ただし冷ましすぎないこと。ヨーグルト菌は人の体温よりも高い温度帯で一番活発に活動します。

4　種菌にするヨーグルトを、冷ました牛乳に混ぜます。牛乳1リットルに対して使う種菌ヨ

ーグルトは大さじ1のみです。僕は以前、多いほうがより良いのだろうと思い込んで、もっとたくさんのヨーグルトを種菌に使っていました。僕の一番信頼する料理バイブル、『ジョイ・オブ・クッキング』(料理の喜び、1964年版)で確認するまでは。僕らのキッチンで、愛情を込めて「ジョイ」と呼んでいるこの本に、こう書いてありました。「なぜ種菌をそんなに少ししか使わないのかと不思議に思うかもしれません。そしてもう少し加えたほうが良い結果になるのではないかと思うかもしれません。でも違うのです。バチルス菌が多すぎると、酸っぱくて水っぽい仕上がりになってしまいます。しかし菌に十分な〈レーベンスラウム〉(ドイツ語で「生活空間」の意味)があると、豊かで優しく、クリーミーな味わいになります」。種菌を牛乳によく混ぜて、予熱した広口瓶に入れます。

5 広口瓶に蓋をし、予熱した断熱クーラーボックスに入れます。クーラーボックスの中に空間がありすぎる場合、熱めの湯(といっても触れないほど熱くはしないこと)を入れた瓶何本かとタオル(またはどちらか)を入れて、空間を埋めます。クーラーボックスを閉じ、そっとしておける温かい場所に置きます。「ヨーグルトにはかなり特異な性質があり、成長している間に衝撃を加えられることを好みません」とジョイは注意しています。

6 8〜12時間後にヨーグルトをチェックします。舌を刺激するような味がし、いくらかとろみもあるはずです。もしとろみがない(まだ〈ヨーグ〉っていない)場合は、断熱クーラーボックスを熱めの湯で満たし、ヨーグルトの広口瓶周りを温めます。種菌ももう少し追加して、さらに4〜8時間おきます。もしくはもっと長く発酵させてもかまいません。そうするとより多くの乳糖が乳酸に変わるため、もっと酸味が出ます。また発酵期間を長めにとると、乳糖不耐性の人でも消化できるほどのヨーグルトになることもよくあります。

7 ヨーグルトは冷蔵庫で数週間保存可能ですが、時間が経つにつれて酸味が強くなります。作ったヨーグルトは、次のひと瓶用の種菌として、少しキープしておきましょう。

ラブネ(ヨーグルトチーズ)

ヨーグルトを頻繁に使う国の料理の多くは、よくヨーグルトを漉して、もっと濃いチーズ状にします。やり方は簡単です。ざるにチーズクロスを2〜3枚重ねに敷きます。布を敷いたざるにゆっくりとヨーグルトを入れ、その下にボウルを置いて水分を切ります。その間ハエが来ないようにカバーをかけます。ヨーグルトからとれる液体はホエー(乳清)です。このホエーをまた別の発酵の冒険に使うか(105ページ参照)、いろんな料理やパン作りなどで、水の代わりとして使いましょう。

2〜3時間後には、ヨーグルトよりずっと固

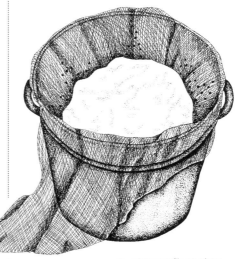

チーズクロスを敷いたざるで
ヨーグルトを漉しているところ

いヨーグルトチーズになっています。ハーブを加えて素敵なディップ（パンなどをつけて食べるソース）やスプレッド（パンなどに塗るソース）にしましょう。

塩味系ヨーグルトソース：ライタとツァジキ

「ライタ」はインド料理、「ツァジキ」はギリシャ料理で、どちらも料理に添えるソースとしてよく使われています。（訳注：日本でこのふたつは通常〈ヨーグルトサラダ〉と形容されています）。ヨーグルトにキュウリと塩とニンニクを混ぜるところまでは共通で、そこから少し別々の材料に分かれます。このふたつのソースは、少し寝かしておくと味が染み渡って落ち着くため、可能であれば少なくとも食べる数時間（もしくは1日）前に作りましょう。

●

所要時間　1時間

材料（1リットル分）
- キュウリ　大1本　または小2本
- 塩　大さじ1、またはお好みの塩加減で
- ヨーグルト　2と1/2カップ
- ニンニク　4〜6片、つぶすか、みじん切り

[ライタ用]
- クミン　小さじ1、から煎りしてからする（もしくはすってあるものを利用）
- 生のコリアンダーのみじん切り　1/4カップ強

[ツァジキ用]
- オリーブオイル　大さじ2
- レモン汁　大さじ1
- 挽き白コショウ
- 生のミントまたはパセリ（もしくは両方）のみじん切り　1/4カップ強

作り方

1　キュウリをグレーター（おろし金の一種）で削ってざるに入れ、塩をふってよく混ぜます。ざるをシンク（流し）に置くか、ボウルで受けてそのまま1時間（もしくはそれ以上）おき、余分な水を切ります。

2　その他の材料すべてをキュウリと合わせ、一緒にボウルに入れて混ぜます。この、後から加える材料を、別のハーブ（新鮮なディル、オレガノ、チャイブ、タイム、ビーバーム〈モナルダ・ディディマ、和名：たいまつ花〉の花やその他の花弁など）や、粗く削った野菜（コールラビ、ラディッシュ類やゴボウ）などに、いろいろ変えてみましょう。

3　食べてみます。塩分は、水切りした水と一緒にほとんど流れてしまっていると思います。お好みで、塩やその他の調味料を追加します。

4　盛りつけるまで冷蔵庫に入れておきます。

キシュク

キシュクはレバノンの発酵食品で、ヨーグルトをブルガー小麦（訳注：全粒のまま蒸した後、粗挽きした小麦）に混ぜて発酵させたものです。これは本書執筆の準備段階で、僕が新たに学んだ発酵食品の中でも、特に気に入ったもののひとつです。イランやその他の中東料理にもあり、ギリシャではトラハナスとして知られています。キシュクの味は他に類を見ないほど独特で、僕は大好きです。発酵中はココナッツのような、なんとなく甘い香りがします。でも最終的には、ムスクのような香りのする濃厚なチーズの味になります。キシュクは昔から発酵後に乾燥させて、スープやシチューの味つけととろみづけに使われています。

●

所要時間　約10日間

材料（**2カップ弱分**）

- ブルガー小麦　1/2カップ強
- ヨーグルト　1と1/4カップ
- 塩　小さじ1/2

作り方

1　ヨーグルトとブルガー小麦をボウルに入れて混ぜ、覆いをして一晩寝かせます。

2　朝になると、ブルガー小麦がヨーグルトの水分をほとんど吸収しているはずです。これを手でこねます。しっかり混ぜ合わせましょう。まだ水分を吸収できそうなくらい粉っぽく感じたら、もう少しヨーグルトを加えて練り込みます。覆いをして約24時間おき、発酵させます。

3　翌日もう一度様子をチェックして、またこねます。この、ブルガー小麦とヨーグルトの混合生地をこねる作業を毎日、9日間連続で行います（こねる作業を怠ると、生地の表面にカビが生えるかもしれません。その場合はカビをこそぎ取り、こねてから、作業を継続します）。

4　この発酵期間（2〜3日多め・少なめにしても大差はありません）の最後に、キシュクに塩を練り込みます。そしてオーブンの天板にキシュクを広げ、日光のよくあたる場所に置くか、パイロット・ライトだけをつけた状態のオーブンに入れて乾かします。乾いてきたら、小さな塊に崩して表面積を広げます。

5　キシュクが完全に乾いたら、すり鉢かフードプロセッサーで粉々に崩して保存します。湿気が来ないようにしておけば、広口瓶に入れて、室温で数カ月保存できるはずです。

6　キシュクを使って料理するときは、まずキシュク粉をバターで炒めてから水を加え、沸騰させて好みのとろみ加減にします。小麦粉をベースにしたグレイビーソースやルウなどのソースと同じく、煮るほどにとろみが強くなります。キシュクは水だけで調理しても非常に味わいがあっておいしいため、スープやシチューなどに入れると、うまみを付け加えてくれます。水1カップに対し、キシュクは大さじ約2杯を使います。

シュールバ・アル・キシュク
（レバノンのキシュクスープ）

昔からこのスープはヒツジやヤギ肉をメインにして作られます。ここで紹介するのはベジタリアン向けのレシピです。

●

所要時間　30分

材料（**6〜8人分**）

- タマネギ　2〜3個
- 植物油　大さじ2
- ジャガイモ　3個
- ニンジン　2本
- ニンニク　6片
- バター　大さじ2
- キシュク　1と1/4カップ
- 塩、コショウ　少々
- 生パセリ　大さじ3

作り方

1　タマネギを角切りにして、油を入れた鍋で炒めます。

2　タマネギが透きとおったら、水2リットルを加えて、沸騰させます。

3　角切りにしたジャガイモとニンジン（とその他何でも好きな材料）を加えます。やわらかくなるまで煮込みます。

4　ニンニクをみじん切りにして、別のフライパンを使って、バターで炒めます。そこにキシ

ュクを加えて、1分程度炒めます。そしてスープ鍋から煮汁を約1カップすくいとり、キシュクとニンニクに加えます。よく混ざるまでかきまぜ、混ざったら、液状になったキシュクとニンニクを、スープに加えます。塩、コショウ少々を加えて味を整えます。

5 5〜10分煮て、盛りつけます。飾りにパセリをのせます。

タラとケフィア（ヨーグルトキノコ）

この本の執筆を始めたとき、僕はハーブ研究家のスーザン・S・ウィードのワークショップに参加しました。スーザンの本は、もうずっと長い間、僕にいろんな影響を与え続けてくれています。スーザンはヤギを育てており、そのワークショップでおいしい自家製ヤギチーズを出してくれました。そこで僕はスーザンに、コミュニティで飼っているヤギのことを話し、ヨーグルト作りとチーズ作りの話で僕たちはすっかり意気投合しました。そして帰り際、スーザンが手渡してくれたビニール袋の中には、スーザンがヤギミルクに入れて使うのが好きだという「タラ」と呼ばれる培養菌の塊が入っていました。

スーザンは、このタラの種菌を、チベットからわざわざ持ち込んだ友人のチベット僧からもらったそうです。僕はこのタラをミルクに混ぜ、広口瓶に入れて室温で24時間放置します。タラの作り出す、発泡性で軽い口当たりの飲み物が僕は気に入っています。

ケフィア・グレイン

タラは、タラよりも広く知られている発酵食品「ケフィア」の、チベット版のいとこです。ケフィアの起源は、中央アジアのコーカサス山脈地方です。1970年代にダノンヨーグルトが流したコマーシャルでは、旧ソビエト連邦のグルジアの人々が長寿であることと、ヨーグルトの消費量が関連づけられていました。グルジアはコーカサス地方にあり、この地域の健康にいい発酵ミルクというと、実はケフィアなのです。

ケフィアとタラは、どちらもその発酵方法と、発酵に関わる微生物の種類の違いにより、ヨーグルトとは区別されます。ケフィアとタラは「グレイン（粒）」によって作られます。この「グレイン」とは、実は酵母と細菌のコロニー（群生）で、カード（凝乳）のように見えます。このグレインを使って発酵させた後、発酵ミルクからグレインをざるで漉しとって、次のミルクを発酵させるときにまた使います。ラクトバチルス菌だけでなく酵母も入っているので、ケフィアはブクブク元気な発泡性とアルコールを少量（1％未満）生みだします。インターネットで、手持ちのケフィア・グレインを分けたがっているケフィア愛好家たちのホームページを見つけたので、僕はタラと平行してケフィアの発酵も始めてみました。

しばらくは、タラとケフィアをちゃんと別々の瓶で発酵させて、それぞれのカルチャーの純粋性を保つのに成功していました。しかし実際どちらがどちらなのか見分けがつかず、ついに瓶を取り違えて混ぜてしまいました。今や僕の種菌は、どこのカルチャーの粒とも知れない雑種になってしまいましたが、混同されてもそのおいしさや栄養は少しも変わりません。

タラ側の家系の歴史はまだよくわかっていません。これまでいろいろ探した中で、タラ（tara）のことが書かれていたものはふたつだけです。ひとつはニューヨークにあるサンパというチベットレストランのメニューで、ヨーグルトスムージーをサラ（thara）と書いていま

した。もうひとつはリンジン・ドルジェ著の"Food in Tibetan Life"（チベット生活における食べ物）です。ダラ（dara）と音訳され、ドラウォー・クラと呼ばれるそば粉のパンケーキのレシピ材料として書かれていました。そのレシピはこの後で紹介します。

　ケフィアにまつわる物語は、どれも好奇心をそそるものばかりです。最初のケフィア・グレインはアラーの神からの贈り物だったといわれ、神が送り込んだ預言者ムハンマドによって人々にもたらされました。グレインを手に入れた者はそれを宝のように扱い、親から子へと受け継いで、よそ者に分け与えることは絶対にありませんでした。

　20世紀初頭、全ロシア医師会は、この健康に良い飲み物を生みだす謎の源を手に入れたいと思い始めました。しかしグレインの持ち主たちは決して分け与えようとはしなかったため、策略とカルチャー泥棒の出番となりました。計画にはイリーナ・サハロフという名の若いロシア人女性が登場します。医師たちは、イリーナがコーカサスの王子、ベク＝ミールザー・バルコロフを魅了して、ケフィア・グレインを手に入れられないかと考えたのです。王子はこれを拒否し、イリーナが去ろうとすると、王子はイリーナを略奪しました。イリーナは救出され、王子はロシア皇帝の裁判にかけられます。賠償として、この若い女性には求めていた宝が授けられました。裁判所が、王子の大事にしていたケフィア・グレインをイリーナに分け与えるよう命じたのです。

　1908年、イリーナは最初のケフィア・グレインをモスクワにもたらしました。それ以降ケフィアは、今日でもずっと、ロシアで人気の飲み物となりました。そして1973年、85歳になったイリーナ・サハロフは、ロシア人民にケフィアをもたらした功績を、ソ連保健省から正式に認められたのです。

　タラやケフィア作りは、温度管理を全く必要としないため、作るのが特に簡単です。一番難しいのは、そもそも作り始めるためのグレインを手に入れることです（訳注：日本では、食品衛生法の規定により、ケフィア・グレインの販売は非常に難しいのが現状です。しかし日本でもグレインからケフィアを作っている人は存在するため、そうした人たちを見つけてグレインを株分けしてもらうことは可能です）。

●

所要時間　数日

材料（1リットル）
・ミルク　1リットル
・ケフィア・グレイン　大さじ1

作り方

1　広口瓶にミルクを入れます。3分の2以上入れないこと。そしてケフィア・グレインを加えて蓋をします。

2　室温で24〜48時間おきます。時々瓶を揺すりましょう。ミルクが泡立ち始め、凝固し、液体と分離していきます。瓶を振ると、中身がまた混ざり合います。

3　ざるなどの道具を使ってグレインを漉します。ざるの目がグレインで詰まってしまわないように、スプーンや箸（または清潔にした自分の指）を使う必要があるかもしれません。発酵を繰り返していくうちに、グレインは成長し、数も増えてきます。ケフィアを作り続けるには大さじ1あれば十分です。余分なグレインは食べてもよいですし、コンポストに入れたり、お友達にあげたり、またはミルク以外のものを発酵させるのに使ってみたりもできます。ケフィア・グレインはとても汎用性が高いのです。

4　ケフィアを味わいましょう。そして同じグレインを使って次のひと瓶を仕込みます。グレインから漉しとったケフィアは、室温において

発酵をさらに進行させてもいいですし、そのまま冷蔵保存もできます。ケフィアを発酵させている瓶の蓋を固く閉めておくと、発泡性が高まります。

※ **サワークリームとホエー**（乳清）

5 グレインを漉しとった後も、ケフィアを室温において数日発酵させ続けると、中身が凝固して液体と分離します。とろりとクリーミーなケフィアがホエーの上に浮いてきたら、そっとスプーンですくいとって、サワークリームのように味わいましょう。ホエーはまた別の発酵の冒険に使う（105ページ参照）か、ほかの料理やパン作りの際に水の代わりとして使います。

6 グレインの保存には、ミルクに入れて冷蔵庫だと2〜3週間、凍らせると2〜3カ月、乾燥させると2〜3年もちます。

ミルクを飲まない人は、同じ作り方で、材料を豆乳、ライスミルク、ナッツミルク、ジュースや蜂蜜水などに変えて作ることができます。詳しくは106ページのビーガン向け応用編をご覧ください。

ドラウォー・クラ
（チベットのタラとそば粉のパンケーキ）

この、シンプルなそば粉とタラ／ケフィアのパンケーキは絶品です。朝ご飯に作って、塩風味で食べるのが僕のお気に入りです。タラかケフィアをたっぷりのせて、少し塩、コショウします。仲間の中にはメープルシロップをかけて食べる者もいます。このレシピは、リンジン・ドルジェの "Food in Tibetan Life" のレシピを応用したものです。

●

材料（Lサイズパンケーキ8枚分）
・そば粉　1と1/4カップ
・タラまたはケフィア　1と1/4カップ
・海水塩　小さじ1/2
・水　1と1/4カップ
・植物油　適量

作り方
1 そば粉と塩をボウルに入れ、タラ（またはケフィア）を加えます。よく混ぜましょう。

2 水を少量ずつ加え、おたまですくって注ぐくらいのゆるい生地にします。

3 油のよくなじんだフライパンか鉄板を熱し、軽く油を引きます。

4 生地をおたまですくい、熱くなったフライパンの真ん中に落とします。1〜2分焼いて、焦げない程度に少し茶色くなってきたら、ひっくり返して反対側を焼きます。

5 次のパンケーキを焼く前に、またフライパンに軽く油を引きます。

バターミルク

バターミルクは、パンケーキやビスケットなどの焼き物作りに最適で、その酸度がベーキングソーダのアルカリに反応して生地をふくらませます。代わりにケフィアを使っても良い仕上がりになります。生きた菌入りの市販バターミルクがあれば、5/8カップをミルク1リットルに加えて室温で約24時間おいて、自分のバターミルクを作れます。冷蔵庫で数ヶ月保存できます（訳注：現在日本で生きた菌入りの市販バターミルクは確認できておらず、菌の培養には海外のスターター〈種菌〉が必要ですが、発酵バターから分離したバターミルクは脂肪分もカロリーも低く、健康に良い乳酸菌を含むため、日本でも早く販売されることを願います）。

チーズ作り

チーズ作りにはいろんな要素が絡みます。ミルクは硬いチェダーチーズにもなれば、クリーミーなカマンベールにもなるし、カビっぽいブルーチーズにもなります。また、そういう意味ではベルビータ（訳注：アメリカの量産型チーズ）にだってなるわけです。チーズには何千ものバラエティがあります。昔からずっと、そういったバラエティは、それぞれかなり地域限定的です。「このチーズ」は、「この牧草地」で育った「この動物たち」の「このミルク」からできていて、「この温度」と「この微生物」にさらされて、「この環境」で熟成されたもの、という具合に。

熟成中のチーズは、さまざまな微生物を次々と順番にすまわせることがよくあり、それぞれの微生物が味や舌触りに影響を与えていきます。ブルクハード・ビルジャーが、先ごろ、雑誌『ザ・ニューヨーカー』の中で詩人よろしくロマンチックに綴った文章は、「サン・ネクテール」という名のチーズを熟成させるカビについて語ったものでした。ブルクハードはそのカビを顕微鏡で観察し、こう吟じています。「めまぐるしい進化を続ける大地のように、熟成中の外皮は、次から次へと波のようにやってくる新しい種に埋め尽くされて、金色から灰色に、そして色のまだらな茶色へと変わっていく。まずは猫の毛（カビの一種）が太古のシダ植物のように芽吹き、やがて倒れて、次にくる種のための甘美な堆肥となる。そして青カビがやってくる。ふつうの顕微鏡では見えないほど細い茎で、限りなく薄い灰色をした、ふかふかの芝生をしいていく。それから最後に、かすかなピンク色の頬紅が、夕日のようにその表面全体に広がるのだ。その名もトリコセシウム・ローゼム（バラ色カビ）、カビの中の花よ」

地域ごとの個性をもった伝統的なチーズ作りは、グローバル市場が求める画一性に取って代わられようとしています。文化人類学の学術誌 "Food and Foodways"（食と食文化）の中で、ピエール・ボアザールは "The Future of a Tradition: Two Ways of Making Camembert, the Foremost Cheese of France"（未来と伝統：フランス最高峰のチーズ、カマンベールを作るふたつの方法）というタイトルの論文を書き、伝統的なチーズ作りと工業的な方法の間の文化衝突について考察しています。この論文の中で、フランスのカレルという場所でチーズ職人をしているミシェル・ワロキエが、彼の職人技にまつわる「主観的な厳密さ」について説明した次の言葉を引用しています。「人間が手を加える部分には、寸分たがわぬ正確さが必要だ。やることは決まっているが、それをどれだけやるのかを完全に決めてしまうことはできない。チーズ職人に与えられた判断基準は、経験と、鼻と、ぱっと見た感じしかない。つまり職人としての腕だけが頼りだ。天気、ミルクの状態、季節、必要なレンネット（チーズの凝乳酵素）の量、

最適な固まり具合にするために必要な時間など、自分が作るチーズに影響するありとあらゆる要素をどうするかは、すべて職人としての自分の判断にかかっている」

　自家製チーズを作ろうとするとき、市販の種菌を買って、完全にレシピ通りに作って、ある特定のチーズをそのまま再現してみようとする方法がまずひとつあると思います。僕のやり方はもっと実験的で、いろんな要素をあれこれ変えて、どうなるか見てみます。僕の経験では、自家製チーズはどれも世界にたったひとつだけの貴重なもので、ひとつ残らず素晴らしい味わいをもっています。まず手始めに、単純なチーズのレシピをいくつか紹介します。是非この作り方を自分なりに応用してみて、チーズの体現し得る信じられないほど多様な口触りや味わいを、皆さんも作り出してみましょう。

　チーズ作りに必要なツールは、チーズクロス（ガーゼのような木綿の布）のみです。手芸用品店などの布を扱っている店に行ってみましょう。メートル単位で買ったほうが、スーパーマーケットで買える小さな袋に入ったものより安上がりです。僕らの住んでいるところから一番近くにある、小さな街の小さな生地屋では、織り目の粗さ・細かさがものすごくゆるいものから、これ以上ないくらいきついものまでいろいろ選べます。僕は、ふつうわりときつめに織ってあるものを選びます。

Recipes

ファーマー・チーズ
（農家のチーズ）

　これはチーズ作りのうちでも一番基本的な方法です。一番単純に形にするところでは、まだ発酵食品ですらありません。熟成させると、微生物が培養されていきます。

●

所要時間　20分から数時間

用意するもの
・チーズクロス

材料（チーズ4〜5カップ分）
・ミルク　4リットル
・酢　1/2カップ強

作り方

1　ミルクを火にかけ、焦がさないようにかき混ぜながら、ゆっくり煮立たせます。煮立ったら火からおろします。

2　酢を少量ずつ加えながらしっかりかき混ぜ、ミルクを凝固させていきます。

3　ミルクが凝固したら、ざるにチーズクロスを敷き、カード（凝乳）を漉します。チーズクロスの四隅を持ってざるから持ち上げ、カードを布の中でボール（球）状に寄せ集めます。そしてチーズクロスの四隅を合わせてからクロスをねじり、ボール状になったカードから水分を絞り出します（次ページの図を参照）。このボールをフックでつり下げて、しばらくの間滴りおちる水をボウルで受けてもかまいません。これは素朴なチーズで、リコッタチーズに似たような固まり具合になり、ラザニアやブリンツ（東欧ユダヤ系の巻いたクレープのようなもの）、イタリア風のチーズケーキなどに最適です。

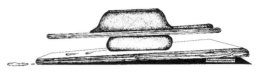

チーズをボール状に寄せて吊るしているところ　　　　　重しをのせたチーズ

※ もう少ししっかり形のある
固形チーズにするには

4 （持ち上げてボール状にする前に）チーズクロスの中でカードを集めたら、塩を大さじ1ふりかけてしっかり混ぜ込みます。塩がカードから水分を抜いて、もっと固化したチーズになります。ここでその他のハーブやスパイスなどを追加することもできます。するとその味がチーズ全体に浸透していきます。僕がこれまでに作ったチーズの中で一番美しく仕上がったものは、「ベルガモット」または「ビーバーム」などの名で知られる、真っ赤な花を使ったチーズで、その素敵な色がチーズ全体に染み渡りました。

5 チーズをボール状によせてフックに吊るし、水を切ります。もしくは、重しを使って水を絞り出します。チーズの球を傾斜のある平らな場所に置き（たとえばまな板の下の左右どちらかに何かを置くとか）、その上に別の平らなものをのせて、重しで押します。2～3時間（もしくはもう少し）経つと、チーズクロスを外してもチーズがその形を保つくらい固まります。

インド料理のレシピでは、このチーズを角切りにしてパニールと呼び、スパイスでコーティングしたり、炒めたり、ほうれん草を煮込んだものに加えたり（サグ・パニール）、その他味わいのあるシチューに加えたりします。またはこのチーズを皿に盛りつけて、クラッカーなどと一緒に食べることもできます。

レンネットチーズ

レンネットとは、レニンと呼ばれる酵素を含んだ、凝乳作用をもつ物質です。レンネットを使うと、ミルクを凝固させる酢やその他の酸を使ったときとは全く違ったカードができます。レンネットチーズのほうが、口当たりが滑らかです。レンネットのもうひとつの大きな利点は、より低い温度で凝乳することです。ですから、ミルクを沸騰させて微生物たちを殺してしまうことなく、培養菌入りのミルクを固めることができます。

昔ながらのレンネットは、ミルクを提供してくれる動物たちの胃の内膜から得られます。胃の中にその酵素を生成する微生物がすんでいる

のです。牧畜文化圏の多くでは、動物の胃がミルク入れに使われていたため、やがて人々はその凝乳作用に気づきました。今でも多くのチーズが動物由来のレンネットを使っていますが、僕の使うレンネットは、植物由来の栄養素を使って研究所で培養されたものです。

ここで紹介する一番わかりやすいレンネットチーズの作り方は、デイビッド・J・ピンカートン、通称ピンキーから学んだやり方です。ピンキーはショートマウンテンにおけるチーズ作りの第一人者であり、実に型破りな人物です。穏やかで慈愛に満ちた人柄をもつピンキーの、行動指針ともいうべきモットーは、「平和と、愛と、それ系のクサいこと全部」

●

所要時間 数日〜数週間〜数カ月

材料
・成分無調整ミルク　4リットル
・ヨーグルトまたはケフィア　1と1/4カップ
・レンネット　3〜10滴
・塩　大さじ3

作り方

1 生きた種菌をミルクに加えて「熟成」させます。頻繁にチーズを作る人は、毎回使う木桶にミルクを入れておくだけだったりしますが、これは桶の内側がすでに種菌で覆われていて、毎回ミルクを入れるたびに成長を続けるためです。では、たまに家で試してみる派の人にとって一番簡単な方法は何かといえば、ステンレス製の鍋にミルクを入れることです。そしてヨーグルトかケフィア、または両方とも加えてよく混ぜ、とろ火で温めて体温より少し高い温度（38℃）にします。1〜2時間その温度に保ち、ラクトバチルス菌を繁殖させます。このステップは必須ではありませんが、出来上がるチーズの風味が増し、培養菌が増えることによって健康効果もアップします。

温度を一定に保つためには、目標温度に達したら鍋を火からおろして蓋をし、それを毛布でくるむか、とろ火で鍋を時々火にかけたりおろしたりして調節します。温度が多少上がったり下がったりしても、32℃から43℃の間であれば大丈夫です。ちなみに温度計は壊れやすいので、常に戦争のような僕らの共同キッチンでは長持ちした試しがありません。そんなとき簡単なのは自分の体温を目安にすることです。ぬるめのお風呂くらいかどうかで判断しましょう。

2 ミルクがまだ38℃くらいのうちにレンネットを加えます。僕らの買うレンネットは、スポイト付きの小さなプラスチック容器に入っています。必要な量はほんの少しで、ミルク4リットルにつき、レンネットは3〜10滴で十分です。3滴にするとやわらかめのチーズ、10滴にすると硬めのチーズになります。ミルクに加える前に、まずレンネットを約1/4カップの水で薄めます。そしてそのレンネット水溶液を、ミルクをかき混ぜながら注ぎ入れていきます。レンネットを加え終えたら、それ以上かき混ぜないこと。レンネットが凝乳の魔法をかけている間は、ミルクをそっとしておくことが重要です。30分もしないうちにミルクが固まっていきます。ミルクの固化した部分がつながってひとつの大きなカードになり、鍋の縁から離れていくのがわかると思います。

3 ミルクが固まったら、長い包丁やフライ返しなどを使って、カードをそっと切っていきます。この作業をしながらもう一度とろ火にかけて、温度を38℃に戻します。こうしてカードを切ることで、レンネットにさらされる表面積を増やします。切った塊はそれぞれぎゅっと縮んでいきます。カードは非常にもろいため、崩さないように、丁寧に切りましょう。だいたい2.5センチ角くらいの均等な大きさに切ります。大きさに差があると、食感がまちまちになるからです。カードを切る間、なるべく動かし続けます。やさしく揺らしたり混ぜたりして、へこ

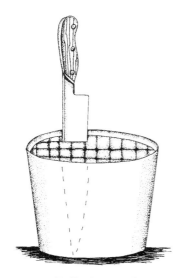

カード（凝乳）を切っているところ

んでしまうのを防ぎます。

4 温度を温かく保ちます。やわらかいチーズに仕上げるには、カードを切ってから約10分間、体温よりちょっとだけ高い温度をキープします。一方、温かさを維持する時間をもっと長く、だいたい1時間くらいまで継続すると、カードはどんどん硬くなっていき、硬めのチーズが出来上がります。あるいは温度設定をもう少し上げても硬いチーズになります。ただし43℃以上にはしないこと。生きた微生物が死んでしまいます。また、温度を急激に上げると、ぼろぼろした粒状のチーズになります。ところが1分間に1℃までのペースでじわじわと温度を上げていくと、こんどは滑らかで、均等な口当たりの硬さになります。「ちょいとしたさじ加減の違いで、全く別ものになるのさ」とピンキーは解説します。

5 チーズを漉して塩をふります。しかしそっとやること！ カードはまだまだ崩れやすいのです。まず、ざるにチーズクロスを敷いて、シンク（流し）に置きます。穴のあいたおたまでカードを丁寧にすくって、ざるに入れます。チーズ作りをするときは、基本的にカードしか眼中にないものですが、ホエー（乳清）にもいろんな使い道があるため（105ページの「ホエーを使った発酵」を参照）、流れて落ちるホエーを何かの容器で受けて、とっておくといいかもしれません。カードを全部ざるに移したら、カードの隙間に塩をまんべんなく入れ込みます。塩は恐れずたっぷり使いましょう。この塩がカードから水分を抜いてくれるのです。お好みで、ここでハーブやその他の風味も加えられます。たとえば友人のトードは、いりごまのすりつぶしをチーズの間に入れ込んで、とんでもなくおいしいチーズを作りました。次にチーズクロスの四隅を持ち上げてざるから外し、チーズクロスの中でカードをボール状に寄せ集めます。そしてチーズクロスの四隅を合わせ、チーズクロスをねじってカードのボールをぎゅっと絞り、水分を押し出します。そのボールをフックに下げて、滴り落ちる水分をボウルで受けます。

6 このチーズは若いままでも、熟成させてからでも食べられます。数時間ぶら下げておいたチーズは、もう十分その形状を保ちます。すぐに食べても間違いなくおいしいはずです。しかしもし待てるなら、少し時間をおくと、チーズが強烈な味と奇跡のような口当たりを生みだします。1～2週間熟成させただけでも、チーズが劇的に変わります。

　熟成方法のひとつは、乾いた保護膜を作ってあげるやり方です。チーズを作った次の日に、きれいな乾いたチーズクロスでチーズを包みます。ハエがチーズにとまらないよう気をつけましょう。さもないと後でウジがわくかもしれません。そして次の日も、またその次の日も、きれいなチーズクロスで包み直します。すると、チーズクロスの糸がチーズから水分を吸い上げていきます。これを毎日繰り返し、チーズクロスがチーズの水分で湿らなくなるまで続けます。そしてチーズをきれいなタオルでくるんで冷暗

所に置くか、もっと長く保存するときはワックスでチーズを塗り固めます。またはもうひとつの方法として、チーズをピクルスのようにただ塩水に沈めておくこともできます。こうすると塩けの強いフェタチーズのようなチーズになります。どういうやり方をとるにせよ、チーズ作りはとてもおもしろく、必ず満足感も与えてくれる冒険なのです。

生チーズ規制をめぐる闘い

　昔から、ほとんどのチーズがここまで説明したようなやり方で作られてきました。生乳を使い、もともとミルクに存在する酵素や生きた微生物をそのままチーズに残そうとしてきたのです。しかし1907年、チーズ作りにおける加熱殺菌（パスチャライゼーション）が、ウィスコンシン大学で初めて研究されました。そして1949年までには、最低でも60日以上熟成されたチーズを除いて、ミルクやチーズを含むすべての乳製品に加熱殺菌を規定する法律が、議会で定められたのです。

　それから半世紀の間、これが相も変わらぬ現状として続いています。つまりアメリカでは、世界の中でも最高に素晴らしいソフトチーズの多くを入手できない（少なくとも合法的には）、ということを意味しているのです。国際食品標準規格を定めるコーデックス委員会で、先ごろ、アメリカ政府代表団がチーズの加熱殺菌を国際標準にすることを提案しましたが、これは認められませんでした。そして現在、食の安全管理を担当するアメリカ連邦機関の米国食品医薬品局（FDA）は、生乳の熟成チーズと関連して起こり得る健康被害を研究中で、国内でさらに厳しい規制をかけることを画策しています。チーズの加熱殺菌要件の縛りが、今よりもっと強まるかもしれないというニュースに、一般の人々もすぐに反応しました。そしてFDAの研究は次のようなレッテルを貼られてしまいました。「人間社会における最も偉大で最も伝統的な食品のひとつに対する攻撃である。（中略）熟成された素晴らしい生乳チーズに手を加えようとすることは、巨匠の手による古い名画を切りつけることや、クラシック交響曲の楽譜の原本をずたずたにすることに等しい」。これは米国微生物学会からの言葉です。

　そして、生チーズの入手を今後も可能にし続けるべきと主張するチーズ生産者やチーズ通によって「Cheese of Choice Coalition」（最高のチーズを守る同盟、略称CCC）が結成されました。「こうしたチーズはもう何千年もの間、人間社会に存在し続けていたもの。それなのにFDAはアメリカをベルビータ（アメリカの大量生産チーズ）しか食べない国家にしようとしている」と語るのはCCCのメンバーである、Oldways Preservation and Exchange Trust（伝統的な食文化の叡智の保全と啓発活動を行う非

営利団体)のK・ダン・ギフォード。「加熱殺菌するようになると、チーズの作り方がどれも同じようなやり方になり、出来上がる製品の質もより画一的になる。そうなると非加熱の生乳からできたチーズで味わえるような深みや複雑さが生みだされることは望めなくなり、味のレベルが低下する」とアメリカチーズ学会のルース・フロールは説明しています。The European Alliance for Artisan and Traditional Raw Milk Cheese(伝統の手作り生乳チーズのためのヨーロッパ連合、略称ＥＡＴ)も同じ意見です。「我々は、食を愛するすべての世界市民に呼びかけ、この食べ物(伝統の生乳チーズ)を守る動きに今すぐ応えてくれるよう訴える。何百年もの間、インスピレーションや喜び、栄養を人々に与えてきたこの食べ物が、今、世界的な衛生管理という生命力のかけらもない無菌の手によって、じわじわと損なわれようとしている」

　非加熱のチーズは本当に人々の健康を脅かすものなのでしょうか？　米国疾病管理予防センター(ＣＤＣ)が"Cheese-Associated Outbreaks of Human Illness in the United States, 1973–1992"(1973～1992年にアメリカで起きたチーズ関連のヒト疾患発症事例)という研究結果をまとめました。ＣＤＣの分析によると、菌に汚染されたチーズによる死者は58名、うち48名の死因はリステリア症で、原因はカリフォルニアにある工場でした。この工場ではケソ・フレスコと呼ばれるメキシコ式のチーズを、加熱殺菌されたミルクから作っていました。フードライターのジェフリー・スタインガーテンはこのＣＤＣのレポートを調査し、生乳のチーズに起因する死亡ケースはひとつもなく、サルモネラ(腸内細菌の一種)感染のケースがひとつあるだけだと報告しました。

　たった1件のサルモネラ感染症のために、その食品を禁止するのが正当だと見なされるのであれば、僕らに残された食品の選択肢はほとんど何もなくなってしまうでしょう。「ほんの少しのリスクさえ許せないのであれば(中略)牛を撃ち殺してしまえばいい」と、ある微生物学者は冷やかしています。「大量生産と世界的な標準化崇拝の祭壇に、生乳チーズを生け贄にできるだけの科学的根拠も健康的観点からの必要性も何もない」とフロールは述べます。特定の地域で作られるちょっとクセのあるチーズは簡単に再現できないもので、グローバル市場での競争力はあまり望めそうにありません。文化と培養菌の両方を含む、カルチャーの均質化が、規制という領域で、またムクムクと頭をもたげてきました。

Recipes

ホエー(乳清)を使った発酵:
スイート・ポテト・フライ

　ホエーは非常に栄養価が高く、用途も広いものです。スープ出汁のほか、パンなどの焼き物にも使えますし、畑の肥料にもなります。培養菌入りのミルクからとれたホエーはラクトバチルス菌の宝庫で、マッシュポテトからケチャッ

プまで、ありとあらゆるものを発酵させるスターター（種菌）としても使えます。サリー・ファロンの料理本 *"Nourishing Traditions"*（滋養の伝統）には、ホエーを使って発酵させるいろんな素晴らしいアイディアがいっぱい詰まっています。

このレシピは、サリーの本のレシピを応用したもので、ガイアナ共和国で飲まれている「スイート・ポテト・フライ」と呼ばれるジュースです。甘くて、軽くて、フルーツの味がして、ちょっぴりピリッとしています。卵の殻は乳酸発酵による酸味を中和するためのものです。このスイート・ポテト・フライという飲み物は、子どもや、ふだん発酵食品の味はどうも苦手という人たちにも人気です。

●

所要時間　3日

材料（4リットル分）
- 粉メース（ナツメグの薄皮）　小さじ1
- サツマイモ　大2個
- 砂糖　2と1/2カップ
- ホエー　1/2カップ強
- レモン　2個
- シナモン
- ナツメグ
- 卵の殻　1個分

作り方

1　水1カップにメースを入れて、沸騰させます。沸騰したら火からおろして冷まします。

2　サツマイモはグレーターで削り、ざるに入れてよく水洗いし、デンプン質を落とします。

3　大きなボウルに、削ったサツマイモ、水4リットル、分量の砂糖、ホエー、レモン汁と皮、そしてナツメグとシナモンをひとつまみ入れます。

4　きれいに洗った卵の殻を崩して、3に入れます。ちなみに、参考にしたもともとのレシピでは、ここで固く泡立てた卵白を切るように混ぜ込む、と書いてありました。僕は生卵を食べないのでやってみませんでしたが、なかなかおもしろそうだと思いませんか？

5　1で冷ましておいたメース水を4に加えます。

6　混ぜて、カバーをかけてハエやホコリから守ります。温かい場所に置いて、3日間ほど発酵させます。

7　全体を漉して、漉しとった液体を、水差しやボトル、または広口瓶などに入れて冷蔵庫で冷やして味わいます。

ビーガン向け応用編

　僕がこの発酵本の執筆に取り組んでいる間、ショートマウンテンの住人の中で現在唯一のビーガンであるリバーは、ケフィアを使って、乳製品以外のバラエティに富んだいろんな物を発酵させる実験をしていました。彼の編みだした物は非常に素晴らしくておいしいので、ここで紹介したいと思います。ちなみに僕はリバーのことを話すとき、ど

ちらの代名詞を使うかで躊躇してしまいます。代名詞の使い方は頭にしみついているので、通常どちらを選ぶかは無意識に行うものです。しかしリバーのことを語るときは、意識的に選ぶだけでなく、こうした現実に対する僕の意識も高めてくれます。彼は生物学的には女性ですが、自覚的には男性です。つまり、トランスジェンダーなのです。

　トランスジェンダーは、俗にトラニーともいわれ、選択肢として与えられたふたつの性のいずれにもピッタリはまらない人たちを指します。対応策のひとつとして、いろんな多様性をカバーできるカテゴリーが新たに作られたりします。たとえばドラグキング（男装の女性）、ドラグクィーン（女装の男性）、トランスセクシュアルなどです。それはそれでいいことだと思います。ただそれでも、そうした二次的な分類の定義にすら、どこかしっくりはまらないと思う、非常に独特な感性をもった人は常にいるものです。ですからこれをさらにもう一歩進めて、ジェンダー（社会的な性の概念）をもっと流動的なものと見なして、時代や文化的な背景が変わればその概念も変わるもの、と扱っていいのではないでしょうか。微生物たちは常にそうしています。環境条件の変化に適応するために、自分自身をさまざまな形に七変化させるのです。自分のジェンダーが何なのかは、自分で決めていいふつうの権利ではないでしょうか？　トラニーたちは互いに結束し、意見を主張し、その存在もますます認識されてきています。僕はトラニーたちを、社会を良い方向に変えていく力だと考えています。僕は生物学的な男子で、性の選択の自由と自己決定権に賛成で、そして性の概念をかき混ぜるバラエティに富んだ多様な人々を丸ごと受け入れます。僕らは社会の主流からはずれてもがいている人々を尊重し、サポートする必要があります。

　リバーは数多くのミルク代替品を使ってケフィアを作り、そのどれもこれもが絶品でした。僕が一番気に入ったのはココナッツミルクのケフィアです。シュワシュワした口当たりと味わいの豊かさ、そして甘さに酸っぱさと、まさに味覚の一大革命でした。リバーがやったのは、単に大さじ1のタラまたはケフィアのグレインを、1缶分のココナツミルクに入れて、それを広口瓶で（缶のままではありません。発酵の酸は金属に反応しますから）1〜2日、室温環境においておいただけです。ケフィアは昔からミルクの菌の培養に使われてきましたが、ケフィア・グレイン自体は動物性由来のものではありません。イースト（酵母）とバクテリア（細菌）の共同体で、化学的には「ポリサッカロイド」と呼ばれるゼラチン状の物体でつながっているのです。このグレインは、水で流し洗いしたりつけおき洗いしたりして、また別の栄養たっぷりの液体に使えます。フルーツジュースや野菜ジュースで「ケフィーる」こともできますし、水にお好みの甘味料を加えたものや、ライスミルク、豆乳、ナッツミルクなどでも使えます。クランベリージュースはグレインを真っ赤に染めてしまい、ゲータレード（！）はネオンブルーのシミを付けてくれたりもしましたが、ともかくどんな飲み物を使っても、グレインは

それを変化させるようです。ただしグレインそのものは、ミルクのときほど急激に増殖しません。何を使うときも、作り方は本章の少し前で詳細に説明した、ミルクを使って「ケフィーる」やり方と全く同じになります。

Recipes

ペピータ（カボチャの種）の シードミルクとケフィア

リバーのお気に入りケフィアは、ペピータのシードミルクで作ったものです。ペピータとはカボチャの種のことで、風味と栄養に富んでいます。またこのレシピは、食用の種やナッツであれば何でも使えます。リバーのやり方は見た目よりずっと単純で、豆乳を作るより簡単だし、おいしくもあります。市販されている豆乳の代わりになるものが見つかると本当に素晴らしいと思うのは、市販の豆乳にはあまりにもムダな包装が多すぎるためです。自分で作るシードミルクはそのまま広口瓶に入りますから、見た目はきれいでもゴミになるだけの抜け殻など存在しません。それでは、リバー式ペピータミルクの作り方です。

●

所要時間　ミルク作りに20分
　　　　　　ケフィアに1～2日

材料（約1リットル分）
・カボチャの種（ペピータ）（または代わりのシード類やナッツ類）　1と1/2カップ
・水
・レシチン　小さじ1
（つなぎになりますが、必須ではありません）

作り方

1　カボチャの種（ペピータ）をミキサーで挽き、細かい粉にします。

2　水1/2カップ強を入れて混ぜ、ペースト状にします。

3　水3と3/4カップと、もし入れるならレシチンも入れて、さらにブレンドします。

4　チーズクロスで濾して、種の固形成分から水分を搾りとります。僕はこの搾った後の残りかすをパンに入れるのが好きです。

5　水をもう少し、ちょっとずつ加えて混ぜて、好みの濃さにします。冷蔵庫で保存し、使う前によく混ぜます。

6　このペピータミルクをケフィアにするには、ミルク1リットルにケフィア・グレイン大さじ1を加えて広口瓶に入れ、室温で1～2日おいておきます。そしてケフィアの箇所で詳しく書いた通りに、カードを濾します。この発酵ペピータミルクは、ケフィアが変化させるほかのどの飲み物とも同じように、舌を刺激するような味がしてとても美味です。また、健康に良いラクトバチルス菌もたっぷり入っています。

発酵ソイミルク（豆乳）

ヨーグルトの培養菌は、そのまま豆乳にも使えます。ただしライスミルクやシードミルクではまだ成功していません。また、種菌となる豆乳ベースの生きた培養菌は、健康食品を扱う店で購入できます。豆乳1リットルに対して種菌は大さじ1と、乳製品のヨーグルトと割合を同じにして、同じ作り方（92ページ参照）で作ります。発酵ソイミルクは乳製品のヨーグルトより硬めになることが多く、非常においしくもなります。

ヒマワリのサワークリーム

　シード（種）類は幅広い用途に使えるだけでなく、その口当たりや濃さもいろいろと変化させることができます（ミルクと一緒です）。僕らのコミュニティは、地元食品を共同購入するクラブのメンバーで、このクラブが僕らの食べる大量の食品のほとんどを提供してくれています。便利でお金の節約もさせてくれるこの会社を経営しているのは、ご近所に住むバーバラ・ジョイナーです。そのバーバラが毎月発行するニュースレターには必ずレシピがいくつかのっており、そのひとつがこれで、元はヒマワリのクリームでした。クラブメンバーの一員、ロレインのレシピだったそのクリームを、オーキッドが1回分サッと作り上げたとき、僕はどうしてもケフィア・グレイン用にちょっと残しておきたくなったのです。そしてできたものは酸味があっておいしく、僕がこれまでに乳製品以外の物で実験したケフィアのうち、一番サワークリームに近い味になりました。ベイクドポテトに乗せると最高でした。

●

所要時間　2日

材料（約3カップ強）
- 生の（ローストなどされていない）ヒマワリの種　1と1/4カップ
- フラックスシード（亜麻の実）　大さじ4
- 調理済みの穀類の残り物　2と1/2カップ
- オリーブオイル　大さじ3
- 蜂蜜（またはビーガン向けの代替甘味料）　小さじ1
- 細かいみじん切りにしたタマネギか青ネギかチャイブ　大さじ1
- セロリシード　小さじ1/4
- レモン汁　2/5カップ
- ケフィア・グレイン　大さじ1

作り方

1　ヒマワリの種とフラックスシードを、かぶるくらいの水に8時間程度浸けます。

2　種を漉して、浸け水は取っておきます。水からあげた種を、ケフィア・グレイン以外のほかの材料すべてと合わせてミキサーかフードプロセッサーに入れて、ピュレ状にします。取っておいた水を少しずつ加え、全体がとろみのあるクリーム状になったら加えるのをやめます。

3　2を広口瓶か金属製でないボウルに入れて、ケフィア・グレインを加えます。1〜3日間発酵させます。

4　ケフィア・グレインを取り除きます（もし見つけられれば）。たとえ見つからなくても気にしないでください。ケフィア・グレインは食べられますし、栄養価も高いのです。このヒマワリのサワークリームは、ジャガイモにのせて食べてもいいですし、パンに塗るスプレッドや、チップスなどをつけて食べるディップとして味わいましょう。

第8章

穀物の発酵
その1
—— パンとパンケーキ ——

　西洋文化圏で、パンは糧(かて)と同じ意味をもつ言葉です。これは日常の言い回しによく表れています。たとえば英俗語でお金のことを「dough（生地）」とか「bread（パン）」とかいいますし、かわいいお尻は「buns（丸みのあるパン）」ともいいます。またキリスト教の主の祈りでは「我らの日用の糧（単語はbread）を今日も与えたまえ」と唱えます。パンは単なる食べ物以上の存在なのです。小麦を育ててパンを作る一連の手の込んだ過程は、「文明による自然支配の象徴」だとマイケル・ポランは自著 "*The Botany of Desire*"（欲望の植物学）に書いています。パンは、いやむしろパンがないことで革命すら起こりました。フランス革命を引き起こした火種のひとつは、パンの価格の高騰でした。パンは世界の多くの地域における主食であり、その形態には驚くほどのバラエティが存在します。すべてのパンがローフ（大きな塊）にされてオーブンで焼かれるわけではありません。揚げパンや蒸しパンなどもあるのです。

　パン作りでは、酵母を使って生地を膨らませます。酵母は真菌類です。パン作りで一番よく使われるタイプの酵母は *Saccharomyces cerevisiae* という出芽酵母に分類されます。「Saccharo」の意味は糖、「myces」は真菌、「cerevisiae」はビールを意味するスペイン語の「cerveza（セルベサ）」を思い起こすとより身近に感じられるかもしれません（訳注：スペイン語でビールは〈セルベサ〉であることを知るアメリカ人は多いため）。ビールを作る酵母と同じ酵母がパンを作ります。中東の「肥沃な三日月地帯」で穀物農業が発展するうちに、ビールの作り方もパンの作り方も同時に発達していきました。ビールはパンの発酵スターター（種）になりますし、パンはビールのスターターになります。どちらも同じ材料でできていて、作り方と割合が違うだけです。どちらを作るときも、酵母がやることは同じです。それは酵母の一番得意なことです。酵母は炭水化物（糖質）を取り込んで、アルコールと二酸化炭素に変えるのです。そしてパン作りで大切なのは二酸化炭素のほうになります。二酸化炭素の泡がパンを膨らませて、パンの食感や軽さを生みだします。一方、アルコールは、パンを焼く時に蒸発します。

19世紀半ばまで、酵母菌そのものの存在がほかから切り離されて〈酵母菌〉として認識されることはありませんでしたが、酵母を意味する「yeast（イースト）」という言葉自体は、インド＝ヨーロッパ語を起源とする中世英語に由来しています。微生物学が確立する前は、イーストといえば生地の膨らみや、生地やビールの泡立ちなど、目に見える形の発酵の働きを指しました。または発酵の変化の力をできるだけ維持させようと、人々が編みだしたさまざまな工夫のことでもありました。

　今ではおなじみの「純粋な」酵母菌も、1870年代になるまで店頭で買えるような物ではありませんでした。産業が発達する前、パンやビールがずっと作られてきた何千年もの間、発酵のごちそう作りは天然酵母が頼りでした。酵母はおそらく、パンの材料になる穀物粉の上にもう存在しています。空気中の至るところにいて、炭水化物に富む食品に出くわしたらすぐに立ち寄って食べたい放題食べられるように、いつでもチャンスを狙っているのです。

　店頭で買える酵母と、周りの自然界から見つけ出して関わっていく酵母との違いは、その純度です。販売用に製品化された酵母は、選ばれた菌株です。優良種として選抜され、隔離されて、培養された物なのです。フランスの歴史学者、ブルーノ・ラトゥールは、扇情的な著作 *The Pasteurization of France*（フランスのパスチャライゼーション）の中でこう述べています。「微生物にとっても我々にとっても、初めて単一微生物のみで集合体を形成することになったわけで、（中略）そんなことはどの微生物の祖先もまるで知る由もない事態であった」。酵母を専門に扱う販売店は、数十種類にも及ぶ酵母株を取り揃えています。そしてその酵母株たちは、それぞれ異なるニーズに対応した特性をもっています。たとえば活発に繁殖する温度、繁殖の速度、耐えられるアルコール度、作り出す酵素や味わいなどがひとつひとつ違うのです。科学者たちは研究室で酵母の遺伝子を懸命に操作して、さらに優れた種を生みだそうとしています。相変わらず、消費者には山のような選択肢があるのです。

　自然界で見つかる酵母は決して純粋ではありません。雑種集団として漂っており、常にほかの微生物たちと一緒です。天然の酵母は多様性そのものです。みんな互いにどこかが違っています。そして、ありとあらゆる場所に存在するのです。

　混じりけのない酵母は、自然に存在する微生物が足場を固める前に素早く活動しなくてはなりません。天然発酵はよりゆっくりと進行します。だから生地にはしっかりと発酵する時間が与えられて、消化しにくいグルテンを、より吸収しやすい栄養素に分解して、ビタミンB群も追加してくれるのです。また、酵母と一緒にラクトバチルス菌やその他のバクテリアも存在するため、酸を作りだして複雑な酸味も加えてくれます。僕のパンをオーブンで焼く間、キッチンには酸っぱい匂いがいっぱいに広がります。

市販の酵母が簡単に手に入るようになるまでは、みんないろんな方法を使って自分の酵母を増やしていました。中には、同じ容器を洗わず繰り返し使うという単純な方法もあります。パン作りをする人たちが一番よくやる方法は、酵母を含んだ液状のゆるい生地やパン生地を少し「スターター」として残しておくことです。スターターは一生維持していけるだけでなく、世代を超えて受け継いでいくこともできます。まだ見ぬ国へ向かう移民者ともよく一緒に旅をしてきました。最近ではこのスターターをよく「サワードウ」とか「天然酵母」などと呼んでいます。レシピ本やパン屋などの店の棚で、サワードウのパンはこだわりの目新しい商品のひとつとして扱われています。しかし、130年前まですべてのパンがそうやって作られていたことを忘れないでおきたいと思います。スーパーマーケットの棚を埋め尽くす、全く味けないむにゃむにゃのパンを除いて、皆さんの好きなどんなパンも、天然酵母で作れるのです。

　さまざまな人が、これまでパン作りの芸術にその人生を捧げてきました。ありとあらゆる類いの素晴らしい本も出回っていて、パン作りのための細かいコツがいろいろと書かれています。実際、僕の知っているパン職人の多くは、パン作りを生命力と直接つながるスピリチャルな行為だと感じているようで、僕もなかなかその通りだと思います。ほかの発酵食品と同様に、パン作りでもまた生命力を利用して、優しく培養していくことが必要になるからです。また自分の体全部を使ってこねる作業も必要です。こねることによってグルテンが生成されます。グルテンとは、小麦に（そして量は減るけれどもその他いくつかの穀物にも）含まれるゴムのような成分です。グルテンが生成されると、酵母の繁殖に伴って発生するガスの泡が生地の中に閉じ込められて、軽くさっくりした食感のパンになります。

　まずはサワードウのスターターを作って、それを維持していく方法を順番に説明します。それからそのスターターがどんなパンに使えるのかを紹介していきます。サワードウを使ったパン作りの魔法を一度体験すると、きっとほかにもいろいろ実験してみたくなると思います。自分だけのサワードウで、自分にとっての理想のパンを作り上げてみましょう。

Recipes

基本の サワードウ・スターター

　サワードウの種作りは、ボウルに穀粉と水を入れて混ぜ、キッチンカウンターに数日寝かせて、思いつくたびにかき混ぜるだけで出来上がり、というくらい簡単です。酵母はもうそこにいて、自然に姿を現します。やるべきことはサワードウの維持であり、菌が生きている新鮮な状態を保つことです。サワードウ・スターターには定期的な餌やりとケアが必要で、小さなペットを飼うのとあまり変わりありません。ちゃ

んと面倒をみれば、自分の孫にそのサワードウを受け継ぐことも可能です。でも、僕は一度作ったサワードウを１年以上キープしたことはありません。気ままにふらっと冒険の旅に出るのが好きだからです。しかしありがたいことにサワードウの種作りはとっても簡単なので、その都度また新しい種を仕込みます。僕のやり方は以下の通り。

所要時間 約１週間

材料（１リットル分）
・穀粉（どの穀物の粉でもＯＫ）
・水
・有機栽培のすもも、ブドウ、またはベリー類（オプションで）

作り方

1 広口瓶かボウルに、水と穀粉を２と1/2カップずつ入れます。塩素の味や匂いがきつい水は使わないでください。ジャガイモやパスタを茹でた後の、デンプンの混じった水は酵母の大好きな栄養分をたっぷり含んでいるので、水の代わりにこれを使うこともできます（ただし人肌に冷ますこと）。僕はライ麦100％のパンが大好きなので、通常ライ麦粉を使いますが、どの穀粉でも大丈夫です。

2 1を思いっきりかき混ぜます。サワードウ・スターターに、なるべく早く自然の酵母を呼びよせる効果的な方法は、フルーツを洗わずに丸ごと入れることです。ブドウやベリー類、すももなどに、よくチョークの粉のような膜（「花」とも呼ばれます）がついていることがあります。これは甘みに魅かれてやってきた酵母の膜です。この３つのほかにも、皮ごと食べられる果物（つまりバナナや柑橘類ではない）はサワードウをブクブクと発酵させるのに最適です。ただし有機栽培の果物を使いましょう。化学農法で栽培されたフルーツの皮には、どんな抗菌性物質がひそんでいるか、わかったものではありませんから。

3 広口瓶をチーズクロスやその他通気性のあるもので覆い、ハエを防いでも空気は通るようにします。

4 作った液状の生地を暖かくて通気性の良い場所に置きます（21〜27℃が理想ですが、可能な範囲で）。思いつくたびできるだけ頻繁に、最低１日１回、生地の様子を見ながら思いっきりかき混ぜます。撹拌することで酵母がしっかりと生地全体に行き渡り、発酵が促されます。

5 何日か後に、この液状の生地の表面に小さな気泡が出始めているのがわかると思います。これは酵母が活発に活動しているしるしです。ただし生地を撹拌するだけでも泡が出ることに留意してください。かき混ぜてできた泡と、空気をわざと生地に入れ込んでいないときに生地自身が生みだす泡とを混同しないように注意しましょう。生地を準備して何日後に酵母が活発に活動し始めるのかは、そのときの状況によります。また生態系ごとに、そこにすむ微生物群も異なります。それゆえに、とても独特な味のサワードウをもつ地域があるのです。「ラクトバチルス・サンフランシスエンシス」は、いったいどこで見つかる微生物なのか、当てられますか？

6 料理本の多くは、サワードウの発酵を引き起こすために袋入りの酵母をひとつまみ入れて、発酵のプロセスを早めるよう勧めています。しかし僕個人的には、天然の酵母が自力で生地にたどり着く魔法のほうが、満足感が大きくて好きです。もし３〜４日経っても泡が出始めない場合は、もう少し暖かい場所に置きましょう。もしくは、市販されているサワードウのスターターか、袋入りの酵母をひとつまみ加えます。

7 酵母の活動がはっきりとわかるようになったら、フルーツを漉して取り出します。そして3〜4日間、穀粉大さじ1〜2杯ずつを毎日ミックスに加えて、混ぜ続けます。追加するのはどんな種類の穀粉でも構いませんし、さらには調理済みの穀物の残りでも、押しからす麦でも、全粒穀物でも大丈夫です。これはサワードウへのエサやりです。この液状の生地は次第に粘性を帯びて、膨らんできたり、酵母の発するガスを含んできたりしますが、基本的には液状に保ちたいので、このサワードウが固形へのラインを越えそうになったら、水を加えます。

8 泡を発するとろりとした液状の生地ができたら、準備完了です。使うときは必要量だけを取り出して、広口瓶にスターターをいくらか残し、酵母を培養し続けます。残す量はほんの少しでいいのです。瓶のふちに残った分で十分足りるでしょう。スターターを補充するには、パン作りに取り出した分とほぼ同量の水（この本のレシピではどれもだいたい2と1/2カップ）、それから同じ分量の穀粉を追加します。よく混ぜて、温かい場所に置いて発泡させます。

少なくとも週に1回パンを焼いているなら、毎日もしくは1日おきに穀粉少量でエサやりをして、酵母を培養し続けます。サワードウを使う頻度がそれよりも低い場合は、冷蔵庫で保存もできます（そうすると酵母の活動がゆるやかになります）。冷蔵保存する場合は、サワードウを補充した後、最低でも4〜8時間ほど活発に発酵させてから冷蔵するのがベストです。また、冷蔵保存していても、1週間に1回くらいはエサを与える必要があります。そしてパン焼きをする1〜2日前に、スターターを冷蔵庫から暖かい場所に移してエサをやり、酵母を再度活発にしてウォームアップしておきます。

サワードウ・スターターを維持する

こうして作った自分のサワードウ・スターターは、きちんと面倒をみてさえいれば、永遠に生き続けます。使うごとに水と穀粉を補充しましょう。そして毎日、または1日おきに、新鮮な穀粉少量でエサやりします。しばらく不在にする場合は、まずサワードウにエサをやって、2〜3時間発酵させてから、蓋をして冷蔵保存します。サワードウは冷蔵庫だと数週間、冷凍すればそれより長い期間貯蔵できます。サワードウの世話を怠ると、極端に酸味が強くなることがあり、最終的には腐敗してしまいます。しかしある程度までは、新たに穀粉を与えることで簡単に生き返らせることができます。酵母が自分にとっての栄養素をすべて食べ尽くしてしまうと、ほかの微生物が優勢になります。しかし酵母菌はまだ存在しているので、栄養を与えてやればたいてい酵母がまた優勢になります。

リサイクル穀物パン

食べ物はリサイクルして絶対ムダにしないという僕のモーレツな信念のために、僕のパンは残り物の穀物から作ることがほとんどです。実際、パン作りにはバラエティ溢れるいろんな残り物を使うことができ、穀物だけでなく野菜やスープ、乳製品、その他いろいろ使えます。友人のエイミーはゴミからまだ使える食材を見つけだすプロで、リフューザ（訳注：英語で「リフューズ」＝ゴミ）という名の女神の声に導かれています。リフューザはこう告げます。食品リサイクルするときは、創意工夫して大胆にあれ、と。

これから皆さんと一緒にパン作りの冒険を始める前に、僕はパン作りで分量を量ったことなど一度もないことを白状しておきます。どの材料をどれくらい入れるのが適当かの比率は、いつも手触りで判断しています。しかし今回、初

心者の参考用に分量を書いてみました。ただしこの分量は話半分（もしくは3分の1？）にうけとめて、適当に調節してください。分量よりも、生地の硬さや手触りの説明のほうにもっと注意を払って判断してください。特に穀粉と水の正しい割合は、そのときの湿度でかなり違ってきます。

・

所要時間　約2日間

（実際に何日かかるのかは温度によります。焦らないこと。食べ物が発酵するのには時間がかかります。サワードウの放つ香りを楽しみつつ、どんなにおいしいパンになるのかの期待感をもって、待つ時間を楽しみましょう）

用意するもの
- 調理用ボウル（大）
- タオル
- ローフパンの焼き型（パウンドケーキ型）

材料（2ローフ分）
- 冷やご飯（またはオートミール、雑穀、そば、その他どんな穀物の残り物でも可）
　2と1/2カップ
- 泡がブクブクしているサワードウ・スターター　2と1/2カップ
- 水　2と1/2カップ
　（うち半量は何かの残り物の液体でもOK。たとえばスープ出汁、ビール、サワーミルク、ケフィア、ホエー、パスタやジャガイモの茹で汁など）
- 穀粉　10カップ
　（半量は小麦かスペルト小麦〈訳注：小麦アレルギーを発症しにくい古代小麦〉にすること）
- 海水塩　小さじ1

作り方

1　まず「スポンジ」を作ります。残り物の穀物を大きなボウルに入れて、サワードウ・スターターを注ぎ入れます（使用後、スターターを補充しておくのを忘れないようにしましょう）。分量のぬるま湯と穀粉5カップを、しっかりとろみのある液状の生地を作るのに十分なだけ入れます。穀粉の少なくとも半量は小麦粉にします（全粒粉でも白小麦でも、両方少しずつでもいいですし、スペルト小麦は小麦にとてもよく似ていますが人によってはこちらのほうが消化しやすいです）。しかし残りは、小麦以外の手持ちの穀粉を何でも補填しましょう。そば、ライ麦、コーンミール（トウモロコシの粉）などはどれも適しています。

　こうしてできたグルテンの塊を「スポンジ」と呼びます。このスポンジを温かい場所に置いて、湿ったタオルか布でカバーし、8〜24時間寝かせます。（時間は自分のスケジュールに合わせてわりと柔軟に変えられます）。しっかり泡が立ち始めるまで、時々かき混ぜます。

2　生地にしっかりと泡が立ってきたら、塩を加えます。塩は酵母の活動を妨げるため、最初のステップであるスターターを作る段階では入れないのです。しかし塩はパン生地の変化を助け、酵母が急激に発酵するのも防いでくれます。それに塩けのないパンは味が平坦で、何かが足らないような気がします。ただし、1で混ぜた調理済み穀物は塩で味付けされていましたか？　もしそうであれば、塩の量を少なめにします。

3　残りの穀粉約5カップを、少しずつ加えます。穀粉を加えながら混ぜ込み、パン生地が硬さを増して、スプーンでかき混ぜられなくなるまで続けます。

4　表面が平らな場所に打ち粉をして、その上でパン生地をこねます。もしこれまで一度も生地をこねたことがない場合、次の説明を参考にしてください。まず手のひらの付け根で生地を押し、ギュッと平らにのばします。そして、片

方の端を中心に折り込んで、また手のひらの付け根で押して広げます。そして生地を回して反対側の端を中心に折り込んで、同じことを繰り返していきます。こねている間に生地に粘りけが出てくるため、おそらく生地の表面とこねている台の表面にまた穀粉をふらなくてはいけなくなると思います。穀粉が生地の水分を吸収するにつれて粘りけは増します。しっかりとこねて「グルテンを鍛える」と、生地に弾力性が生まれます。少なくとも10分間こねましょう。

十分こねたかどうかを測る良い方法は、生地に指を1本突っ込んでから抜いてみることです。しっかりこねられた弾力性のある生地だと、へこんだところが押し返されて、元の形に戻ってきます。

手のひらの付け根を使って
こねているところ

生地を折り込んでいるところ

5 きれいなボウルに軽く油を塗り、こねた生地の球を入れます。湿った温かいタオルをかけて、ボウルを暖かい場所に置き、生地を膨らませます。

6 全体が約倍に膨らむまで生地を寝かせます。そうなるまでに数時間必要かもしれませんが、実際にかかる時間は、そのときの気温や、その生地の性格、そこまでに成長してきた酵母の性質などによってかなりまちまちです。たとえば暖房のないキッチンなどで、室温が10〜16℃くらいの涼しい場所の場合、生地が膨らむまでに2〜3日かかることもあります。それでも最終的には膨らみます。

7 生地が膨らんだら、ローフ（塊）に成型します。まずパウンドケーキ型ふたつの内側にそれぞれ軽く油を塗ります。そしてふたつに分けた生地をそれぞれもう一度少しこねます。生地がひっつくようであれば穀粉をもう少しふります。それから僕は通常生地を平らにのばして楕円か長方形にし、そこから丸めてローフにして、それぞれ油を塗っておいたパウンドケーキ型に入れます。

8 さらに1〜2時間寝かせて、両方のローフを大きく膨らませます。

9 オーブンを205℃に予熱してから焼きます（オーブンにはそれぞれクセがあることに留意します。温度が高いと、中がしっかり焼ける前に表面を焦がしてしまうオーブンもあります。その場合は175℃にして、10分長く焼いてみましょう）。

10 40分後にローフをチェックします。おそらく焼き上がるまでにはもう少し時間が必要だと思います。全体で多分45〜50分くらい、もしかするとそれ以上かもしれません。パンが焼き上がったかどうかを確認する方法は、パウン

ローフに成型しているところ

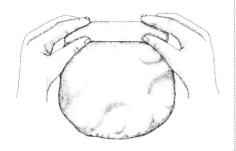

ドケーキ型をひっくり返してパンを型からはずし、ローフの底を叩いてみることです。焼けていれば、中が空洞の太鼓のような音がします。まだ十分焼けていなければ素早くオーブンに戻して、引き続き焼きます。

11 パンが焼けたら、熱くなっている型から取り出して、ラックの上や表面が冷たい場所に置いて冷まします。冷めながらも予熱でもう少し焼けて、しっかり固まります。とてもいい匂いがするので我慢するのは大変難しいのですが、15分待ってから切ると、その分だけ味がずいぶんよくなります。

これが基本のプロセスです。これをスタートに、自家製サワードウ・スターターを使って作れるものは、無限にあります。

タマネギとキャラウェイシードのライ麦パン

僕が好んで食べるパンはライ麦パンです。ライ麦の味はとても濃厚です。しかし料理本にのっているライ麦パンレシピのほとんどは、分量の半分が小麦粉になっています。それもひとつのバリエーションとしては構わないのですが、僕はライ麦100％のパンが大好きです。歴史的に見ると、ライ麦パンが作られたのはヨーロッパ北部地域で、気候は冷たく湿った場所です。気候の厳しい地域に住む人々にとって、ライ麦パンは栄養のしっかり詰まった日々の糧なのです。こうした地域に小麦が伝わって（主に勢力を北にのばしてきたカトリック教会によるもの）、それ以降、小麦は上流階級の食べ物となりましたが、ライ麦は土地を耕す農民の主食としてそのまま残りました。

ライ麦と小麦の違いはいろいろあります。ライ麦パンの場合、発酵によって生みだされた二酸化炭素を閉じ込める主要成分はグルテンではありません。ライ麦には「ペントサン」と呼ばれる多糖類化合物が含まれています。ペントサンは非常に粘性が高く、これが生地の中にガスを閉じ込めてくれます。この粘性を出すのに、こねる必要はないため、100％ライ麦で作るパン生地をこねる作業はいりません。

●

所要時間 約2日間

材料（2ローフ分）
・タマネギ　4個
・植物油　大さじ2

- サワードウ・スターター　2と1/2カップ
- 水　3と3/4カップ
- キャラウェイシード（ホールまたは粗挽き）大さじ1
- ライ麦粉　10カップ
  （最高の出来上がりにするには、全粒のライ麦粒を粗挽きするのがベストですが、あらかじめ挽いてあるライ麦粉でもOK）
- 塩　小さじ1

作り方

1　タマネギを適当に切り、植物油で茶色くなるまで炒めて、冷まします。

2　スポンジを作ります。茶色く炒めたタマネギと、サワードウ・スターター、水、キャラウェイシード、そして分量の半分のライ麦粉をボウルに入れ、よく混ぜます。覆いをして暖かい場所に置き、途中何度か混ぜて、8〜24時間かけて生地にしっかり泡が出てくるまで発酵させます（スターターを補充しておくのを忘れないようにしましょう）。

3　残りのライ麦粉と塩を追加します。ライ麦粉は少しずつ加えて、生地が硬くなってスプーンではかき混ぜられなくなるまでにします。湿ったタオルで覆って寝かせます。この塊が明らかに大きくなるまで、8〜12時間発酵させて膨らませます。

4　ローフ型に成型します。ライ麦の生地は粘性が強く、きちんとまとまってくれる小麦の生地とは大違いです。手を濡らしておくと、ライ麦生地の扱いや成型がしやすくなります。濡れた手でローフの形を作り、薄く油を塗ったパウンドケーキ型に入れます。もしくはスプーンを使って生地をパウンドケーキ型に入れて、濡れた手で上面を滑らかにならします。ローフをさらに1〜2時間寝かせて、目に見えて膨らむまでおいておきます。

5　オーブンを175℃に予熱してからローフを焼きます。

6　1時間半後にローフをチェックします。おそらく焼けるまでには2時間かそれ以上かかりますが、それより前にチェックします。一度ローフを型から取り出し、底を叩いて焼き具合を見てみます。焼けていれば中が空洞のような音がします。まだ焼けていなければ、素早くオーブンに戻して、引き続き焼きます。

7　パンをラックの上で冷まします。よくあるタイプの酵母パンのほとんどは、できたてを食べるのがベストで、その後はすぐ乾いてしまいます。一方、サワードウのライ麦パンの大きな利点は、パンの水分が保持されることで、時間が経つごとにどんどんおいしくなり、それが数週間続きます（これは冗談ではなく）。外側の耳は固く乾いてきますが、鋭い鋸歯のようなパンナイフで切ると、中はやわらかく、しっとりとおいしいサワーブレッドが出てきます。こういった密度の高いパンは、薄く切って食べるのがベストです。

プンパーニッケル

　プンパーニッケルは黒っぽいライ麦パンで、昔ながらの製法では粗挽きのライ麦を使い、しばしば糖蜜やエスプレッソコーヒー、キャロブ・パウダー、また時にはココア・パウダーを入れて色を濃くします。ここにあげた色を濃くする材料のうちひとつまたは複数を、上記のライ麦パンレシピに加えると、黒っぽいプンパーニッケルが出来上がります（タマネギとキャラウェイシードは入れても入れなくてもお好みで）。エスプレッソコーヒーを使う場合は、触れても熱くない程度まで冷まして、水1カップ分の代わりに入れます。キャロブかココア（または両方）を使う場合は、スポンジに混ぜるライ麦粉1カップ分の代わりにします。スポンジ

を作る段階で糖蜜大さじ２杯も加えて、その後はライ麦パンレシピ通りに進めます。

ゾンネンブルーメンケルンブロート
（ヒマワリの種のドイツパン）

フランスとイタリアは、ヨーロッパ諸国の中でもパン作りの伝統で特に有名ですが、おそらくそれは軽くてサクサクした食感のパンのためではないかと思います。しかし僕が一番ワクワクするパンを作るヨーロッパの国はドイツです。密度が高くてしっとりとしたゾンネンブルーメンケルンブロートは、特にお気に入りのパンです。

所要時間　約２日間

材料（２ローフ分）
- 泡ブクブクのサワードウ・スターター　２と1/2カップ
- ぬるま湯　２と1/2カップ
- ヒマワリの種（殻なし）　５カップ
- 小麦粉　７と1/2カップ（白または全粒小麦、または両方をお好みで）
- ライ麦粉　２と1/2カップ
- 塩　小さじ１

作り方

1　スポンジを作ります。分量のサワードウ・スターター、ぬるま湯とヒマワリの種を、半量の小麦粉とライ麦粉と一緒にボウルに入れてかき混ぜます（スターターを補充しておくのを忘れないように）。

2　暖かい場所で８～24時間、生地がしっかり泡が立ってくるまで発酵させます。

3　塩と残りの穀粉を加えます。材料を混ぜて固めの生地にしてこねます。そして115ページの〈リサイクル穀物パン〉レシピのステップ **4** から同様に進めます。

ハッラー

サワードウを使ったパン作りは、ここまでに紹介したような密度の高い全粒粉のローフパンに限られるわけでは決してありません。ユダヤ教の安息日の儀式で食べる伝統的なパンは、ハッラーと呼ばれ、これは軽くて卵の味のする編み込みパンです。僕の家族はあまり宗教的な行事はしませんが、それでも皆ハッラーは大好きです。

僕の叔父レンの母親、トービィ・ホランダーはハッラー作りの名人で、安息日の儀式に向けて毎週金曜日にハッラーを作っていました。19世紀生まれのトービィと夫のハーマンは、僕が子どものころ、僕の世界の中で最古の人たちでした。トービィのハッラー作りは大いに褒め称えられ、そのレシピはニューヨーク・タイムズ紙に「印刷に値する」と見なされたほどです（訳注：「印刷に値するニュースはすべて掲載する」は、ニューヨーク・タイムズ紙のモットー）。トービィのレシピでは（僕がこれまで見てきたあらゆるハッラーレシピと同様に）市販の酵母を使っているのですが、天然酵母のサワードウがいかにいろんなものに適応できるかをお見せするために、少し応用してみました。

所要時間　12～24時間

材料（Lサイズロ－フひとつ分）
- 泡ブクブクのサワードウ・スターター　１と1/4カップ
- ぬるま湯　１と1/2カップ強（分けて使う）
- 白小麦粉　８と3/4カップ
- 砂糖　大さじ１
- 海水塩　小さじ２
- 植物油　大さじ３
- 卵　３個、溶いておく

作り方

1 スポンジを作ります。ブクブクと発酵の活発なサワードウ・スターターに、ぬるま湯1と1/4カップと、ふるいにかけた白小麦粉2と1/2カップを混ぜます（スターターを補充しておくのを忘れないこと）。スポンジをよく混ぜて覆いをかけ、全体にしっかりと泡が立つまで暖かい場所に数時間寝かせます。24時間くらいまでそのままにして大丈夫です。時間は自分のスケジュールに合わせて柔軟に変えられます。

2 砂糖、塩、油、そして1/4カップ強のぬるま湯を、耐熱の計量カップか、小さな鉄製のボウルに入れて混ぜます。とろ火にかけた鍋の湯に、その計量カップまたはボウルを入れて、湯煎で温めます。生温かくなったら、分量の溶き卵から、出来上がったパンに照りをつけるための大さじ1杯分を取っておいて、残りをこのミックスに加えます。そして泡立てるか、かき混ぜるかしながら、湯煎でゆっくりと温め続け、なめらかなクリーム状にしていきます。指をつけたときに熱くて飛び上がるほどには温めないようにします。46℃以下に保ちましょう。

3 温まった卵のミックスをブクブク泡の立っているスポンジに混ぜ込みます。

4 残りの小麦粉6と1/4カップをふるいにかけて大きなボウルに入れ、真ん中にくぼみを作ります。スポンジと卵のミックスをそのくぼみに注ぎ入れ、混ぜ合わせて生地を作ります。もしかすると分量全部の小麦粉が生地に混ざり合わないかもしれませんし、逆にもう少し粉が必要になるかもしれません。質感で判断しましょう。やわらかくてまとまりのあるボール状になったら「革命が起こる」と、トービィはニューヨーク・タイムズ紙に書いています。

5 トービィは、直接ボウルの中で生地をこねるよう勧めています。そのほうがキッチンカウンターの上でこねるよりも、後の片づけがずっと楽になります。最低約10分間こねましょう。「命をかけてこね上げる」とトービィは指示しています。「上げて、回して、下ろして、外側。優しく叩いて、祈りを唱えて」。ここは非常に重要なポイントです。自分の作るパンに、明確な意図を盛り込みましょう。

6 こねた生地の球の表面に軽く油を塗り、ボウルに入れます。タオルを温かい湯で濡らし、余分な水気を絞ってから、その湿ったタオルでボウルを覆います。ボウルを暖かい場所に置いて約3時間生地を寝かせて、約2倍の大きさになるまで膨らませます。

7 膨らんだ生地のガス抜きをし、数分間こねてから、3等分します。3等分した生地をそれぞれ約45センチのロープ状にのばして形を整え、三つ編みのパンの形を作っていきます。3本になったロープ状の生地を隣り合わせに並べ、片方の端を合わせてから三つ編みにします。まず、外側左右どちらかのロープを持ち上げて中央に寄せ、今度は反対側を同様にして、繰り返していきます（次ページの図を参照）。八方塞がりならぬ「三方塞がり」（まあ、ある意味で）になったら、端を合わせて、最後に編んだところに下からたくし込みます。

8 天板に油を薄く塗って、編み込んだ生地をそっと持ち上げて天板にのせます。生地を温かい場所で1～2時間寝かせて膨らませ、サイズを約2倍にします。

9 オーブンを250℃に予熱します。

10 生地の表面に、取っておいた卵を刷毛でやさしく塗ります。

11 オーブンで40～45分間、うっすら茶色くなるまで焼きます。窓の近くにあるラックにお

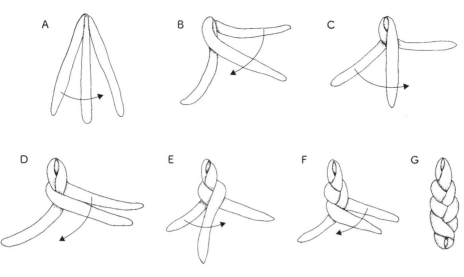

ハッラーの三つ編みの手順

いて、窓を開けて冷まし、サクサクした食感を高めます。

12 焼きたてのハッラーを味わいましょう。また、乾いてしまっても、素晴らしいフレンチトーストが作れます。

アフガニスタンのナン

2001年9月11日のあの悲惨な事件の間も、僕はこの本を書いていました。あの日から波及した出来事が展開していくにつれ、僕は無力さを感じていました。そしてアメリカ合衆国がアフガニスタンに大規模な攻撃をしかけて報復したとき、僕はアフガニスタンの文化に敬意を表して、アフガン料理について何か学ぼうと決心したのです。もちろんどの国の料理にもあるように、アフガン料理にも伝統の発酵食があります。アフガニスタンのナンの話を読んだとき、子どものころニューヨークで食べたことをすぐに思い出しました。冒険心の強い僕の母が、街で見かけては家に持ち帰っていた、数多くのちょっと変わったエスニック料理のひとつだったのです。

　アフガニスタンのナンはとても味わいのある平たいパンで、ブラック・クミン・シード（*Nigella sativa*）というスパイスを使います。ブラック・クミンは中東のスパイスです。アメリカでよく見かける、インド料理やメキシコ料理の一般的なクミン・シードとは、かなり異なります。

●

所要時間 4～8時間

材料（Lサイズの平パン1枚、
　　　6～8人に十分な分量）

・泡ブクブクのサワードウ・スターター
　1と1/4カップ
・全粒小麦粉　2と1/2カップ
・無漂白の白小麦粉　2と1/2カップ
・海水塩　小さじ1
・植物油　1/4カップ強
・ぬるま湯　1/2カップ強
・卵黄　1個

・ブラック・クミン・シード　大さじ1

作り方

1 サワードウ・スターターが活発に泡立っているか確認します。もしそうでなければ、小麦粉を少し加えてよく混ぜ、暖かい場所で1時間程度休ませて、目に見えて活性化するまで待ちます。

2 分量の小麦粉両方と塩をボウルに入れて混ぜ、真ん中にくぼみを作ります。

3 サワードウ・スターターと油を小麦粉のくぼみに入れて混ぜ、生地を作ります。ぬるま湯を少しずつ加えて、全体をボール状にまとめます（スターターを補充しておくのを忘れないようにしましょう）。

4 小麦粉を薄くふった台の上で生地を5〜10分こねます。

5 生地をボウルに戻して、濡れタオルでボウルを覆います。暖かい場所で生地を寝かせて膨らませます。

6 生地が2倍に膨らむまで休ませます。実際にどれくらいの時間がかかるかは、そのときの気温と、スターターの活性度によってかなり違ってきます。2〜3時間しかかからないこともあれば、8時間、またはそれ以上かかることもあります。

7 オーブンを175℃に予熱します。

8 小麦粉をひいた台の上で麺棒を使って生地をのばし、厚さ2.5センチ未満の板状にします。中心から外側に向かってのばして、全体の厚みを均等にします。板状になった生地を裏返して、反対側ものばします。長方形か楕円形を目指してのばすか、形のよくわからないアメーバ風にさせておきます。この板状の生地を、油を引かずに天板の上にのせます。

9 卵黄に水大さじ1を加えて混ぜます。この卵と水のミックスを、生地の表面に刷毛（なければナイフなど）を使って塗り、ブラック・クミン・シードをその上からまぶします。

10 20〜25分間、金色になるまで焼きます。巨大なピタパンのように膨らんでも驚かないこと。

発芽穀物とエッセネパン

　エッセネパンは、しっとりして甘いタイプのパンですが、非常に特徴的です。全粒穀物を発芽させ、破砕して生地にし、焼くのではなく低温で乾かして作るのです。穀物は、発芽させると味がずっと甘くなります。発芽することでジアスターゼという酵素が生成され、穀物のデンプン質を糖質に変えるのです。穀物の発芽はビール作りでよく使われる方法で、後ほど第11章で触れます。穀物の発芽はエッセネパンで常に使われますが、ほかのどんなパンでも味わいを高めてくれます。

　エッセネ派とは、ユダヤ教の厳格な宗派で、紀元前2世紀から紀元2世紀まで存在し

ていました。平和主義で所有物は皆で共有し、商いは行わず、とても細かい食事制限の規則に従っていました。伝統的なエッセネパンは発酵させずに作ります。しかし挽いた穀物にサワードウを加えて1〜2日発酵させると、甘いパンにおいしい酸味が加わり、パン自体の密度も少し軽くなります。

Recipes

穀物を発芽させる

　本書の残りの章に出てくる発酵手順には、穀物の発芽が必要になるものが多数あり、その都度ここで紹介する手順を参照します。使用する穀物の種類と量は、各レシピでそれぞれ特定していきます。しっかり栄養の詰まったエッセネパンの場合は、種類は問わずとにかく全粒穀物3と3/4カップから始めます。外皮を除いた全粒の小麦、ライ麦、スペルト小麦、からす麦など、何を使ってもいいですし、複数混ぜても構いません。

所要時間　2〜3日間

用意するもの
- 発芽装置。穀物を発芽させるための特別な装置を持っているなら、それを使ってください。僕は4リットルの広口瓶の開口部に、ガーゼまたはチーズクロスを張って、ゴムでとめた物を使って発芽させています。

作り方

1　上記に書いた広口瓶の中で、全粒穀物を水に浸け、約12〜24時間室温におきます。

2　水を漉して捨てます。1リットルの計量カップか小さなボウルに、上記の広口瓶を逆さまにしてのせます。重要なポイントは、水受けになる入れ物に、広口瓶を安定してのせられることです。穀物が水に浸かったままになると、発芽するより腐ってしまいます。

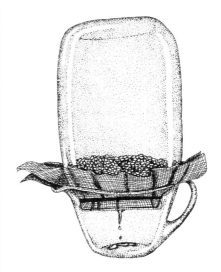

広口瓶にガーゼを張って発芽させ、水を切っているところ

3　発芽させている穀物を、少なくとも朝と夕方の1日2回、もしくはそれ以上思いつくたびに、きれいな水で洗います。暑い時期は特に頻繁に洗いましょう。目的は、発芽した穀物が乾燥したり、カビが発生したりするのを防ぐためです。

4　穀物から小さなしっぽが出ているのが見えたら、穀物が発芽した証拠です。その甘さを最大限に味わうために、発芽したら2〜3日以内に使いましょう（もしくは乾かしておきます）。少なくとも1日2回は発芽穀物を洗い続けるよう気をつけます。

エッセネパン

所要時間（発芽時間を含む） 4〜5日間

材料（栄養ぎっしりのパン1ローフ分）
- 発芽させた全粒穀物の粉　3と3/4カップ
- サワードウ・スターター　1/4カップ強
- 海水塩　小さじ1/2

作り方

1 上記の通りに、穀物を発芽させます。

2 発芽させた穀物を挽きます。僕はいつもフード・プロセッサーを使いますが、エッセネの人々は石臼を使ったのではないかと思います。自分が使える道具を使いましょう。お好みで、発芽した穀物の粒をそのまま少し残して入れても構いません。

3 サワードウと塩を加えて、全体をよく混ぜます（スターターを補充しておくのを忘れないようにしましょう）。ヒマワリの種やハーブ類、またはレーズンや削ったニンジンなどを追加することもできます。これまで通り、何でも好きな材料を入れましょう。

4 パウンドケーキ型に薄く油を引いて、発芽穀物とサワードウと塩を混ぜ合わせたものを、型に流し入れます。

5 型の中で発酵させます。ハエが来ないように覆いをかけ、室温で1〜2日休ませます。

6 パンの塊を乾かします。エッセネの人々は天日でパンを乾かしていました。日が長い夏の間の、暑くて天気が良い日であれば、実際にやってみることもできます。半日間、パウンドケーキ型に入れたままで乾かし、その後型から外してひっくり返して底を乾かします。僕はたいてい95℃に設定したオーブンに入れて約4時間乾かします。パンが縮んで型の縁から離れてきたら出来上がりです。太陽の熱を高めるソーラーオーブンや、空気乾燥機なども、エッセネパンを乾かすのに効果的です。

インジェラ
（エチオピアのスポンジパン）

　サワードウでできた特殊なパンのうち、僕のお気に入りはエチオピア料理の主食であるインジェラというスポンジ状のパンです。エチオピア料理のレストランに行くと、食べ物はインジェラと一緒にトレーに並べて出されます。食べるときはインジェラを少し破り取り、その中に食べ物をすくいいれて食べます。インジェラは通常あらかじめ調理しておいて、室温に冷めた状態で出されます。このインジェラレシピの後に、「グラウンドナッツとサツマイモのシチュー」のレシピをのせていますが、これ以外でも、汁気たっぷりの料理はどれもインジェラによく合います。インターネットで検索すると、ほかにもおいしいエチオピア料理レシピがたくさん見つかります。

●

所要時間　約24時間

材料（インジェラ18〜24枚分）
- 泡ブクブクのサワードウ・スターター　2と1/2カップ
- ぬるま湯　6と1/4カップ
- 全粒小麦粉　2と1/2カップ
- 「テフ」の粉　2と1/2カップ
  （テフはエチオピアで栽培され食されている穀物です。テフが手に入らない場合は、雑穀粉を使うか、全部小麦にします）
- 塩　小さじ1
- ベーキングソーダまたはベーキングパウダー　小さじ1（オプションで）
- 植物油　適量

作り方

1 大きな広口瓶またはボウルで、液状のゆるい生地を作ります。まずは泡ブクブクのサワードウ・スターターから始めて（後でスターターを補充しておくのを忘れないように）、ぬるま湯と小麦粉を加えて混ぜます。混ぜ合わせた物は、クレープの生地くらいのゆるさになるはずです。必要であればぬるま湯を追加します。ハエが来ないように覆いをかけます。

2 暖かい場所に生地を置いて発酵させます。思いつくたび、できるだけ頻繁にかき混ぜます。生地は約24時間寝かせておきます。

3 インジェラを焼く準備ができたら、生地に塩を加えます。

4 ここからのステップにはいくつかオプションがあります。もし酸味が大好きで、ほどほどの泡加減のパンで満足であれば、インジェラを天然酵母のみで作ります。新鮮な小麦粉大さじ1を生地に混ぜ込んで、酵母を活性化させます。もっと泡がしっかり立ったパンにしたい場合は、ベーキングソーダ小さじ1を生地に加えてよく混ぜます。

ベーキングソーダを入れるとより泡立つのは、ソーダのアルカリ性分がサワードウの酸に反応するためで、それによって酸味も緩和されます。もうひとつの方法は、ベーキングパウダー小さじ1を入れて発酵させることです。ベーキングパウダーには、ベーキングソーダ以外にも、濡らすとソーダに反応する酸の化合物が含まれているため、同様の泡立ちを生成しながらも、酸味を中和する度合いは低くなります。

5 どの膨張剤を加えても、よく混ぜてから、焼く前に生地を数分間休ませます。

6 油のよくなじんだ鉄製のフライパン（もしくはパンケーキを焼く時に使うもの）を中火で熱します。刷毛やキッチンペーパーなどを使ってフライパン全体に薄く油を引きます。

7 熱したフライパンに生地を流し入れ、できるだけ薄くなるように広げていきます。生地が薄く広がらない場合は、少し水を加えてゆるめます。中火で焼き、生地をフライパンに入れたときにジュッと音が立つぐらいの熱さにしますが、インジェラが急激に茶色く焦げてしまうほど熱くはしません。

8 フライパンに蓋をして、インジェラの表面全体にたくさん穴ができ、上面が乾くまで焼きます。片面だけ焼き、裏返しません。インジェラをフライパンからタオルに移して冷まします。

9 冷めたインジェラは、積み重ねてタオルでくるんでおくといいかもしれません。

グラウンドナッツとサツマイモのシチュー

マックスジーンは僕のところから16キロ離れた場所にある、もうひとつの同性愛者コミュニティ、IDAに住んでいます。もうずっと何年も僕の発酵フェチぶりを後押ししてくれている人物で、おいしい発酵食品をメインにした大食事会を企画してくれます。ある年は、テンペのルーベンサンドイッチを200人に提供しました。またエチオピアをテーマにしたパーティは、毎年恒例のイベントになっています。僕はインジェラとエチオピア式のハニーワインであるタッジ（150ページ参照）を作り、マックスジーンがその他の料理を作ります。ここで紹介する料理は、"*Sundays at Moosewood Restaurant*"（ムースウッド・レストランで過ごす日曜日）という料理本のレシピを、マックスジーンが応用したものです。「グラウンドナッツ」とはピーナッツ（*Arachis hypogaea*）のことで、アフリカの英語圏での

呼び名です。アフリカではおそらくサツマイモではなくヤム（訳注：アフリカ原産のヤマイモ類）が使われるのでしょうが、マックスジーンはびっくりするほどおいしいサツマイモを育てていますし、アメリカではふつうサツマイモのほうが手に入れやすい（加えてヤムとよく混同されている）のです。またこのレシピにはキクイモを加えています。キクイモはアフリカの野菜ではありませんが、アメリカで畑をする人の多くにとってお気に入りの冬の作物のひとつです。キクイモはこの料理の口当たりに素敵なバラエティを加味してくれます。もしキクイモが手に入らなければ、キクイモなしで作ってください。

◉

所要時間　30〜40分

材料（6〜8人分）
- タマネギ（適当に切る）　2と1/2カップ
- 植物油　大さじ2
- サツマイモ（角切り）　3と3/4カップ
- ニンニク（刻んでおく）　3片
- カヤンペッパー　小さじ1/2
- ショウガ　小さじ2
- クミン　小さじ1
- パプリカ　大さじ1
- フェヌグリーク　大さじ1
- 塩　小さじ1
- シナモンとクローブ　それぞれ少々
- 生または缶詰めのトマト　5カップ
- リンゴジュース　1と1/4カップ、または水1と1/4カップに蜂蜜大さじ1を加える
- ピーナッツバター　1カップ弱
- キクイモ（薄切り）　2と1/2カップ
- キャベツまたは色の濃い葉野菜（ざく切り）　3と3/4カップ

作り方
1　大きめの深鍋に油を引き、タマネギを約5分間、透明になるまで炒めます。

2　サツマイモとニンニクとカヤンペッパーを加えて、蓋をして5分間炒めます。

3　ピーナッツバターとキクイモと葉野菜以外の材料をすべて加えます。沸騰したら火を弱めて、約10分間煮込みます。

4　鍋に煮立っている3のスープを1/2〜1カップとり、分量のピーナッツバターを混ぜてクリーミーなペースト状にします。こうしてゆるめたピーナッツバターとキクイモ、そして葉野菜を鍋に加えてさらに5分、野菜がやわらかくなるまで煮込みます。シチューが濃すぎる場合は、もう少し液体を加えます。香辛料で味を整えます。

5　インジェラと一緒に盛りつけるか、雑穀にかけていただきます。

アラスカ辺境地域のサワードウ・ホットケーキ

　サワードウは、アメリカ開拓時代の辺境の地において、とても重要かつ伝説的な食べ物でした。開拓者たちがサワードウをとても大事にしたのは、サワードウが栄養に富み、寒さにも強い頼れる食物であり、食料品が手に入りにくい場所でも補充するのがたやすいためでした。サンフランシスコの有名なサワードウは、カリフォルニアのゴールドラッシュの名残です。また、アラスカでは、開拓者たち自身のことを「サワードウ」というくらい、開拓者たちはこの主要な携行食糧をとても大切にしていたのです。「真のアラスカのサワードウ（開拓者）にとって、生きたサワードウの壺を持たずに我慢し続けるより、ライフルを持たずに山の中で1年過ごすほうがマシなのである」

　この言葉はルース・オールマンの手書き版の著作、*"Alaska Sourdough: The Real Stuff by a Real Alaskan"*（アラスカのサワード

ウ：真のアラスカ人によるホンモノ）からの引用です。オールマンは、アラスカでのサワードウの人気にまつわる傑作な話を紹介しています。「どういうわけか、ベーキングパウダーが硝石と同様に性欲を減退させてしまう、という噂が広まった。北のヒーマン（訳注：アメリカで人気の子ども向けアニメに出てくる世界最強の男）は、自分の性的能力を当然のように誇りにしており、それはアラスカに住む混血家族のいくつかが大家族であることに証明されている。アラスカのヒーマンは、自分の性的能力が損なわれる恐れのあることは決してしなかった。昔のアラスカ人は、ベーキングパウダー入りのビスケットパンを普段の食事に取り入れようとはしなかったのである。こうしてサワードウがもてはやされ、人気となった」

　北極圏の寒さは、サワードウにとって過酷な環境でした。オールマンはこう書いています。「気温がマイナス45℃まで急激に下がるときは本当に大変であった。冬に旅する人々の多くは、自分のサワードウの壺をカンバス地の布でくるんでベッドに持ち込み、凍ってしまわないようにした。翌日の食事で必ず使えるようにするためである。気温が急に氷点下に下がる道のりを犬ぞりで進む間、ジャック（夫）はいつも古いプリンス・アルバートのタバコの缶に少しサワードウを入れるのだった。この缶を自分が着ている毛皮のシャツのポケットにしまい込んで、サワードウが凍らないようにするのだ。いつものサワードウの壺を再び活性化させるには、ほんの少しのサワードウさえあれば十分なのである」

　サワードウ・パンケーキには、ベーキングソーダを使って酸味を中和するようオールマンは推奨しています。「サワードウで作っても、強い酸味をもたせる必要は決してなく、新鮮な酵母の味さえすればいい。（中略）ソーダは甘みをつけてくれることを忘れないように」

●

所要時間　8〜12時間（朝パンケーキを作る前日の晩に、生地を作ること）

材料（パンケーキ約16枚分）

- 泡ブクブクのサワードウ・スターター　1と1/4カップ
- ぬるま湯　2と1/2カップ
- 菓子パン用の全粒小麦粉（もしくは白小麦、または両方使う）　3カップ強
- 砂糖（もしくはその他の甘味料）　大さじ2
- 卵　1個
- 植物油　大さじ2
- 海水塩　小さじ1/2
- ベーキングソーダ　小さじ1

作り方

1　大きなボウルに、サワードウ・スターター、ぬるま湯、小麦粉、そして砂糖を合わせ、滑らかに混ざり合うまでよく混ぜます。覆いをかけて暖かい場所に8〜12時間置いて休ませ、発酵させます（スターターも補充しておくこと）。

2　パンケーキを作る準備ができたら、卵を溶いて生地に加え、油と塩も一緒に入れます。全体が滑らかで均等な質感になるまでよく混ぜます。

3　ベーキングソーダを、大さじ1の温かい湯に混ぜ、サワードウミックスにそっと切り混ぜます。

4　鉄製のフライパンかその他の鉄板を温めて、油を塗ります。

5　生地をおたまですくって、好みの大きさのパンケーキにします。表面にたくさん泡が立ってきたら、裏返して反対側を焼きます。少し焦げめがつく程度にしっかり焼きます。

6　出来上がるごとに食卓に出すか、全部焼き上がるまで温かいオーブンに入れておきます。

ヨーグルトとメープルシロップを添えていただきます。

ローズマリーとニンニクとポテトの塩味サワードウ・パンケーキ

　この素晴らしい、とても変わったポテトのパンケーキは、ショートマウンテンの食の魔術師、オーキッドのオリジナルのひとつです。

◉

所要時間　8〜12時間
　　　　　　（もしくはお好みでもっと長く）

材料（直径8センチのパンケーキ約30枚分）
・ジャガイモまたはサツマイモ　2〜3個
　（グレーター〈おろし金の一種〉で削って2と1/2カップになる量）
・サワードウ・スターター　1と1/4カップ
・ぬるま湯　2と1/2カップ
・菓子パン用の全粒小麦粉　1と1/4カップ
・ライ麦粉　1と1/4カップ
・白小麦粉　1/2カップ強
・ローズマリー　大さじ1　砕いておく
・卵　1個
・植物油　大さじ2
・塩　小さじ1/2
・ニンニクみじん切り　大さじ5
　（またはもっと）

作り方

1　イモ類を約15分間、フォークがすっと通るくらいまで茹でます。冷ましてからグレーターで削ります。

2　大きな広口瓶かボウルに、活発に発酵しているサワードウ・スターター、ぬるま湯、**1**のイモ、穀粉、そしてローズマリーを合わせます。よく混ぜて覆いをかけ、8〜12時間休ませて発酵させます。スターターも補充しておきます。

3　パンケーキを作る準備ができたら、泡が立って発酵中のサワードウ生地に、溶き卵、油、塩を加えます。

4　フライパンを温めて油を塗ります。計量カップを使って生地をフライパンに注ぎ入れ、直径8センチの小さなパンケーキを作ります。1枚ずつ上にニンニクのみじん切りをまぶしていきます。表面に泡がたくさん立ってきたら、裏返して反対側を焼きます。少し焦げめがつくくらいにしっかり焼きます。

5　できた順に食卓に出すか、全部焼けるまで温かいオーブンに入れておきます。

6　ヨーグルトやケフィア、またはサワークリームを添えていただきます。

ごまのサワードウ・ライスクラッカー
（煎餅）

　クラッカーを作るのはとても簡単です。サワードウで作ると特においしくなり、手作りの素敵な不揃いさも生まれます。僕のコミューン仲間のひとりは、僕の作ったクラッカーを「自然の力で形づくられたフラクタル（全体像とその細部と同じ形をしている神秘的な図形）」と形容しています。このレシピは、エドワード・エスペ・ブラウンの書いた "The Tassajara Bread Book"（タサハラ禅センターのパンの本）にのっていたレシピを参考にしました。

◉

所要時間　16〜24時間
　　　　　　（もしくはもっと長く）

材料（クラッカー約50枚分）
・冷やご飯　1と1/4カップ
・サワードウ・スターター　1/2カップ強
・水　1/2カップ強
・植物油　大さじ2

- ごま油　大さじ2
- 菓子パン用の全粒小麦粉　1と1/4カップ
- 塩　大さじ1
- ニンニク（砕くか、みじん切り）　4片
- 米粉　1と1/4カップ
- ごま　大さじ3

作り方

1　冷やご飯、サワードウ・スターター、水、分量の植物油とごま油、菓子パン用全粒小麦粉を合わせてスポンジを作ります。とろみのある液状の生地に混ぜてから、8〜12時間寝かせて発酵させます。

2　しっかり泡立ってきたら、塩、ニンニク、米粉を追加します。こねて固めの生地にし、あまりに引っ付くようであれば穀粉を少し足します。長時間こねる必要はありません。この生地をさらに8〜12時間休ませて、発酵させます。

3　オーブンを160℃に予熱します。天板に薄く油を塗ります。穀粉をまぶした台の上で野球ボール大の生地をひとつずつ平にのばして、できるだけ薄くします。のばした生地を手でちぎるか、道具を使ってクラッカーの形に切り、天板にのせていきます。フォークでクラッカーに小さな穴を開け、表面積を増やすとともに、パリッと焼き上がるようにします。

4　クラッカーの表面に薄く油を塗り、ごまをまぶして20〜25分間、クラッカーが乾いてパリッとするまで焼きます。

上記以外のパンとパンケーキのレシピ

　第6章の「ドーサとイドゥリ」、第7章の「ドラウォー・クラ（チベットのタラとそば粉のパンケーキ）」、そして第9章の「サワー・コーン・ブレッド」を参照してください。

第9章 穀物の発酵 その2
―― ポリッジと飲み物 ――

　パンは、穀物製品の中でも非常に洗練された食べ物です。パンを作るのに必要なタイプの発酵は、小麦やライ麦など、限られた種類の穀物でのみうまくいきます。たとえば、からす麦やキビなどの雑穀を主原料にしたパンなどあまり聞いたことがありません。また、穀物をひいて、こねて、オーブンで焼くのには、かなり時間も手間も必要になります。オーブンそのものも比較的発達した技術なので、わずかな蓄えでなんとかやりくりしている（またはやりくりもできていない）人たちには手の届かないものです。僕らの知っているようなパンが全く存在しない文化もありますし、たとえ長いパン作りの歴史をもつ文化であっても、パンはしばしば上流階級の人だけが食べられる物でした。それとは対照的に、発酵は社会階層のすべての人々がいつでも享受できるものです。

　伝統的な穀物の発酵食品には、パンともパンケーキともいい難い物が多数存在します。穀粉と水を合わせてその自然の力に任せるだけで、パンの素になるサワードウができるように、キビと水でも発酵します。キビと水の発酵は、西アフリカで「オギ」と呼ばれるポリッジ（お粥）を作るのに使われています。このオギや日本の甘酒、その他数えきれないほどのポリッジ系発酵食品のように、穀物発酵はドロドロした半固形になることもあります。

　一方、液体の形をとる穀物発酵もあります。ビール（第11章で詳しく触れます）のようなアルコール飲料だけでなく、栄養たっぷりで酸味の強いさまざまな飲み物にもなるのです。僕の住んでいるテネシー州では、以前その土地の住人だったチェロキー族が、「Gv-no-he-nv（ガノヘナ）」という酸っぱいトウモロコシ飲料を飲んでいました。ロシアでは、古くなったパンをもう一度発酵させた〈クワス〉が飲まれます。そしてローフード（食材を加熱せず生で丸ごと食べる食事法）にこだわる人たちは、「リジュベラック」と呼ばれる、発芽穀物をつけた水の発酵栄養ドリンクを愛飲しています。

トウモロコシとニクサタマライゼーション
（トウモロコシのアルカリ処理）

　ヨーロッパ人がやってくるまで、トウモロコシは南北アメリカ両大陸の主要な農産食糧でした。生活の基本はトウモロコシにあり、多くの人にとっては今でも同じです。伝統的なトウモロコシの食べ方は、ヨーロッパ人が適用したやり方とはある重要な違いがあります。それは「nixtamalization（ニクサタマライゼーション）」と呼ばれるアルカリ処理をすることです。この言葉はもともとのアステカ語を英語風に置き換えたものですが、この言葉の真ん中に、「tamale（タマーレ）」という言葉が入っているのがわかると思います。タマーレ（トウモロコシ粉でできたメキシコのちまき風料理）やその他メキシコで食べられているトウモロコシ料理のほとんどには、この処理がなされているのです。「ニクサタマライズ」されたコーンミール（トウモロコシ粉）をメキシコの市場では「マサ」と呼び、コーン粒は「ポソーレ」といいます。この処理をされたトウモロコシは、北米で「ホミニー」として知られています。

　ニクサタマライゼーションのやり方はとても簡単です。トウモロコシを水に浸して、石灰もしくは木灰（アルカリ物質）で茹でてから洗い流します。こうしてアルカリ化させると、トウモロコシの栄養価が大いに高まります。特に有効アミノ酸の比率を変えるため、ニクサタマライズされたトウモロコシは完璧なタンパク質となり、同時にトウモロコシに含まれるナイアシンもより摂取しやすくなります。「ニクサタマライズされたトウモロコシは未処理の物に比べてあまりにも優れているため、メソアメリカ地域文明の繁栄は、この処理を発明した結果なのではないかと考えてみたくなる」と歴史家のソフィー・D・コウは書いています。ヨーロッパ人たちはトウモロコシを持ち帰りましたが、ニクサタマライゼーションは取り入れませんでした。そしてアメリカ大陸外でトウモロコシに依存している文化圏では、ペラグラ（ニコチン酸欠乏による皮膚病）やナイアシン欠乏症、クワシオルコル（タンパク質不足による栄養失調症）にタンパク欠損症などが広い範囲で同じように起こっているのに、ニクサタマライゼーションを施している地域でこれらの疾病は非常にまれです。

　ニクサタマライゼーションそのものは発酵処理ではありませんが、伝統的なトウモロコシの発酵食品の作り方では、まずニクサタマライゼーションがその出発点になるため、簡単にやり方を説明します。

●

所要時間　約12〜24時間

材料（ポソーレ〈ニクサタマライズしたトウモロコシ粒〉5カップ分）

- 生のトウモロコシ粒　2と1/2カップ
- 水
- 木灰　1/2カップ強
  もしくは消石灰大さじ2
  （「水酸化カルシウム」ともいう。缶詰または漬け物業者、農業系の小売店などから購入可能。食品用の製品であることを確認すること。同じ成分でも純度の低い物は建築材として使われます）

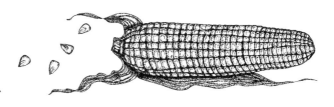

作り方

1️⃣ トウモロコシ粒を12〜24時間水に漬けます。

2️⃣ 水に漬けたトウモロコシ粒をざるにあげて水を切り、圧力鍋またはその他の大きな鍋に移します。

3️⃣ その鍋に水を約10カップ入れ、消石灰を加えるか、もし暖炉や薪ストーブやかまどなどが近くにあるなら、木灰をふるいにかけて加えます。その場合は何の加工もされていないホンモノの木の灰だけを使うようにしましょう。ベニヤ板やパーティクルボードなど接着剤で木片を貼り合わせた物や、防腐薬剤を圧力注入した木材ではありません。また灰をふるいにかけるのも重要なポイントです。大きな塊は後で洗い流しにくくなります。

4️⃣ 混ぜ合わせたものを沸騰させます。圧力鍋で約1時間調理するか、ふつうの鍋で時々混ぜながら、約3時間茹でます。

5️⃣ 茹で上がったかどうかを確認するには、トウモロコシ粒を一粒つまんで指の間でこすり、皮がむけるかどうかやってみます。もしむけたら火からおろします。そうでなければ引き続き茹でます。

6️⃣ トウモロコシを洗い流し、揉んだりこすったりして皮をゆるめてむいていきます。水が透明になるまで洗い流します。

7️⃣ このポソーレ（ニクサタマライズされたトウモロコシ粒）をまるごと使って、いろんな料理を作りましょう。チリ（アメリカの辛いシチュー）やポレンタ（コーンミールをお粥状に煮たイタリア料理）、スープ、シチューなどに最適です。または粒をひいてトルティーヤやタマーレなどの生地にもできますし、以下のレシピ通りに発酵させることも可能です。あるいは第11章で紹介する、トウモロコシを噛んで作るアンデス地方のビール、チチャも作れます。

Gv-No-He-Nv／ガノヘナ
（チェロキー族の酸っぱいコーンドリンク）

チェロキー族は、僕の住むテネシー州の、草木が生い茂る地域に住んでいました。1838年に、オクラホマの居留地に強制移住させられるまでは。実はチェロキー族の多くはヨーロッパ人入植者たちの生活様式を取り入れて、18世紀後半から19世紀初頭まで、アメリカ南東部において非常に発達した白人文化同化社会を築いていました。しかしこうした努力もチェロキーの人々を救うことはできなかったのです。チェロキー族は、当時アメリカ東部に住んでいたほかの民族とともに、「涙の道」を経て西へと強制移住させられました（訳注：「涙の道」とは、1830年のインディアン移住法により、チェロキー族を含む文明化5部族が強制的に西へ移住させられ、1600キロの道のりを歩く中で何千人もの先住民が命を落とした、過酷な旅路を指す）。

僕はこの土地を愛し、土地からもこの上ない愛と育みを与えてもらいながら、この地に先住民がいないことを痛いほど感じていました。この本を書くための調べものをするうち、僕はチェロキー族に伝わる発酵の伝統を知ろうと決心しました。そしてインターネットで、アメリカ南東部にあるキトゥワ国（チェロキーの地の名前）のホームページを見つけ、そこにのっていたレシピのひとつがこのgv-no-he-nv／ガノヘナ（vは英語のbutのuと同じように発音します）です。この濃いミルクのような飲み物は、発酵の1週目あたりは甘いトウモロコシの味にほんのりと酸味がアクセントに感じられます。2〜3週間熟成すると、強烈な、ほとんどチーズのような味がし始めます。ショートマウンテン・サンクチュアリの共同管理人のひとり

であるバフィーは、「ケサディア（コーン・トルティーヤでチーズを挟んだメキシコ風ピザ）を水と一緒にミキサーにかけてピュレ状にしたような味」、と形容しています。といってもチーズは入っておらず、実際にはトウモロコシが変化しただけです。これはいろんな物語や叡智を僕たちに伝えてくれる、とても複雑な古代の味なのです。もしこのガノヘナを飲み物として飲むには味が強烈すぎると思う場合は、ほかの料理にひと味加える素晴らしい調味料として使えます。この後で紹介するコーンブレッドとポレンタのレシピ材料に入れてありますし、そのほかにもチリやシチュー、スープ、キャセロール、パンなどにも最適です。

所要時間 　1週間またはそれ以上

材料（約2リットル分）
- ニクサタマライズしたトウモロコシ粒　2と1/2カップ（131ページ参照）
- 水

作り方

1 　131ページに書いてある通りに、ニクサタマライゼーションを行います。「ニクサタマル」という言葉自体はアステカ語ですが、木灰でトウモロコシを調理する手順はアメリカ大陸全体に広まっており、チェロキー族のほか、多くの北アメリカ先住民部族が実践しています。

2 　ニクサタマライズしたトウモロコシ粒をすり鉢か、フードプロセッサーで砕きます。

3 　砕いたトウモロコシを水2.5リットルで1時間煮ます。途中よくかき混ぜて焦げつかないようにし、トウモロコシの塊がやわらかくなって茹で汁が濃くなるまで煮ます。

4 　発酵させるために、この液体を広口瓶に入れて温かい場所に置き、時々かき混ぜます。初めは甘く、だんだんと酸味が増してきます。僕の見つけたレシピによると、「この飲み物は、暑さが厳しくなければ、かなり長期間保存できます。これは突然訪ねてきた友人をもてなすときに必ず出す飲み物です」。トウモロコシ粒が入ったまま飲んでも構いませんし、漉してもOKです。漉す場合は、残った発酵トウモロコシ粒を以下に紹介するサワー・コーンブレッドやポレンタに入れるか、その他の料理に使います。

サワー・コーンブレッド

　このコーンブレッドレシピは、ガノヘナ（上記参照）とそれを漉してとったトウモロコシ粒を使う、ある意味、歴史を超越して異なる文化を融合させた創作料理です。チェロキー族のトウモロコシの伝統を、そのチェロキー族の土地を奪った白人入植者のトウモロコシの伝統と一体化させた、文化の再生です。南部の主食であるこのパンに、チェロキー族のガノヘナがなんともいえない酸味をきかせているのも、まさにうってつけです。

所要時間 　約40分

材料（フライパンで焼く直径23〜25センチのコーンブレッド1個分）
- コーンミール　1と1/2カップ強
- 菓子パン用全粒小麦粉　1カップ弱
- ベーキングパウダー　小さじ2
- 塩　小さじ1
- 卵　1個
（オプションで。使っても使わなくても可）
- 植物油または溶かしバター　大さじ3
- 蜂蜜　大さじ2
- ガノヘナ（液体のみ）　1カップ弱
- ケフィアまたはバターミルク　1/2カップ強、またはこれは使わずにガノヘナをもっと使う
- ガノヘナから漉しとったトウモロコシ粒　1と1/4カップ

・ワケギ　3〜4本（小口切りにする）

作り方

1　オーブンを220℃に予熱します。鋳鉄のフライパンをオーブンに入れて温めます。

2　コーンミール、小麦粉、ベーキングパウダー、塩をふるいにかけてボウルに入れ、しっかり混ぜ合わせます。

3　別のボウルに卵（使う場合は）を溶き、油かバター、蜂蜜、ガノヘナ、ケフィアかバターミルク（使う場合は）を加えます。この液体ベースの材料すべてを混ぜて、よくなじませます。

4　3の液状の材料を、2の粉状の材料に加えて、とろみのある生地を作ります。漉しとったトウモロコシ粒とワケギを入れて、全体をよく混ぜあわせます。

5　熱したフライパンをオーブンから取り出し、油かバターを塗り、生地をフライパンに流し込んで、オーブンに戻します。

6　25〜30分間焼きます。焼け具合を確認するには、フォークを中心部分に刺して、生地がついてこなければ、コーンブレッドの出来上がりです。

多文化ポレンタ

　このレシピは、イタリアの濃厚なコーン・プディングをアレンジしたもので、中央アメリカの伝統であるニクサタマライズしたポソーレ、チェロキー族のガノヘナ、コーカサス地方のケフィア、そしてイタリアの熟成パルメザンチーズを一体化させています。

●

所要時間　1時間半

材料（6〜8人分）

・ニクサタマライズした全粒ポソーレ
　1と1/4カップ（131ページ参照）
・ガノヘナから漉しとったトウモロコシ粒
　1と1/4カップ（133ページ参照）
・ポレンタ（乾燥粗挽きトウモロコシ粉）
　1と1/4カップ
・ガノヘナ（液体のみ）　1と1/4カップ
　（133ページ参照）
・白ワイン　1/2カップ強
・塩　小さじ1〜2
・ニンニク　6〜8片
　（皮をむいて粗みじんにする）
・ケフィアまたはヨーグルト　1と1/4カップ
　（第7章参照）
・リコッタチーズ　1と1/4カップ
・パルメザンチーズ　1/4カップ強
・トマトソース　4〜5カップ
　（ハーブ、ワイン、ニンニクで作った自家製ソースがベスト）

作り方

1　水2と1/2カップを沸騰させます。

2　ニクサタマライズした全粒トウモロコシ粒（ポソーレ）を加えます（ニクサタマライズしてから少し時間が経っていて、トウモロコシ粒を浸けている水が泡立ち始めていたら、なお好都合です）。

3　トウモロコシ粒を約15分間煮た後、発酵したガノヘナから漉しとったトウモロコシ粒を加えます。火を弱めてよくかき混ぜながら、もう一度沸騰させます。

4　ポレンタを、まだ温めていないガノヘナの液体と白ワインに混ぜてペースト状にしてから、沸騰している鍋に加え入れます。塩を入れて全体をよくかき混ぜ続け、しっかりとろみが出るまで10〜15分間煮ます。その間に、オーブン

を175℃に予熱しておきます。

5 火を止めて、鍋にニンニク、ケフィアかヨーグルト、リコッタチーズ、そして分量の半分のパルメザンチーズを混ぜ入れます。

6 焼き型（約24×40センチ）にポレンタを流し入れ、トマトソースを上にかけて、残りのパルメザンチーズをまぶします。

7 20〜30分焼いてからいただきます。

トウモロコシの遺伝子組み換え

　アメリカ大陸文明の発展に欠かせない存在だったこの太古の穀物は、近年では遺伝子組み換え操作対象の主要農産品のひとつになっています。トウモロコシは化学農薬（モンサント社の「ラウンドアップ」と呼ばれる除草剤）に耐えられるよう、遺伝子工学によって操作されています。おかげでトウモロコシ生産者の農薬散布は簡単になり、「ラウンドアップ対策万全」のトウモロコシを枯らすことなく雑草を駆除できるのです。ほかにもたくさんの主要農産物が、利益追求型のグローバル企業によって遺伝子的に操作されています。顕著な例は大豆です。遺伝子組み換え小麦もまもなく市場に出回ります。そして遺伝子を組み換えられた植物の種子は、これまで農民が自分たちで担ってきた役割にも企業を割り込ませてしまいました。その役割とは、植物のライフサイクルのひとつとして自然にできる種子を、次にまた育てるべく取っておくことです。企業はこの部分に介入することで、農民の企業に対する依存を確実なものとし、グローバル企業による支配と文化の同質化をさらに加速する、新しい道を切り開いたのです。

　遺伝子工学は、品種改良をさらに洗練させたにすぎない、と遺伝子工学者は主張します。しかしながら品種改良とは、もともと自然が生みだした望ましい特性を、世代を越えてずっと残していこうとするものです。これに対し遺伝子工学は、まるっきり異なる種の遺伝子を介在させて、どういう結果を生むのか予想もつかないような全く新しい物を作りだすのです。

　トウモロコシそのものは、その祖先である野生種の穀物「テオシンタ」から、何世代にもわたって品種改良されてきた作物です。そして今、「遺伝子汚染」の危機により、古代から受け継がれてきたさまざまな原生トウモロコシの種の保存が脅かされています。古代からの在来種は、トウモロコシ品種多様性という点で世界的中心地である、メキシコのある地域に育ちます。その土地に帰化し、種子を受け継いできたトウモロコシが、遺伝子を組み換えられたトウモロコシのDNAによって汚染されているのです。このことによって起こり得る影響は甚大です。ニューヨーク・タイムズはこう報告しています。「外来種の遺伝子が非常に優勢な場合、その優勢遺伝子をもつ植物がその地域を

占領し始める可能性がある。そうなった場合、外来種の遺伝子をもたない多様な植物は、減少したり消滅したりして、遺伝子の多様性が失われていく」。何千年もの進化の歴史である多様性が、研究室で生みだされた特許付き生命体の犠牲になっているのです。それでも、遺伝子工学者や農業科学系の巨大産業、そして政府の規制当局は、野心的な生物工学の幻想を追いかけています。ヴァンダナ・シヴァは自著『食糧テロリズム』にこう書いています。「今我々が目の当たりにしているのは食の全体主義の台頭なのだ。ひと握りの企業が食物連鎖全体を乗っ取り、他の選択肢を全て排除することで、生態系のバランスが生みだす安全で多様な食糧の入手を不可能にしているのである」

　遺伝子の汚染源が何なのかはわかっていません。メキシコでは、遺伝子組み換えトウモロコシを植えることすら認められていません。しかし食糧としては、アメリカから輸入されています。そして操作された遺伝子がひとたび世間に出まわり始めると、もはやコントロールもできなければ、回収することもできません。数年前、アメリカで遺伝子操作された「スターリンク」トウモロコシが動物の飼料としてのみ認可されました。それなのにコーンチップに加工されてしまい、大規模な製品リコールとなりました。また、僕が種を注文した、あるカタログにはこう書いてあります。「Fedco社は遺伝子組み換えされた種をそれと承知の上では扱っておりません」。そして次の免責事項が続きます。「〈承知の上では〉という言葉にご留意ください。遺伝子汚染の問題は我々の管理の及ばない領域であり、そのため我々の誓約を完全保証にできかねるのはやむを得ません。（中略）法律的に細かい定義で申し訳ありませんが、我々は皆この〈遺伝的浮動〉（特定遺伝子が偶然に集団に広まる現象）の現実を共有しているのです」

　現実を見つめましょう。情報を集めましょう。そしてもっと関わりましょう。自分の健康のためだけでなく、未来の生物多様性を守るためです。国際環境ＮＧＯのグリーンピースは、ホームページを設けて特定の製品や銘柄に使われている遺伝子操作食材情報のほか、行動を起こすための関連リンクなどを公開しています。その他のグループでしっかりした情報や、行動するためのリソースをまとめている団体には、Genetically Engineered Food Alert（遺伝子組み換え食品への警鐘連合）や、Organic Consumers Association（米国オーガニック消費者協会）などがあります。

ポリッジ（お粥）

　消化器官を優しく眠りから覚まして、一日を開始する活力を体に与えてくれるのに、ポリッジほど適した食べ物はありません。いろんな形態のポリッジが存在しますが、どれも究極の朝食です。僕のみそ作りの師匠であるトンデモふくろう先生は、自分の作るポリッジを、中国の伝統である「コンジー（粥）」と呼びます。夜のうちに全粒穀物を

ステンレス製の魔法瓶に入れて（体を癒すいろんなハーブも一緒に）、沸騰した湯を上から注ぎ、そのまま密閉状態にして、一晩かけて湯を浸透させて作ります。このコンジーは、体を深いところから回復させてくれます。また、コミューン仲間のバフィーがこのところ「朝ご飯ポリッジ」にはまり、おかげで僕はありがたくそのドロドロ趣味の恩恵にあずかっています。ほとんど毎朝というもの、バフィーが小型の穀物ミルをバリバリやっている音が聞こえてきます。全粒穀物を粗挽きして、朝食の準備をしているのです。まずいろんな穀物を交ぜて粗挽きしてから、鋳鉄のフライパンでから煎りして、水で調理します。穀物と水の割合は１対５です。20分くらい煮ると、クリーミーでおいしくなります。

発酵は、こういった穀物ポリッジに新たな側面を加えてくれます。12〜24時間水に浸けると、味わいはそのままで、より消化しやすくクリーミーになるのです。発酵賛成派の料理本 *"Nourishing Traditions"*（滋養の伝統）の著者、サリー・ファロンは、穀物を水に浸けて消化しやすくすることを強く推奨しています。「我々の祖先と同じように全粒穀物を食べて、精製された穀粉や白米を避けるべきだと多くの栄養学者が善意のつもりでアドバイスしているが、これはしばしば誤解を与えるとともに、結果的に害になることが多い。我々の祖先は確かに全粒穀物を食べてはいたものの、現代の料理本にあるような、短時間で発酵膨張させるパン、グラノーラ、その他急いで作り上げるキャセロールやごった煮のような形では消費していない。我々の祖先、特に産業革命前のほぼすべての人々は、穀物をまず水に浸けるか発酵させてから、ポリッジやパン、ケーキ、キャセロールなどにしていたのだ」。

サリーの主張は、ポール・ピッチフォードの *"Healing with Whole Foods"*（まるごとの食べ物による癒し）で、次のように科学的に立証されています。ほとんどの穀物の表皮にはフィチン酸という化合物が含まれており、これが消化の過程でミネラル成分の吸収を妨げます。しかし調理前に穀物を水に浸して発酵させると、フィチン酸が中和されて、穀物をはるかに栄養価の高い食品にするのです。寒いときは24時間、暑いときは８〜12時間程度水に浸けておけば十分で、しかも味に影響は与えません。

とはいえ、味に影響させたい場合もあります。皆が皆、マイルドで個性のない味を好むわけではなく、強烈な酸味を欲しがる人もいるのです。穀物は、長く発酵するほどに酸味が増していきます。それはあらゆる場所に存在して乳酸を生成する、ラクトバチルス菌のおかげなのです。

キビ

オギ（アフリカのキビのポリッジ）

　ぽってりと厚ぼったく、デンプン質をたっぷり含むポリッジは、アフリカの主食です。アフリカでは、女性たちがいろんな穀物やキャッサバをついて砕いている光景をあちこちで見かけたり、その音が聞こえてきたりします。そうしてできたポリッジを中心にして、ほとんどの食事の献立が組まれます。国連食糧農業機関（FAO）によると、「穀類は、アフリカ諸国の総カロリー消費量の77％を占め、食事性タンパク質（体の外部から食べ物を通じて摂取されるタンパク質）の摂取にもかなり貢献している。（中略）アフリカで消費されている伝統的な穀物ベースの食べ物の大多数は、自然発酵されている。発酵した穀物は、乳児の離乳食から大人の日々の主食まで、特に重要な食糧である」
　キビで作られたポリッジは、西アフリカのいくつかの地域で「オギ」、東アフリカでは「ウジ」と呼ばれています。アフリカのポリッジは通常固めで、指でつまんで食べられるほどの固さにして食卓に出します。そして、よくソースたっぷりのシチューを添えます。僕はオギをアレンジして、素早く栄養をたっぷりとる朝ご飯にしました。塩風味が好きなので、バター、ニンニク、ケフィアや塩、コショウなどを入れて食べています。

●

所要時間　1日から1週間以上まで、かなり柔軟性あり

材料（約8人分）
・キビ　2と1/2カップ
・水
・海水塩

作り方

1　穀物ミルまたはその他の道具を使って、キビを粗く挽きます。

2　挽いたキビを約5カップの水に浸けます。浸けておく時間は、だいたい24時間から1週間まで自由に調節可能で、日が経つごとに酸味が増していきます。僕は1回分をたくさん浸けておいて、発酵を進行させながら毎回少しずつ調理し、1週間くらいもたせます。

3　ポリッジを作る準備ができたら、まず水を、1人当たり約1/2カップ強沸かして、塩をひとつまみ入れます。

4　発酵したキビのミックスをよくかき混ぜて、水とキビの混ざり具合が全体的に均等になるようにします。そのミックスを1人当たり約3/4カップ強をとり、沸騰している水に加えます。弱火にして焦げつかないようにかき混ぜ続けて、数分間、ポリッジが煮えて固まってくるまで温めます。必要であれば水を追加して、好みの固さにします。このポリッジは、お好みで固くしてもゆるくしてもかまいません。

カラス麦（オーツ）のポリッジ

　オートミール（または移民してきた曾祖母の言い方を真似ていた僕の父風に言うと「オイトミール」）は、懐かしい癒し系食べ物の典型です。やわらかくてドロドロしていて、ずっと昔子どもだったころを思い出させてくれます。あのころは食べる物すべてがそんな状態で、それを愛情と一緒にスプーンで食べさせてもらっていました。エリザベス・マイヤー゠レンシュハウゼンが文化人類学の学術誌 "*Food and Foodways*"（食と食文化）に書いた論文によると、近代ヨーロッパ時代の初頭、ポリッジは通常発酵させて、「酸っぱいスープ」として食べられていたそうです。からす麦を発酵させてから調理すると、栄養価が上がり消化もしやすくなるのに加えて、出来上がったオートミールは通常よりずっとクリーミーになります。

最も新鮮で一番栄養価の高いオートミールを作るには、全粒からす麦を使う直前に自分で粗挽きすることです。しかし押しからす麦や、スチールカットのからす麦（鉄刃でカットされているもの）などを使ってもうまくできます。

●

所要時間　24時間

材料（3〜4人分）
- 全粒からす麦（または粗挽き、スチールカット、または押し潰してある物）1と1/4カップ
- 水　6と1/4カップ
- 海水塩

作り方

1　全粒からす麦を粗く挽きます（または押しからす麦やスチールカットのからす麦の分量を量り取ります）。

2　水2と1/2カップを入れたボウルまたは広口瓶に、からす麦を24時間（もっと長くてもOK）浸けおきます。覆いをかけてホコリやハエが来ないようにします。からす麦は、この水をほとんど吸収してしまいます。

3　オートミールを煮る準備ができたら、水を3と3/4カップ用意して、塩をひとつまみ入れて沸騰させます。火を弱めて、水に浸けておいたからす麦を残っている水ごと加えます。よく混ぜながら、からす麦が温まって、水分を全部吸収するまで約10分間調理します。ドロドロして粘りけもあるオートミールは焦げつきやすいため、かき混ぜ続けましょう。

4　盛りつけます。オートミールを食べるときの好みが甘み系でも塩味系でも、この発酵バージョンのクリーミーさを、きっと気に入ってもらえると思います。

甘酒

　甘酒は、甘くて濃厚な日本のプディングともいえるやわらかい食べ物、あるいは飲み物として楽しまれている物で、僕がこれまでに見てきた中でも最高にドラマチックな発酵を起こす物のひとつです。ただの白米（もしくはその他どの穀物でも）が、カビ菌の働きでほんの数時間のうちに強烈に甘くなるのです。砂糖やその他の甘味料を一切加えない穀物が、ここまで甘くなるものなのかと驚愕しました。複雑な炭水化物を単純な糖分に素早く分解するのは、アスペルギルス・オリゼー（ニホンコウジカビ）で、これはみそを作るのと同じカビ菌です。

　アスペルギルスは、その胞子を植え付けた穀物であるコウジ（糀）という形で、一番簡単に入手できるようになっています。

　伝統的な甘酒はもち米から作ります。もち米は英語でsweet rice（甘い米）という種類の米ですが、実際に甘いわけではなく、グルテンの含有量が高いため、調理すると粘りが出ます。とはいえ、どの穀物でも甘酒を作ることができます。僕はキビから作った甘酒が特にお気に入りです。

●

所要時間　24時間未満

用意するもの
- 4リットルの広口瓶
- 広口瓶が入る大きさのクーラーボックス

材料（4リットル分）
- もち米（もしくはその他の穀物）2と1/2カップ
- 糀　2と1/2カップ
- 水

作り方

1　穀物を水約7と1/2カップ（1.5リットル）で炊きます。圧力鍋があればそれを使いましょ

う。水の比率が高いため（3対1）、通常より幾分やわらかく炊き上がります。

2 その間に、クーラーボックスと広口瓶の両方に湯を入れて予熱しておきます。

3 穀物が炊けたら、火からおろして蓋を取り、少し冷まします。底から混ぜ返して、熱を発散させましょう。ただしあまり冷ましすぎないように気をつけます。糀は60℃の熱まで耐えられます。この温度まで冷ますか、温度計がない場合は、自分の指を入れてしばらくそのままの状態にしておけるけれどもまだまだ熱い、というくらいにします。

4 炊いた穀物に糀を加えて、よく混ぜます。

5 4を、予熱しておいた4リットルの広口瓶に移しかえます。それから蓋を閉めて、予熱しておいたクーラーボックスに入れます。もしクーラーボックスが瓶よりもかなり大きい場合は、空いたスペースに湯を入れた追加の瓶（触れないほど熱くないもの）をいくつか入れて、温度を保ちます。クーラーボックスを閉じて、温かい場所に置きます。

6 8〜12時間後に甘酒をチェックします。60℃だと8〜12時間、32℃だと20〜24時間で甘酒ができます。十分甘くなっていたら出来上がりです。甘くなければ、熱すぎない熱でさらに温めます。クーラーボックスが大きくて、前のステップで湯の入った瓶を追加した場合は、新たに湯を入れた瓶を前の瓶と入れ替えます。クーラーボックスが小さい場合は、直接湯を入れて、甘酒の入った広口瓶の周りに湯が行き渡るようにします。そしてさらに数時間発酵させます。

7 甘酒が甘くなったら、火にかけてゆっくりと温め、沸騰させて発酵を止めます。甘くなった後も甘酒を発酵させ続けると、アルコール度の高い液体になります（これは米からできるアルコール度の強い日本の醸造酒、清酒を造るときの第1ステップです）。甘酒を沸騰させる（加熱殺菌する）とき、焦がしてしまわないように気をつけましょう。僕がこの処理を行うときは、まず水を約2と1/2カップ沸騰させてから、ゆっくりと甘酒を加えてかき混ぜ続け、底が焦げつかないようにします。

8 少し固めで、穀物の形がまだ残っているこの段階のまま、甘酒をプディングとして食べてもかまいません。または、もっと水を入れて薄めて、フードプロセッサーにかけて穀物の残りを崩して液状にします。甘酒は熱くしても冷たくしてもおいしくいただくことができます。

9 そのままの味の甘酒には、非常に独特な甘さがありますが、スパイスで風味づけすることもできます。少しナツメグ（と多分ラム酒も）を入れて味わいを加えた甘酒は、エッグノッグ（西洋風卵酒）の代わりに最適です。そのほかにもバニラエッセンスやショウガのすりおろし、ローストアーモンドを縦割りにしたものやエスプレッソなどは、僕がこれまで甘酒に加えてみておいしかったフレーバーです。また、甘酒は、パンやケーキ作りなどの甘味料としても使えます。

出来上がった甘酒は、冷蔵庫に入れて数週間保存できます。

甘酒とココナッツミルクのプディング

これは甘酒を使ったおいしいプディングです。甘みは甘酒とココナッツミルクによるもので、他の甘味料は一切使いません。

●

所要時間 3時間

材料（6〜8人分）

- ココナッツミルク　1缶（400ミリリットル）
- ライスミルク（または牛乳や豆乳）
  2と1/2カップ
- くず粉　大さじ2
- カルダモンパウダー　小さじ1
- 甘酒　1リットル
- 乾燥ココナッツロング　1と1/4カップ
- バニラエッセンス　小さじ1

作り方

1　ココナッツミルクと、分量の半分のライスミルクを鍋に入れて温め、沸騰させます。

2　残りのライスミルクに、くず粉とカルダモンパウダーを入れてかき混ぜます。くず粉が完全に溶けたら、火にかけている鍋に加え入れます。

3　混ぜた液体が沸騰したら、甘酒を加えます。火を弱めて頻繁にかき混ぜ、このプディングが沸騰し、とろみがでてくるまで約10分加熱します。

4　その間に、鋳鉄のフライパンでココナッツロングをから煎りして焦がします。弱火でかき混ぜ続け、ココナッツが茶色になるまで続けます。

5　バニラエッセンスと、から煎りしたココナッツの半量をプディングに加えて、混ぜ込みます。

6　プディングを約10分沸騰させて火からおろし、ボウルか、パイ型か、パウンドケーキ型に流し入れます。

7　から煎りしたココナッツの残りを、プディングの上にまぶします。室温で固まらせ、冷蔵庫で冷やしてからいただきます。

クワス

　クワスは、偉大なリサイクルの産物です。古くなったパンを再発酵させて作ります。トルストイのアンナ・カレーニナは、宮殿で上等なワインを飲みましたが、アンナが自分の所有地の畑を見渡したとき、農民たちが飲んでいたのはクワスでした。現在も、クワスはロシアの農村部だけでなく市街地でもよく飲まれ、ニューヨークのロシア人街でも見かけます。

　クワスは栄養たっぷりで元気も出ます。ここで紹介するレシピはわりと酸味のあるクワスですが、きっと甘味料がほとんど手に入らないロシアの片田舎で、農民が昔から飲んでいたのではないかと思います。ほんのりとアルコールが感じられ、健康的なラクトバチルス菌もいっぱいで、とろみがあって、ミルクっぽく、何となく粘けもあります。僕はおいしいと思うのですが、あまりの酸っぱさにたじろぐ人もいます。ブルックリン近くのブライトン・ビーチで見つけた瓶詰めのクワスは、もっと甘くて炭酸もきつく、糖蜜味のソーダ水のようでした。

●

所要時間　3〜5日間

材料（2リットル分）

- 古くなったパン　750グラム
  （昔ながらの製法では、粗挽きの全粒ライ麦か大麦〈もしくは両方〉でできた、ロシアのずっしりした黒パンですが、どのパンでも大丈夫ですし、古いパンである必要もありません）
- ドライミント（砕く）　大さじ3
- レモンの搾り汁　1個分
- 砂糖か蜂蜜　1/4カップ強
- 海水塩　小さじ1/4
- サワードウ（または酵母1袋）　1/4カップ強
- レーズン　数個

作り方

1 パンを角切りにし、150℃に予熱しておいたオーブンで約20分焼いて乾かします。

2 焼いた角切りパンを、甕か4リットル分の広口瓶に入れ、ミント、レモンの搾り汁と沸騰した湯3リットルを加えます。よく混ぜて、蓋をして、8時間（またはもっと長く）おきます。

3 全体を漉して、できるだけ液体を搾りとります。ふやけたパンにはいくらか水が残るので、初めより水の量は減っているはずです。

4 漉しとった水に、砂糖か蜂蜜、塩、サワードウか酵母を加えます。よく混ぜて蓋をして、2～3日発酵させます。

5 クワスを1リットル瓶に移していきます。1瓶当たり4分の3まで入れます。それぞれの瓶に2～3個ずつレーズンを入れて密閉します。瓶を室温で1～2日おいて、レーズンが浮いてきたら出来上がりです。冷蔵庫で2～3週間保存できます。

アクローシュカ（クワスベースのスープ）

　これはさっぱりとしたロシアの夏のスープで、冷やして食べます。クワスだけでなく、ピクルスやザワークラウトの漬け汁も使い、加熱調理をしないので、菌が生きているスープなのです！　このレシピは、レスリー・チェンバレンの"*The Food and Cooking of Russia*"（ロシアの食べ物と料理法）にのっていたレシピを応用しました。

●

所要時間　2時間

材料（4～6人分）
・ジャガイモ　2個
・ニンジン　1本
・カブ　1個
・マッシュルーム　250グラム
・卵（オプションで）　3個
・ワケギ　4本
・リンゴ　1個
・キュウリ　1本
・クワス　1リットル
・ピクルスかザワークラウトの漬け汁　1/2カップ強
・マスタード粉　小さじ2
・生または乾燥のディル　大さじ1
・生パセリ　大さじ1
・塩、コショウ　少々

作り方

1 ジャガイモ、ニンジン、カブ、マッシュルーム、その他お好みで季節の野菜を、スプーンですくえる大きさに切ります。10分間蒸すか茹でるかして、やわらかくします。

2 卵を入れる場合は、別の鍋で約10分間固ゆでにします。

3 ワケギ、リンゴ、キュウリをスプーンですくえるサイズに切ります。

4 クワスと、ピクルスかザワークラウトの漬け汁、マスタード、ディル、パセリ、そして**1**の野菜と**3**を混ぜ合わせます。よく混ぜて、少なくとも1時間冷蔵しておきます。

5 ゆで卵の殻をむき、適当に切ります。

6 盛りつけるときに、卵、塩、コショウをスープに加えます。スープボウルに盛りつけ、氷をひとかけら入れて、ケフィア、ヨーグルトまたはサワークリームを添えていただきます。

リジュベラック

　ＩＤＡに住んでいる友人のマット・ディファ

イラーのおかげで、僕はリジュベラックが好きになりました。リジュベラックは、栄養とエネルギーを補給してくれるさっぱりした発酵栄養ドリンクで、穀物を発芽させる過程でできる副産物です。マットはカンジダ感染症のため、必要に迫られて発酵マニア仲間になりました。カンジダ菌という酵母菌は常に人間の体に存在するのですが、異常増殖することがあります。そんなとき、体の微生物バランスを取り戻すのに、生きた発酵食品が役立つのです。リジュベラックは、ローフードの神様であるアン・ウィグモアのおかげで一躍有名になりました。

所要時間 3日間

材料（リジュベラック約2リットル分）
・全粒穀物の何でも　1リットル
・水

作り方

1 123ページの通りに、穀物を4リットル瓶で発芽させます。

2 2日後穀物が発芽したら、最後に一度穀物を洗い流して、瓶をまた水でいっぱいにします。

3 ハエやホコリがこないようにゆるく蓋をします。約2日間、室温でリジュベラックを瓶のまま発酵させます。

4 2日経ったら、リジュベラックの出来上がりです。発芽した穀物から液体を取り出し、そのままできたてを飲むか、冷蔵庫で保存します。

5 同じ発芽穀物から、2回目のリジュベラックをとることも可能です。単純に、発芽穀物の入った瓶に新鮮な水をいっぱいに入れ、発酵させるだけです。2回目は24時間だけ発酵させます。人によっては、同じやり方で同じ発芽穀物を使って3回目をとる人もいますが、3回目につけたリジュベラックは、僕にはどうも変な味がしました。自分で試してみてください。使った発芽穀物は、コンポストの餌にします。

コンブチャ（紅茶キノコ）

コンブチャ（訳注：昆布茶ではない。日本では「紅茶キノコ」ともいう）は、実は穀物発酵ではないので、本来この章には場違いなのですが、僕が組み立てたほかのどの章にもしっくり合わないのです。コンブチャは、リジュベラックやクワスのような酸味のある栄養ドリンクで、長く愛飲されている地域では「紅茶クワス」とも呼ばれます。甘くした紅茶を、「マザー（菌株）」で培養します。この菌株は別名「紅茶の化け物」とも呼ばれ、細菌と酵母菌の群生であるゼラチン状の塊です。この菌株は、甘い紅茶を発酵させ、ケフィア・グレインのようにどんどん大きくなっていきます。

コンブチャの起源は中国だと考えられていますが、これまでいろいろな場所で、それぞれ異なる時期に人気を博してきました。この飲み物は、菌が生きているその他の発酵食品と同じく、健康に効果があります。アメリカでは、1990

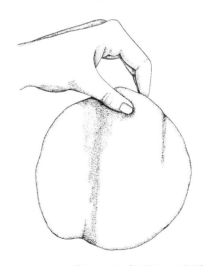

コンブチャ・マザー（紅茶キノコの菌株）

年代中ごろの数年間、一大健康ブームが起こりました。慢性疾患を抱える人にとって、治る可能性のある物は何でも魅力的です。友人で同じくエイズを生き延びた仲間のスプリーは、コンブチャブームにはまりました。そしてまもなく、どうしていいかわからないほどコンブチャの菌株を持つ羽目になり、周りの皆に勧め回ったのです。そうして勧められた人々のほぼ全員が、その甘酸っぱい味を気に入りました。さらに、もらった菌株を使って、皆次々と別の甘い飲み物を斬新に発酵させるようになりました。共通の友人であるブレット・ラブは、自分の大好きなジュース、マウンテン・デューでコンブチャを作ったほどです。発酵食作りは、非常に柔軟なのです。

　コンブチャ作りで一番難しいのは、菌株を手に入れることです。近くの健康食品の店で聞いてみましょう。インターネットでは、コンブチャ愛好家による世界規模のコンブチャ交換サイト（www.kombu.de）があり、輸送費だけで菌株を簡単に手に入れることができます（訳注：日本でも「コンブチャ」もしくは「紅茶キノコ」の呼び名で、菌株を持っている人は存在するようです）。

所要時間　約7～10日間

材料（1リットル分）

- 水　1リットル
- 砂糖　大さじ4
- 紅茶の葉　大さじ1、もしくはティーバッグ2つ
- 熟成した酸味のあるコンブチャ（紅茶キノコ）　1/2カップ強
- コンブチャ・マザー（紅茶キノコの菌株）

作り方

1　小さな鍋に水と砂糖を混ぜて、沸騰させます。

2　火を止めて、紅茶の葉を入れて蓋をし、15分間抽出します。

3　茶葉を漉して、抽出した液をガラス容器に入れます。開口部が広めの容器がベストです。コンブチャの発酵には十分な表面積が必要で、容器の直径が液体の深さよりも大きいほうがうまくいきます。抽出した紅茶を人肌に冷まします。

4　酸味の強い熟成コンブチャを加えます。菌株を入手したとき、株菌が入っていた液体です。これ以後コンブチャを作るときは、作ったコンブチャを一部保存しておいて、同じように使っていきます。

5　コンブチャの菌株の、手触りが固めで向こう側が見えないほうを上に向けて、液体に入れます。

6　布で覆いをし、温かい場所に置きます。21～29℃が理想的です。

7　そのときの気温により幅はありますが、数日～1週間後、コンブチャの表面に膜が張っているのがわかると思います。その液体を飲んでみましょう。まだ甘みがあると思います。長くおけばおくほど、酸味が強くなります。

8　自分好みの酸っぱさになったら、十分熟成したコンブチャを冷蔵庫に入れて、またもうひと瓶分作り始めます。これで菌株はふたつになりました。作るときに使った最初の菌株と、できたコンブチャの表面に張った膜です。次のひと瓶を作るときには、新しい菌株と古い菌株のどちらを使っても構いません。使わないほうは友人にあげましょう（もしくはコンポストに）。作るたびに新しい菌株が生成され、古い菌株は厚みを増していきます。

第10章
非穀物系アルコール発酵
—— ワイン、ミード、シードル ——

　アルコールは、世界で最も古く、最も世界的に広まり、最もよく知られている発酵の産物です。発酵アルコール飲料は、おそらくほぼ普遍的といってよい飲み物だと思うのですが、これに関しては多少混乱があります。20世紀に入って、「文明化されていない」民族は発酵飲料を持たない、という考えを多くの民俗学者が広めました。しかしこれは全く真実ではありません。

　アメリカ先住民は、ヨーロッパからの征服者たちがやってくるまでアルコール飲料を知らなかった、といまだに広く信じられています。しかし部族の違いや地域差による作り方の違いはあれど、アメリカ先住民の多くは間違いなく発酵アルコール飲料を堪能していました。ヨーロッパ人が来るまで先住民が飲んだことのなかったアルコールは、蒸留酒です。発酵させただけのアルコールの何倍も強力で、危険な飲み物です。

　この歴史的事実は、入植してきた侵略者たちが先住民の伝統的な発酵飲料を禁じる規則をあちこちで課したことにより、さらにわかりにくくなってしまいました。先住民の文化を根こそぎ抹殺したり、強制移住させたりしたのに加え、こんな偽善的な法律を作ったせいで、先住民の伝統的な慣習の数々が、そのひとつである発酵食作りも含めて失われ、忘れ去られてしまったのです。それでも昔ながらの発酵アルコール飲料作りの伝統が世界には十分残っていることを考えると、仮にこうした伝統が普遍的ではなかったとしても、広く普及していたことがうかがえます。

　発酵アルコール飲料を作るときも飲むときも、伝統的な文化の中では通常地域の皆でその経験を分かちあい、儀式としてとり行っていました。やかましく騒ぎ立てる儀式をする文化もありました。「興奮した状態、それが時には怒りであっても、その強烈なエネルギーが、酵母を活性化させるのに効果的」だと考えたのです。また別の文化では、発酵には安らぎと静けさが必要で、音や動きで驚かしたりおびえさせたりしないように、発酵を厳かに扱いました。どちらの場合も、その背景にあるのは、発酵が儀式を伴う神聖なものだった、ということです。そして自分でワインやビール、ミード（蜂蜜酒）や

シードル（リンゴ酒）を作るのは、そんなアルコール発酵の儀式の神聖さを、自分のものとして取り戻す確かな方法なのです。

　僕が初めてワインやビールの発酵に挑戦したとき、やり方は本で学びました。しかしほとんどの本が複雑なやり方をやたらと細かく書いているのにうんざりしてしまいました。それに僕が特に嫌だったのは、薬品を使った殺菌消毒をことさらに強調する点です。果実の皮に存在する天然の酵母を殺して、絶対にうまくいくことがわかっている市販の特定酵母株の邪魔をさせないやり方がほとんどなのです。天然発酵に思い入れのある僕は、そんなやり方にすっかり気分を害されてしまいました。

　簡単に、素早く、かつおいしくアルコール発酵させるのが可能であることはわかっています。昔アフリカを旅したとき、その地域に伝わる自家醸造のいろんな発酵アルコール飲料をたくさん飲んでみましたから（僕が発酵にこんなにも興味をもち始めるずっと前のことです）。僕らが訪ねた田舎の村々のほとんどが、なにかしら発酵飲料を出してくれました。中にはパームワイン、キャッサバやキビのビールなどもありました。こうしてその土地で作られた発酵飲料は、ボトルから注がれたり、長期間保存されたりすることは決してありませんでした。若いまま（熟成させずに）飲み、ひょうたんなどの大きな発酵容器から直接注がれたのです。

　僕がアフリカで味わったような、その土地に昔から伝わるローテクの発酵と、国へ帰ってから見つけたワイン作りやビール作りに関するいろんな情報との間には、なぜこんなにも大きなギャップがあるのでしょうか？　それは、ヨーロッパのワインやビール作りの伝統が、ただ作ることから、細かい手直しを加えてさらに発酵物を洗練させる伝統へと進化したからです。自然に存在する微生物の混じらない、純粋な酵母の菌株や、残留酵母による濁りのない、清澄度の高い製品、そして長期熟成させるためのボトル詰め、といったことに重きをおくようになったのです。こういったやり方が、崇高かつ素晴らしい製品をもたらしてくれることに異論はありません。ただ、僕自身のアフリカ旅行の経験から、もっと誰にでもできる方法があることもわかっているのです。

　以下に紹介するレシピは、まるっきりローテクな天然発酵と、より一般的なやり方の両方をのせています。この章で紹介していくのはワインですが、非穀物系の発酵飲料をすべて含む、というゆるい定義にしています（穀物ベースのビールは第11章のテーマになります）。僕自身の使うアルコール発酵法はこの上なく単純です。専門家には鼻で笑われるかもしれません。そこで僕の原始的手法を補うべく、僕の友人たちのやり方も紹介しています。やり方やその裏にある考え方はそれぞれ違いますが、どれを使ってもおいしい発酵飲料ができます。では早速本題に入って、いろいろ実験して、自分に一番合う方法を見つけましょう。

フーチ（密造酒）

　アルコール発酵に特別な道具も材料もほとんど必要ないことをお見せするために、まずは俗語でフーチと呼ばれる密造酒から始めます。これはロン・キャンベルのレシピで、ロンはイリノイ州刑務所収監18年間の、酒造りのベテランです。服役中、監獄で次から次へとワインを作ったため、親しみを込めて〈バートルズ＆ジェイムズ〉（ワインクーラーのブランド名）というあだ名で呼ばれるようになりました。どうやって作ったのかを、ロン自身が次のように語っています。

　　まず、エサ場（食堂）に２〜３人送り込み、フルーツカクテルかピーチを手に入れる。これを「キッカー（アルコール発酵を促進する果物）」に使う。このキッカーを１〜２日ほど野ざらしにして、空気中に山ほどいる酵母を集める〈培養菌を一掃することは不可能なのです！　天然発酵はあらゆる場所で起こります〉。これを、６個１セットのドナルドダック・オレンジジュース６セットと混ぜ、１セットにつき450グラムの砂糖を、１リットルの湯で完全に溶かして加える。砂糖の入れすぎだという奴もいたが、できた品を飲んだときに文句を言った奴はひとりもいない。

　　これを丸ごと55ガロン（208リットル）容量のビニールのゴミ袋に入れる。匂いを押さえるために袋を二重にして、暖かい場所に３日置く。その間、必要に応じてガス抜きをする。爆発させるわけにはいかないだろ？　あとはただ待つことと、寝ずの番をしてガスを抜くことだけだ。これを交代で行う。オレたちの酒は、ムダになんかできっこないくらい大事だから。３日経ったら、もしくは酒がもう発酵しなくなったら、フルーツを漉しとる。発酵が終わったかどうかはだいたいわかる。30分おきに袋のガス抜きをしていたのが、２〜３時間に１回くらいでよくなるからだ。味見して、アルコールのきき具合も確認してみる。ちょっとだけ口に入れて、口の前の方にのせたまま、唇から息を吸い込むんだ。こうやればアルコールを味見できる。

　　この全行程にはリスクが伴う。明らかに規則違反だから、見つかれば懲罰房行きになって隔離される恐れがある。ずっと前は、19リットル以下ならバレてもあまり深刻な処罰を心配する必要はなかった。それが今じゃ、量に関係なく裁判にかけられる。これまでにバレたことは１回だけで、あれは1997年、釈放まであと数週間って時だった。懲罰房にひとりで１カ月過ごしてから家に帰った。オレが最後に作ったフーチは懲罰房に入ってた奴らと分かちあった。皆で朝食のジュース、砂糖、ゼリーにフルーツなどを数日分ためて、11リットル分作った。

監獄ではケチャップやトマトピュレなどを使う奴らもいたが、オレはフルーツのほうがいつも好きだった。慣れが必要な味ではあるが、ちゃんと役目は果たしてくれるからな！

Recipes

勝手にシードル（リンゴ酒）

僕がやり方を知っている、というか勝手に起こすことのできる一番単純なアルコール発酵は、ハードシードル（リンゴ酒）です。もっと手の込んだ、よりアルコール度の高いシードルレシピは、160ページの「シードル第2弾」をご覧ください。

所要時間 約1週間

材料（4リットル分）

- リンゴの搾り汁、もしくは市販のアップルジュース　4リットル
（保存料が入っていないことを確認しましょう。酵母にやってきてもらって、甘いジュースをたらふく飲んでほしいのに、保存料は微生物の成長を妨げるために使われているからです）

作り方

1 リンゴの搾り汁を室温におき、蓋は外しておきます。チーズクロスやメッシュの布で覆いをし、ハエが来ないようにしますが、酵母は到達できるようにしておきます。

2 数日後に味見して、その後も頻繁に味見し続けます。僕がこの工程のメモをとったときは、こんな感じでした。3日後：「泡立ちあり、多少アルコールが感じられ、甘い」。5日後：「甘みがなくなった、まだ泡立ちあり、酸味は皆無」。1週間後：「アルコールが強く、辛口」。その1日後：「酸味がきき始めた」。自家醸造はこんなに簡単にできるのです。

カーボイ（20〜60リットルの大型瓶）とエアーロック（発酵栓）

ちょっとした単純な技術を使うと、アルコール発酵させている間、アルコールを酢に変える微生物への曝露を最小限にできます。その技術とはカーボイと呼ばれる容器と、エアーロックというプラスチック製の器具です。カーボイは細首の大型瓶で、オフィスに置いてあるウォーターサーバーの大型給水ボトルみたいな形をしています。首が細いのが重要なポイントで、その形のおかげで容器に入ってこようとする空気の流れを簡単にブロックして、酢を発生させる空気中の微生物に、中の液体がさらされるのを防いでくれます。1回に発酵させる量が4リットル程度なら、ふつうのガラス製ジュース瓶で同じ効果が得られます。しかしそれよりも多量に発酵させたいとき、カーボイの価値は計り知れません。

カーボイとジュース瓶

エアーロックは、外の空気が容器に入ってくるのを防ぎつつ、アルコール発酵により発生した二酸化炭素ガスを中から逃がす器具です。いろんな形の物がありますが、どのタイプでも共通しているのは、水を利用して外からの空気の流れを妨げながら、中の圧力は逃がせるようにしていることです。エアーロックを使って長期発酵させるときは、定期的にエアーロックの状態を点検するのを忘れないようにしましょう。装置の中の水が蒸発して、エアーロックが壊れてしまう可能性があるからです。必要に応じて水を少し追加します。エアーロックは、ワイン作りやビール作りの道具を扱う店、または通信販売で、1ドル程度で購入できます（訳注：日本でも手作りワインキット販売店などで購入可能）。

エアーロック、カーボイ、その他のアルコール発酵用具を探すには、インターネットで「手作りビールキット」や「ワイン作りキット」などのキーワードを使って検索すると、数えきれないほどの通信販売元が見つかります。

エアーロックを持っていない場合、発酵容器の口に風船を取り付けておくと、ちょうどいい代替品になります。容器に外から空気が入るのを防ぎながら、発酵により発生する二酸化炭素の圧力を吸収してくれます。ただし必要に応じて、風船にたまった圧力を逃がしてやることを忘れないようにしましょう。さもないと風船が飛んでいったり破裂したりするかもしれません。

アルコール発酵は、空気を遮蔽しない「開放発酵」から始めることがよくあります。発酵の初期段階、つまり泡が最も活発に出るころは、アルコールの酵母が優勢なので、その他の微生物は太刀打ちできません。しかしその泡がおさまってくると、ほかの微生物、特に酢を発生させる種が足場を作りやすくなります。最後まで開放発酵の容

エアーロックと風船を使った代替品

第 10 章　＊　非穀物系アルコール発酵

器のみで作ったアルコール飲料は素晴らしいものにもなり得ますが、早めに飲む必要があります。酢になるのも時間の問題だからです。熟成させるつもりのアルコール飲料は、通常エアーロック付きの容器で「密閉発酵」として発酵を完了させます。

Recipes

タッジ（エチオピアの蜂蜜酒）の いろんな風味づけ

この本で最初に紹介したレシピは、41ページのタッジレシピでした。あれが、ふつうワインを作るときに僕が使う基本のやり方です。ただし、たいていいつも何らかのフレーバー（風味）を加えて、エアーロック付きの容器で発酵させて、辛口にしてから熟成させます。僕が初めてタッジの作り方を学んだのは、ダニエル・ジョテ・メスフィンの *Exotic Ethiopian Cooking*（エキゾチックなエチオピア料理）という料理本でした。この本に書いてある基本的な材料の割合や手順に従って、エチオピア式の素晴らしい蜂蜜酒をたくさん作りました。

タッジは、世界最古の発酵のごちそうであるミードの一種です。完成後すぐ飲むのがふつうで、仕込んでから数週間もすればもう飲めるようになります。一方で、ヨーロッパの発酵の伝統として作られるミードは、通常何年間も熟成されます。ですからタッジも、同じように長期間発酵させて、瓶詰めして熟成させることが可能です。詳しくは、次の項の「ワインを熟成させる：サイフォンを使った澱引きと瓶詰め」を参照して下さい。

伝統的なタッジ作りには、「ゲショ」と呼ばれるホップのような苦みづけの枝を使います。アメリカでこのハーブを見たことは一度もないのですが、苦みづけを入れなくても、ちゃんとうまくできます。

✲ すももまたはベリータッジ

基本の作り方の一番初めに、オーガニックな丸ごとのすもも、またはベリー類（種類問わず）最低1リットルを、4リットルの蜂蜜水に加えます。フルーツのおかげで早く泡が立ち始めます。フルーツを入れたまま5日から1週間経ったら、フルーツを漉し、できたワインは清潔な4リットル瓶に移し、それ以後は基本のタッジレシピ通りに進めます。すももやベリーを、自分の好きなフルーツに置き換えても構いません。

✲ レモンハーブ・タッジ（メセグリン）

基本の作り方の一番初めに、生または乾燥のレモンバーム、レモンバーベナ（香水木）、レモンタイム、レモングラス、そしてレモンバジルをひと握りずつ、4リットルの蜂蜜水に加えます。発酵中の甕にハーブを入れたまま1週間おき、時々かき混ぜます。それからハーブを漉して、できたワインは清潔な4リットル瓶に移し、それ以後は基本のタッジレシピ通りに進めます。そのほかにも、自分の好きなハーブを、どれでも風味づけに使いましょう。

✲ コーヒー・バナナ・タッジ

これは、ワインとしては非常に変わったフレーバーです。甕に入れた蜂蜜水が泡立ち始めたら、粗挽きしたコーヒー豆の粉を1/2カップ強と、皮をむいてスライスしたバナナ4本分を加えます。思いつくたび頻繁にかき混ぜます。5日ほど経ったら、固形の材料を漉しとって、ワインを清潔な4リットル瓶に移します。それ以後は基本のタッジのレシピ通りに進めます。

ワインを熟成させる：サイフォンを使った澱引きと瓶詰め

　タッジは、2〜3週間経てばもうアルコールがきいておいしくなります。しかしほかのいろんなワインと同じく、数年後にはもっと良くなります。しばらく熟成させたり貯蔵したりするワインは、瓶詰めにします。瓶詰めの前に、発酵がゆるやかになってきたとき、もともと発酵させていた容器から新しい物にサイフォンでワインを移し替えて、沈殿物、つまり「澱」だけを元の容器に残します。この工程を「澱引き」といいます。サイフォンに通すことでワインを刺激し、空気にさらして、発酵の完了も促します。さらに、沈殿物を取り除くことで、ワインに好ましくない味がつくのを防ぎます。

　現代のワイン美学では、透明な製品を高く評価します。市販のワインには、清澄剤として奇妙な物がいっぱい使われています。たとえば卵白、牛乳のガゼイン、ゼラチン、さらにはチョウザメの膀胱から抽出されるアイシングラスなどがあります（皆さんがこんな記述を見たことがないのは、アルコール飲料には他の食品や飲料のように材料を表示する義務がないからです）。僕個人的には、酵母たっぷりの澱が大好きになったこともあり、澱に含まれるビタミンの豊富さ（特にビタミンB）を大事にしています。しかし、だからといって自分で作ったワインの澱引きをやめようとは思わないでください。澱引きをしたほうが見た目はずっと良くなりますし、味わいも繊細になります（栄養の詰まった酵母いっぱいの沈殿物は、サラダのドレッシングや、この章の後半で紹介するワインかすのスープなどに使ってみてください）。

　ワイン作りの道具を扱う店で澱引き用のサイフォンも購入できます。これは60センチくらいの硬いビニールチューブに、やわらかいビニールチューブが装着されたものです。この硬いほうのチューブをカーボイに入れて、澱の真上でとめるようにすると、やわらかいチューブよりコントロールしやすくなります。この道具がなくても、やわらかいビニールチューブならどんな物でも使えます。

　澱引き前に、カーボイをテーブルかカウンターに置き、数時間そのままそっとして、カーボイを移動したときに液体の中に散った沈殿物を落ち着かせます。そしてもうひとつのきれいな発酵用容器を、床の上か元液の入ったカーボイより低い場所に置きます。澱引きをうまく行うには、重力的に、これから液体を入れようとする容器のほうを、サイフォンを使って液体を取り出してくる容器の位置より低くしないといけません。そしてちゃんとワイングラスも近くに用意して、作ったワインを味見する準備もしておきましょう。準備ができたら、カーボイのエアーロックをはずして、サイフォンの硬いチューブをカーボイに入れ、チューブの末端を沈殿物より高い位置にすえます。

澱引きをする間、チューブの位置をそこで保ちます（もっといいのは誰かに持っていてもらうことです）。チューブの反対側の端を口にくわえて、ワインが口に入るまで吸い込みます。ワインが出てきたら、きれいな指でその端を塞いで、管の中に液体を留めます。そして、もうひとつのきれいなカーボイまたは瓶の口までチューブを持っていって指を放し、ワインを満たします。

移し終えたら、新しいほうのカーボイにエアーロックをつけて、引き続き発酵させます。ワインは通常、最低でも半年から1年発酵させてから瓶詰めします。発酵しきる前に瓶詰めすると、コルクが飛んではずれてしまう恐れがあります。2～3週間経って、目に見える泡が出なくなったり、ガスの発生がなかったりしても、ゆるやかな発酵が数カ月続くのです。

ワインが発酵している間に、瓶詰め用に市販ワインの空き瓶（スクリュートップではなくコルク栓用の物）を取っておくか、地元のリサイクルセンターから入手しておきます。瓶詰めをする段階になったら、洗剤と熱湯で瓶をしっかりきれいに洗いましょう。必要であれば柄の曲がるボトルブラシを使って、瓶の首が細くなる部分についた汚れも落とします。最後はきれいに洗い流しましょう。洗い残した洗剤がワインに混ざるのは避けたいものです。しっかり洗えばたいていそれだけで十分ですが、こだわりのワイン醸造家は瓶を蒸気に通して滅菌します。大きな鍋に瓶を逆さまに立てて入れ、蓋をして約10分間蒸気にあてます。

カーボイをテーブルかカウンターの上にの

［澱引き］

①サイフォンを吸う

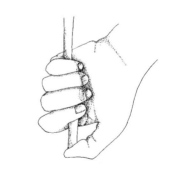

②サイフォンのチューブを指で塞ぐ

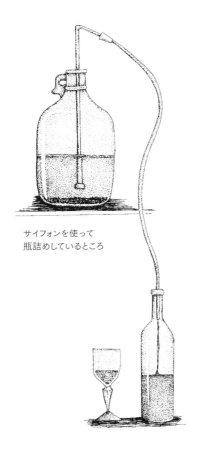

サイフォンを使って
瓶詰めしているところ

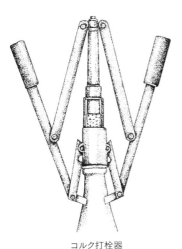

コルク打栓器

せ、きれいにしておいた瓶を全部すぐ近くの床か、カーボイより低い位置に置き、サイフォンでワインを瓶に移していきます。瓶1本を満杯にする（といっても口ギリギリではなく、口から5センチ程度下まで入れる）ごとに、指でチューブの口を塞ぐか、チューブを折り曲げて真空状態にしてから、サイフォンを次の瓶へと移動させます。その合間にワイングラスにも注いで、ワインを楽しみましょう。液面が酵母たっぷりの沈殿物近くに来るまで、瓶に入れていきます。

　ワインを瓶詰めしたら、コルク栓をうちます。伝統的なコルクは地中海を起源とする木からできていますが、ワイン醸造家の中には合成コルクを好む人たちもいます。どちらもワイン作りの道具を扱う店で購入できます。コルクは瓶の口よりも太いので、コルク打栓器を使ってボトルに圧入しなくてはなりません。打栓器には、巧妙な設計の物がたくさんあり、安い物は5ドルくらいから買えます。打栓前に数分間コルクを蒸気にさらして、殺菌するとともにやわらかくします。

　ワインは熟成させると角がとれてまろやかになります。できたワインは冷暗所（たとえばワインセラーなど）で保存しましょう。昔ながらのコルクの場合は、打栓後1週間程度ボトルを立てたままにし、コルクを十分に広げて隙間を密閉させます。それからボトルを寝かせて保存し、ワインでコルクを湿らせて膨張させます（合成コルクの場合、この工程は必要ありません）。ワインに作成年を明記して、それぞれのワインの年数を区別できるようにしておきます。

カントリー・ワイン

　ワインという言葉自体は蔓を意味する「ヴァイン」から派生したもので、昔からワインといえばブドウから作られます。しかし何か別の甘い物を発酵させてもワインは作れるのです。そして、いろんなフルーツや野菜、花などの抽出エキスを甘くした物からできたワインは、カントリー・ワインとして知られています。

　多種多様な人々が、シンプルなワイン作りのテクニックを使って、いろいろ実験するような田舎のコミュニティに住んでいるおかげで、僕はこれまでにかなり斬新で見事なカントリー・ワインの数々を試す、貴重な機会を得てきました。たとえば友人のスティーブンとシェイナはトマトワインを作り、特にトマトっぽくはありませんでしたが、とても素敵なワインでした。もうひとつはハラペーニョのワインで、こちらは辛くて美味でした。

　何からワインが作れて何はダメなのかの限界を決めるのは、唯一自分の想像力です。どのくらいバラエティに富んだものが作れるのかをなんとなく理解してもらうために、僕らの地下貯蔵室にあるワインのストックを棚卸ししてみました。ここ数年、ショート・マウンテンに住むワインの作り手たちは非常に忙しかったようです。貯蔵室にあったフルーツワインをあげると、ブルーベリー、ブラックベリーとブルーベリーミックス、マルベリー（桑の実）、サクランボ、イチゴ、リンゴ、すもも、マスカダイン（アメリカ原産のブドウの一種）、柿、エルダーベリー、漆の実、「ミステリー・フルーツ・ワイン」、ハイビスカスとイチゴのミックス、桃、野ブドウ、ウチワサボテンの実、そしてバナナです。

　花とハーブのワインもあります。ワスレグサ（金針）、タンポポ、ファセリア、エンレイソウ、朝顔の花びらの蜂蜜酒、ライラックの花びらの蜂蜜酒、エキナセア、セイヨウイラクサ、もぐさ、桜皮、「ホップとカモミールとセイヨウカノコソウとイヌハッカとモロコシの蜂蜜酒」、そしてニンニクとアニス（八角）とショウガのミックスでした。そして野菜のワインと、分野横断的なワインが続きます。ポテトワイン、ビーツと蜂蜜のワイン、甘タマネギのワイン（極上の料理酒）、アメリカハナズオウにオレンジとすももを加えたワイン、そしてスイカとカモミールのミックスです。

　さらにもう少し可能性を広げてみよう、今度はＩＤＡの地下貯蔵室もチェックしてみました。すると、もっと変わったワインたちが見つかりました。たとえばニンジンワイン、サワーチェリーワイン、ナシのシャンパン、リンゴとナシのシャンパン、アーモンドワイン、エルダーフラワー、ネクタリン、カンタロープ（メロンの一種）、ミントの蜂蜜酒、そしてコーンワインです。何でもふんだんにある物から、ワインは作れるのです。

カントリー・ワイン作りの基本は、フルーツでも花でも野菜でも、何でもフレーバーにするものから抽出した、甘いエキスを発酵させることです。やり方はいろいろあります。フルーツやそのほかフレーバーになる物を水から煮出す人もいれば、沸騰させると香りが飛んでしまうため、芳香を逃がさないようにあらかじめ沸騰した湯に紅茶のように漬け込んで、風味を引き出す人もいます。友人のヘクター・ブラックはワイン作り30年以上のベテランですが、フィンランド製の非常に画期的な三層式「スチーム・ジューサー」を使ってブルーベリーを蒸留し、無菌ジュースにしたものを、ワイン作りに使います。

　ワインの出来具合を左右する重要な要素のひとつは、発酵前の液体（「マスト」といいます）に加える甘味料の量です。僕は、甘口ワインより辛口ワインのほうがよりおいしいと感じます。少ないほどより良いものもあるのです。あるポイントまでは、甘みを加えた分だけアルコール度がより高くなります。しかしそのポイントを超えると、砂糖を加えてもワインが甘くなるだけです。そしてアルコール発酵の皮肉なパラドックスは、酵母がアルコールを生成するからアルコール度が上がるのに、そうなるにつれて酵母にとってだんだんすみ心地の悪い環境となり、やがて酵母は死滅してしまうのです。酵母が生存できるアルコールの度数は、菌種によって異なります。たとえばシャンパン酵母には、比較的高いアルコール度にも耐えられる種が選ばれています。

　もうひとつ重要な要素は、どういう種類の甘味料を使うかです。どんな甘味料を使おうと、発酵そのものは可能です。しかし僕はふつう、サトウキビからとれる砂糖より、蜂蜜のほうを好んで使います。蜂蜜には輸入も機械を使った精製も必要なく、より自然なものに感じられるからです。とても優美で、役に立つ情報がいっぱいの蜂蜜に捧げる叙情詩に、スティーブン・ハロッド・ビューナーの書いた"*Sacred and Herbal Healing Beers*"（聖なるハーブ製の癒しビール）があります。ビューナーによると、古代の蜂蜜発酵は蜂蜜そのものだけでなく、蜂の巣にある関連物質の一切（花粉、プロポリス、ローヤルゼリー、それに毒でいっぱいの怒ったミツバチすらも）を発酵させていたそうです。そして巣にある物ひとつひとつがもたらす優れた健康効果についてまとめています。ただし砂糖を使う大きな利点のひとつは（ほかのどの甘味料も太刀打ちできない値段という点を除いて）、砂糖の味や色が中立的であることです。そのため花やベリー類の味や色と争うことなく、しっかりと引き立ててくれます。一方、蜂蜜は蜂蜜そのものの色や味を強くワインに残します。ほかにもメープルシロップ、ソルガム、米飴、糖蜜などが使えますが、どの甘味料も、それぞれが備える独特な味や性質を、そのアルコール発酵に残していきます。

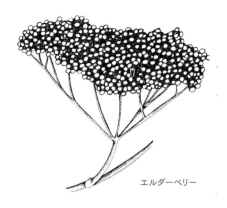

エルダーベリー

エルダーベリーワイン

友人のシルバンは、10年間共同生活をしてきたメンバーのひとりで、今は近所に住んでいますが、とにかくたくさんワインを作る人物です。そんなシルバンが毎年必ず作る秀逸ワインがあります。それは、僕らの住む地域で一番豊富に実がなって簡単に手に入るフルーツ、エルダーベリーのワインです。このあたりでは雑草のように生えて、8月に実が熟します。ここで紹介する作り方は、縁あってなぜか大量に手に入ったどんな果物にも適用できます。

●

所要時間 1年〜それ以上

材料（20リットル分）
- エルダーベリー　44リットル（枝から外したとき少なくとも12リットル分あること）
- 水
- 市販のワイン酵母またはシャンパン酵母　1袋
- 砂糖　5〜6キログラム

作り方

1 エルダーベリーの実を枝から外して洗います。これは誰かに手伝ってもらって一緒にやるといい作業です。やり方は、まず外した実をボウル1杯分とって、水を入れてかき混ぜます。すると熟した実は沈み、葉や虫や熟れすぎた実が浮いてきます。浮いてきた物を網ですくいとり、水を捨てて、きれいにした実を20リットルのバケツか甕に入れます。エルダーベリーの実がすべてきれいになるまで、この作業を繰り返します。最後には少なくとも12リットル分のベリーが残るはずです。「ベリーは多ければ多いほど豊かな味わいになる」とシルバンは言います。

2 水を12リットル沸騰させて、その沸騰水をベリーがかぶるくらいまで（おそらく8リットル分くらい）注ぎます。それからタオルでバケツの口を覆い、一晩漬け込みながら冷まします。

3 翌朝、2から液体を1カップとり、そこに酵母1袋を溶かして数分間おきます。泡が出始めて酵母が活性化したら、ベリーと水のミックスに戻して、木製のスプーンで混ぜてから覆いをかけます。

4 2〜3日発酵させます。途中頻繁に、最低でも1日3〜5回程度混ぜます。この段階ではまだ外からの砂糖は加えません。「酵母にはまずフルーツに存在する砂糖を食べさせてから、その後でほかの餌を与えたほうがいい」とシルバンは説明します。この間ワインはなんとなく泡っぽい状態ですが、砂糖を加えたときの活動の激しさとは比較になりません。

5 2〜3日経ったら、砂糖を加えます。料理用の鍋に砂糖5キロと、その砂糖を液体にできるだけの水を加えてゆっくり温め、かき混ぜ続けて砂糖を溶かし、透明なシロップ状態にします。冷めるまで覆いをかけておき、冷めたらエルダーベリーの液体に加えます。

6 3〜5日発酵させ、覆いをし、頻繁にかき混ぜます。

7 激しい泡立ちが収まってきたら、20リットルのカーボイにワインを漉して入れます。全部入れても、カーボイはいっぱいになりません。そこでベリーのかすをもうひとつ別の入れ物に入れて、かぶるくらいの水を入れます。水の中でベリーをつぶし、その水を漉してカーボイに加えます。そしてカーボイをいっぱいにしますが、上面ギリギリにするのではなく、泡が立つ分の5センチ程度の隙間を残しておきます。それからエアーロックをはめます。

8 初めの1カ月はカーボイを室温におきます。最初はカーボイを大きな受け皿の上に置いて、あまりに泡立って溢れ出しても周りが汚れないようにします。もし溢れ出した場合は、一時的にエアーロックを外して、エアーロックとカーボイの口部分をきれいにします。発酵は次第にゆるやかになります。

9 砂糖含有量をテストします。発酵がゆるやかになってきたら、シルバンは、非常に変わった方法で砂糖の量を量ります。まずエアーロックを外し、砂糖大さじ2を、ワインの表面にふりかけます。この砂糖が沈んでいくときに、酵母が大きく反応するかもしれないし、しないかもしれません。あまり大きな反応がなければ、ちょうど良い砂糖の量だということです。しかし反応があれば砂糖を山盛り1カップ（250ミリリットル）加えて、さらに数日（もしくはもっと）発酵させてから、再度テストします。追加する砂糖は1回につき山盛り1カップ（250ミリリットル）のみで、繰り返すのは計4回まで（計1リットル）にします。

10 暖かい場所で2カ月発酵させた後、沈殿物のないワインの上澄みを、サイフォンを使ってきれいなカーボイに移します。そしてエアーロックをはめて、カーボイを冷暗所に移動し、そこで少なくとも9カ月発酵させます。エアーロック内の水が蒸発していないか定期的にチェックして、必要に応じて水を足したり、エアーロックをきれいにしたりします。

11 9カ月（もしくはそれ以上）経ったら、ボトル詰めして味わいます。

花のワイン

「花から作ったワインは、原材料である花の慈愛と優美な味わいをそのままワインに残しています。日が燦々と照る晴れた日に、ひとりっきりで、あるいは特別な誰かと一緒に、森や、草原や、丘の上で、何百万というちいさな花を、その光景がまぶたに焼き付くほど何時間も摘んだあの日の記憶を、そのままワインに残しています」。この感慨深い文章を書いたのは、友人であり隣人のメリル・ハリスです。30年近く前、*"Ms. Magazine"*（フェミニスト雑誌）に掲載された記事、*"Nipping in the Bud: How to Make Wine from Flowers"*（蕾のうちに摘んで：花からワインを作る方法）からの抜粋です。

タンポポのワインは昔ながらの花のワインです。そこら中たくさん生える雑草の、真っ黄色の花からできています。タンポポは駆除すべき雑草だなどと、きれいに刈り込んだ芝生作りを推奨する人たちの口車にのせられないようにしましょう。タンポポは見た目も素敵だし味もおいしいだけでなく、肝臓をきれいにしてくれる薬でもあるのです。タンポポ以外のいろんな花も、それぞれの繊細な香りと独特なエッセンスをワインにもたらしてくれます。ここにあげるもの以外にもたくさんありますが、たとえばバラの花びら、エルダーフラワー、スミレ、アカツメクサ、そしてワスレグサなどです。

「花を集めるところから始めましょう。おそらく花のワイン作りの中で、一番楽しい時間で

す」とメリルは書いています。だいたいの目安として、4リットルのワインを作るときは約4リットル分の花を摘みます。1回でこれだけの分量を摘むことが不可能な場合は、十分な量が集まるまで、先にとっておいた分を凍らせておきます。必ず薬の撒かれていない場所で花を摘むようにしましょう。ということはつまり、道路端の花はたいていダメです。

◉

所要時間　1年〜それ以上

材料（4リットル分）
- 満開の花　4リットル
- 砂糖　1キログラム
- レモン　2個（皮も使うのでオーガニックなもの）
- オレンジ　2個（皮も使うのでオーガニックなもの）
- レーズン　500グラム（ゴールデンレーズンのほうが、ダークレーズンよりタンポポの明るい色みをよりひきたててくれます）
- 水
- ベリー類　1/2カップ強
（天然酵母を得るため。もしくは市販のワイン酵母1袋）

作り方

1　できる限り、花びらだけを付け根部分（がく）から外してとります。付け根部分が残ると苦みが出ることがあります。タンポポの場合、これは結構骨の折れる作業かもしれません。

2　後で使う分の花びらを約1/2カップ強残しておいて、それ以外の花びらを砂糖、（酸味を加えるための）レモンとオレンジの搾り汁と薄皮、そして（タンニンの渋みを引き出すための）レーズンと一緒に甕に入れます。次にこの材料に熱湯を4リットル注いで、砂糖が溶けるまでかき混ぜます。ハエが来ないように甕に覆いをかけてしばらくおき、人肌に冷まします。

3　混ぜ合わせた物が冷めたら、残しておいた花びらとベリー類を加えて、天然酵母を導入します（もしくは、市販の酵母を使う場合、冷めたミックス液を1カップとり、その中に酵母1袋分を入れて溶かします。激しく泡立ち始めたら、甕に戻します）。甕に覆いをかけて、思いつくたびにできるだけ頻繁にかき混ぜながら、3〜4日おきます。

4　きれいなチーズクロスで固形物を漉してとり、花びらの水分を搾ります。そして液体部分をカーボイまたは取手付きの飲料保存容器に入れ、エアーロックを取り付けて発酵させます。発酵がゆるやかになるまで、3カ月くらいおきます。

5　サイフォンを使って澱引きをし、きれいな容器に移し替えます。少なくとも、さらに6カ月発酵させてから、瓶に詰めます。

6　瓶詰めにした状態で最低3カ月熟成させて、まろやかにします。さらに長期間おくと、もっと良くなります。

ジンジャー・シャンパン

どんな種類のカントリー・ワインも、スパークリングワインとして作ることができます。あれは1998年、Y2K（西暦2000年）より1年以上も前のことでした。僕と一緒に家を建て、同居しているネトルズが、20リットル分のショウガのシャンパンを作り始めたのです。カレンダーが2000年に切り替わる瞬間、コンピュータがおかしくなって文明社会も一緒に崩壊する、という一連の触れ込みのおかげで、僕らのサンクチュアリには100人を超える人たちが押し掛けてきました。これだけ人里離れた山奥なら、悪夢のシナリオから逃れられると思ったのでしょう。僕らの準備は万全でした、少なくとも年越しパーティに関しては。僕らは、辛口

で、泡立ち豊かで、パンチも十分にきいたこの素晴らしい「why tu qué（ワイ・トゥ・ケ：Ｙ２Ｋのもじり）」シャンパンを、たっぷりと用意していたのです。ありがたいことに、ネトルズがこのとき使った材料と作り方を僕らの愛するキッチン日誌に書き留めていたので、ネトルズの助けを借りてレシピを再現し、こうして皆さんにお伝えできることになりました。

　スパークリングワインには特定の種類の酵母、すなわちシャンパン用酵母を使います。これはアルコール度の高い環境にも耐えられる種なのです。糖分がすべてアルコールに変化して瓶詰めする準備ができたとき、さらに砂糖を追加して瓶の中でも発酵を継続させ、発生する二酸化炭素を閉じ込めることで泡を生みだします。かなりの圧力が瓶にたまっていくため、シャンパンは頑丈なボトルに瓶詰めされます。「シャンパン・ストッパー」と呼ばれる、手で握れるような特別なコルク栓は、ワイン作りの道具を扱う店で購入できます。そしてこのストッパーを、「シャンパン・ワイヤ」で（または手持ちの針金で思うままに作ってみて）しっかりと止めておかなくてはなりません。

●

所要時間　１年

材料（20リットル分）

- ショウガ　0.25〜１キログラム
- 砂糖　６キログラム
- レモンの搾り汁　５個分
- バニラエッセンス　大さじ１
- シャンパン酵母　１袋
- 水

作り方

1　ショウガはみじん切り、またはすりおろします（使う量によって、ショウガの風味の強さが決まります）。それを大鍋に入れて、分量の砂糖と、水20リットルを加えます。蓋をして沸騰させた後、時々かき混ぜながら、弱火で１時間煮込みます。

2　１時間後、火からおろします。レモンの搾り汁とバニラエッセンスを加えます。ハエが来ないように覆いをかけてしばらくおき、人肌に冷まします。

3　人肌に冷めたら、カップ１杯分を漉しとって、酵母１袋分を溶かします。残りの液体はすべて漉してカーボイに入れます。計量カップに入れた酵母が激しく泡立ち始めたら、カーボイに加えて、エアーロックをはめます。そのまま室温で２〜３カ月発酵させます。

4　２〜３カ月経って発酵がゆるやかになったら、サイフォンを使ってワインをきれいなカーボイに澱引きします。少し容量が減るため、沸騰させて冷ましておいた水を加えて、不足分を満たします。再びエアーロックをはめて、約６カ月発酵させます。

5　計９カ月間の発酵の終わりがきたら、シャンパンの瓶詰めです。シャンパンは、その圧力に耐えるため、頑丈な瓶に入れなくてはなりません（年明けすぐにリサイクルセンターに行くと、シャンパンの瓶がゴロゴロしています）。シャンパンを瓶詰めする前に、プライミング（二次発酵を促すために砂糖を追加）しなくてはなりません。プライミングすると、瓶の中で最後の発酵をする環境ができます。砂糖をまた新たに加えることで酵母を再び活性化させるのです。プライミング前の酵母は、液体にあった糖分を食べ尽くしてアルコールと（もう逃げてしまった）二酸化炭素に変えた後、活動を休止しています。ここで入れる砂糖の量は、１リットルに対し砂糖小さじ１くらいです（20リットル分を作っているときは、約1/2カップになります）。プライミング用の砂糖は直接瓶に入れます。ネトルズは、休止状態の酵母が実は死んでいた場合に備えて、一緒に酵母粒も少々

（3〜5粒）混ぜるのが好きみたいです。

6 プライミングした瓶に、ワインをサイフォンで入れていきます。それから瓶をシャンパン・ストッパーで打栓し、シャンパン・ワイヤでストッパーを固定します。そして少なくとも1カ月寝かせてから開けます。シャンパンは数年間保存できるので、何かあったときにいつでもこのシャンパンでお祝いできます。

7 抜栓する前に瓶を冷やしておきましょう。さもないと、栓を抜いた途端にそこら中にシャンパンが飛び散ってしまいます。

シードル　第2弾

　初めは知らなかったのですが、なんと僕の編集者のベン・ワトソンは"*Cider, Hard and Sweet*"（アルコール＆ノンアルコールのシードル）という本の著者でした。先に紹介した僕の「勝手にシードル」レシピは、シードルを不当に扱っているとベンは感じたようです。「辛口になるまでしっかり発酵させたシードルを作るには、瓶詰め前の熟成に6カ月くらいかかるんだ」と書いた付箋を、僕の原稿に貼り付けてきました。僕も確かにしっかり発酵した辛口のシードルが好きなので、ベンが彼の本の中で「シードル入門編」と呼んでいる部分を抜粋してみました。

　アルコール発酵させたシードルは、植民地時代のニューイングランドで人気の飲み物でした。入植者たちは、主にリンゴ農園からアルコール発酵させる果実を入手したのです。1767年のマサチューセッツでは、1人当たりのシードル消費量が140リットルを超えました。その後、アメリカの農耕社会が都市化するにつれて、シードルの人気も下火になりましたが、今またその火が再燃しているのです。

　ここで紹介するのは、辛口で非発泡性（炭酸ガスがほとんどない）の、農家で作られていた昔ながらのシードルのレシピです。

●

所要時間　6カ月かそれ以上

材料（4リットル分）
・リンゴの搾り汁（化学保存料の入っていないもの）　4リットル

作り方

1 未発酵のリンゴの搾り汁を、発酵容器（細首の飲料容器かカーボイ）の9/10まで入れます。つまり4リットルの容器なら、計量カップ2カップ分くらいの隙間を空けておくということです。ビニールのラップを容器にゆるくかけて覆い、直射日光のあたらない涼しい場所に置きます。

2 数日後、リンゴの搾り汁から激しく泡が立ち始め、「吹きこぼれる」はずです。ラップを外し、引き続き発酵させましょう。容器の外側を毎日拭いて、吹きこぼれたかすを取り除いておきます。

3 この激しい発酵がおさまってきたら（気温によって数週間かかるかもしれませんが）、容器の首や外側をできるだけきれいにします。そして容器の口から5センチの隙間を残して、新鮮なリンゴの搾り汁を容器いっぱいに継ぎ足します。水を入れたエアーロックを、容器に取り付けます。

4 1〜2カ月かけて、シードルをゆっくりと発酵させます。ボコッボコッと二酸化炭素が抜ける音の間隔がずいぶんゆっくりになり、シードルが澄んできます。容器の底に、沈殿物もたくさんできます。

5 サイフォンを使って、シードルを別のきれいな容器に澱引きして、上澄みを移し替えます。水を入れたエアーロックを容器の口に取り付け、

もう1〜2カ月、シードルを熟成させてまろやかにします。

6 全体の工程を開始してから4〜5カ月経ったころ、シードルは完全に発酵して辛口になるか、ほぼ辛口になるので、瓶詰めの時期です。瓶に詰めてからもさらに1〜2カ月熟成させてから飲むと、味がより向上します。

柿のシードル・ミード

蜂蜜を混ぜて発酵させたシードルは、昔から「サイザー」と呼ばれます。ここで紹介するサイザーは、僕が特に大好きな果物、柿で天然発酵させたものです。アジア系の大きな柿はもう長年知っていましたが、テネシー州に移り住んでからは、このあたり原産の小ぶりな「アメリカガキ」(*Diospyros virginiana*)の虜になってしまいました。9月から12月の間、僕は毎日この甘美な果物を求めて、柿の木の下をうろうろ探し歩きます。その甘く粘りけのある果実を食べるとき、大地の豊かな恵みすべてを僕の体と魂に浸透させて、滋養と癒しを与えてくれる神の果物を食べているような気持ちになります。僕にとって毎冬恒例のこの柿探しは、自分のためにやる、ちょっとおおげさな儀式になりました。やれば気持ちがよくなるからやることであって、ある意味ヨガと同じ分野に属します。ヨガも、やっただけのことが必ず返ってくる実践のひとつです。柿の甘い味をひとたび口にすると、ぎゅっと濃縮された柿の生命力が、僕という存在の隅々にまで染み渡っていく、そんな強烈なイメージが僕の心に浮かび上がってくるのです。はっきりイメージすればその癒しが現実にもたらされやすくなることを、僕はこれまでの経験から学びました。ほかの人たちはあまりこの柿には興味がないようで、探しまわっているのはもっぱら僕と、鹿と、ヤギたちだけです。

時折、あまりにもたくさんの柿が落ちていて、全部口にほおばるのはとても無理、ということもあります。ある秋の日、僕はボウルいっぱいに柿を拾い集めてこのサイザーを作りました。ただし、完熟していない柿は後口が耐えられないほど渋く、逆に熟れすぎの腐りかけも味が変だったりするので、使う前にひとつひとつ全部味見する（！）ことをお勧めします。また、これはこの通りに作るためのレシピを紹介するというよりは、複数の発酵のやり方を混ぜることもできますよ、という例をお見せするのがポイントです。

●

所要時間 数週間〜数カ月

材料（4リットル分）
・蜂蜜　2と1/2カップ
・水　2リットル
・リンゴの搾り汁（化学保存料の入っていないもの）　2リットル
・熟した柿　5カップ（またはもっと）

作り方

1 蜂蜜、水、リンゴの搾り汁を甕に入れて混ぜ合わせます。よく混ぜて蜂蜜を溶かします。柿を加えます。覆いをかけて、ハエやホコリが来ないようにします。柿は（ほかのフルーツの多くと同じく）天然酵母に覆われているため、すぐに活発な発酵が起き始めます。

2 フルーツを入れた状態で約5日間発酵させます。途中頻繁にかき混ぜます。それからフルーツを漉しとって、ガラス製の細首の飲料保存瓶にワインを移し替えて、エアーロックをつけます（運が良ければ瓶に全部入りきらず少し余るので、その場でちょっと味わいましょう）。

3 2〜3週間発酵させ、泡立ちがゆるやかになるまで待ちます。そうなるまでにかかる時間は、暖かい季節（もしくは暖かい部屋）だと短く、寒いと長くなります。できたてのサイザー

をそのまま味わうか、澱引きして瓶に移し替えて熟成させます。

ワインかすのスープ

ワインを澱引きして瓶詰めすると、発酵させていた容器の底に、酵母たっぷりの沈殿物が残ります。この沈殿物は見た目がよくないので、ふつう瓶にも入れませんし、グラスにも注ぎません。しかしこのお亡くなりになった酵母たちは、ビタミンB群を豊富に含んでいます。栄養たっぷりの酵母を料理に使ったことがあるなら、この沈殿物も基本的にそれと同じです。

ワインかすは、濃厚で、味わい豊かなスープ出汁になります。試しにフレンチオニオンスープのレシピを使って、その液体全体の4分の1をワインかすで置き換えてみましょう。使うときはしばらく沸騰させて、アルコールを飛ばすことを忘れずに。そしてその間、その蒸気を吸い込んでクラクラしてみましょう！

ジンジャービール

このカリブ海風のソフトドリンクは、「ジンジャー・バグ（生姜酵母）」を使って発酵を開始させます。僕はサリー・ファロンの "Nourishing Traditions"（滋養の伝統）からこのレシピのヒントを得ました。ジンジャー・バグとは、水、砂糖、ショウガのすりおろしをただ混ぜただけの物で、仕込んで2〜3日後にはもう活発に発酵し始めます。この簡単にできるスターターは、どのアルコール発酵でも酵母として使えますし、サワードウの種にもできます。

このジンジャービールはソフトドリンクです。発酵の度合いが、炭酸ガスを生成するのには十分でも、アルコールとして味わえるようにするには足りません。ショウガの味があまりキツくなければ、子どもが喜ぶ飲み物です。

●

所要時間 2〜3週間

材料（4リットル分）
・ショウガ　8センチ、またはもっと
・砂糖　2と1/2カップ
・レモン　2個
・水

作り方

1　「ジンジャー・バグ」をスタートさせます。皮ごとすりおろしたショウガ小さじ2と砂糖小さじ2を水1と1/4カップに加えます。よく混ぜて暖かい場所に置き、チーズクロスで覆いをし、空気を通しつつもハエが来ないようにします。同量のショウガと砂糖を毎日もしくは1日おきに加えて混ぜ、バグが泡立ち始めるまで2日から1週間程度待ちます。

2　バグの活動が活発になったらいつでもジンジャービールが作れます（もしジンジャービールを作るまでに2〜3日以上おきたいときは、2日に1回、ショウガと砂糖の餌やりを続けます）。水2リットルを沸騰させ、そこにすりおろしたショウガを加えます。ショウガの味を柔らかくする場合は、ショウガ約5センチ分、キツめのショウガ味にしたい場合は15センチ分まで加えます。そして砂糖2カップ弱を加えて、再び約15分間沸騰させ、冷まします。

3　ショウガと砂糖と水のミックスが冷めたら、ショウガを漉しとってレモン汁を加え、漉したジンジャー・バグを加えます。（もし今後繰り返しジンジャービールを作っていきたい場合は、活動の活発なバグを大さじ2〜3杯分スターターとして残しておき、水、すりおろしショウガ、そして砂糖を補充しておきます）。その上から十分に水を加えて、4リットルにします。

4　密閉可能な瓶に瓶詰めします。たとえばス

クリューキャップ付きのソーダ用ペットボトルを再利用したものや、グロールシュなどの高級ビールが使っているような、ゴムのパッキン付き「スイングトップ」瓶、密閉できるジュースの保存瓶、または第11章で説明するような王冠をしめたビール瓶などです。瓶に入れた状態で暖かい場所に置き、約2週間発酵させます。

5 開ける前に冷やしておきます。ジンジャービールを開けるときはすぐそばにコップを置いておきます。発泡性が強くなっていると、瓶から液体が吹き出ることがあります。

その他のソフトドリンクレシピ

第7章の「ホエー（乳清）を使った発酵：スイート・ポテト・フライ」、それから第12章の「シュラブ」と「スウィッツェル」を参照してください。

穀物系アルコール発酵

―― ビール ――

　1516年に、現在の南ドイツにあたるバイエルン公国で発布された〈ビール純粋令（*Reinheitsgebot*）〉を、ドイツのビール製造者たちは今も頑なに守り、誇りにしています。これはビールの原料を水、大麦、ホップ、酵母のみ認めるとした法律です。僕はこのレシピで作られるビールが大好きですが、世界は、ほかにもいろんな原料を使ったさまざまなビールでいっぱいです。ビールとその他のアルコール発酵物との違いは、原料が穀類である点です。大麦だけでなく、小麦やトウモロコシ、米、キビ、その他いろんな穀物からビールが醸造されています。食糧として栽培されている穀物はどれも、なんらかのビール作りの歴史をもっているのです。

　穀物は、蜂蜜水や果汁のようにそれだけで勝手にアルコール発酵はしません。そのためビール作りはワイン作りよりも複雑になります。穀物が発酵中に（第9章にあったような、基本的に酸っぱい飲み物になるのではなく）、かなりの量のアルコールを生成するには、まず穀物のデンプン質（複合糖質）を、糖（単純糖質）に変換しなくてはなりません。

　デンプン質の糖化を起こす標準的な方法をモルティングと呼びますが、これは結局穀物を発芽させることです。穀物の萌芽はジアスターゼという酵素を放出し、これがデンプン質を糖質に分解します。この糖は本来なら植物の芽に栄養を与えるのですが、運命のいたずらで代わりに酵母に栄養を与えて、アルコールを生みだすのです。穀物を発芽させる方法は123ページで説明しています。この章では、まだ芽吹いていない全粒穀物の状態から作っていくビールも、いくつか順を追って説明します。そういうレシピを学んだのは、僕が限りなく生に近い材料から始めて変化させていくやり方にこだわっているからです。とはいえ僕の知っている自家醸造家のほとんどは、穀物を実際に発芽させることはしません。市販のモルト（発芽穀物）やモルトエキスのほうが扱いやすく、こうした材料を使っても、風味豊かで独特なビールを醸すことができます。

デンプンを糖化させる方法は、あとふたつあります。ひとつはカビの作用を使うやり方です。日本の甘い米発酵飲料である甘酒を思い出してください。甘酒は、コウジ菌と呼ばれるカビ菌を米に植え付けて作ります。そして日本の米のワインである日本酒は、甘酒を酵母で発酵させて作ります。またネパールビールのチャン（*Chang*）は、ムルチャと呼ばれる餅麹を使って米のデンプン質を変換させます。アジア全域で、穀物の発酵にはデンプンを糖化するさまざまな真菌類を含んだ餅が使われているのです。

　デンプンを糖化させるもうひとつの方法は、唾液です。唾液にはプチアリンという消化酵素が含まれています。デンプンを多く含んだ食べ物をしばらく口の中で噛んでいると、だんだん甘くなってくることに気づいたことがあるかもしれません。消化作用は口の中から始まります。人間の体は一刻たりとも無駄にせず、食べた物を単純な栄養素に分解しているのです。そして穀物を噛んで吐き出すのは、古代より伝わるビール作りのローテクなデンプン糖化手段です。これが、まさに次に作る発酵飲料〈チチャ〉の製法になります。

Recipes

チチャ
（アンデス地域の咀嚼トウモロコシビール）

　チチャはアンデス地方に古くから伝わる飲み物で、今でもペルー、ボリビア、エクアドルで広く飲まれています。飲みやすくておいしく、トウモロコシらしい味がします。チチャはインカ帝国の人々に愛された飲み物です。インカの人々は、チチャが「大地の肥沃さを通して人と神をつなげる媒体」であると考えていました。『ナショナルジオグラフィック』誌に掲載された最近の記事によると、チチャはインカ文明以前から存在していたようです。インカ帝国のほぼ1000年前、現在のペルーあたりで繁栄したワリ帝国で、重要な儀礼的役割をもつ飲み物だったのです。ワリの貴族が宴を催すとき、大量のチチャが細かい装飾のついた陶器の水差しで振る舞われました。そしてその水差しは、酔っぱらってお祭り騒ぎをする者たちに、地面に叩きつけられて壊されるものでした。また、ワリ帝国は村々を丸ごと移動させて、トウモロコシ栽培をさせたと考えられています。「ワリ帝国には国が催す儀式に使う大量のトウモロコシが必要であった。それはその儀式が、帝国をひとつにまとめる役割を担っていたからである」

　チチャ作りに欠かせない手順は、トウモロコシを噛んで、消化酵素の豊富な唾液をしっかり含ませることです（作り方の後半で醸造液を沸騰させて、唾液に含まれる雑菌を殺します）。唾液まみれになったトウモロコシのぬるぬるした塊を、ムコといいます。昔から、ムコは地域の皆で一緒に作る物でした。子どもからお年寄りまで輪になって座り、いろんな話をしながら作ったのです。

噛んだトウモロコシのぬるぬるした塊

第11章 ✳ 穀物系アルコール発酵

僕と一緒にトウモロコシを噛んでくれる人を募るのは、非常におもしろい経験でした。食べ物を噛んで、吐き出して、それを混ぜ込むなんて、なんだかとても大胆で、奇妙になれなれしいことのような気がします。友人の何人かはこの単純作業をやりたがり、喜んで噛み役の輪に加わってきました。しかし神経質な人にとっては考えただけでも気持ち悪いことこの上ないようです。こわいもの知らずの僕ら噛み役は、こうした唾液恐怖症の人たちが全身で拒否するようすを、かえって大いにおもしろがりました。もし皆さんがチチャ作りの冒険に乗り出すなら、聞く人が目を丸くするようなそのときのエピソードは、きっと自分が作ったおいしいコーンビールを飲み干した後も、ずっと長く残ることでしょう。

僕が使ってみたチチャ作りの手引は2種類ありましたが、どちらもコーンミール（トウモロコシを挽いた粉）から始めるようになっていました。まずコーンミールを適量の水と混ぜてボール状に丸めるのです。しかしこのコーンミールミックスは、噛もうと口に入れるとあっという間に口中がカラカラに乾くので、全く使えないことがわかりました。それよりもはるかにうまくいく方法は（僕はこちらのほうが昔ながらのやり方ではないかと思いたくなるのですが）、ニクサタマライズ（アルカリ処理）した全粒トウモロコシであるポソーレを、湿った状態でスプーン1杯分口に入れて噛むことです。ニクサタマライズの方法は簡単で、詳しくは131ページに書いてあります。

このレシピではベリー類を使って発酵を引き起こしているので、できたものはチチャの中でも「フルティジャーダ」と呼ばれるものになります。ブラックベリーを使ってみたら、もともと薄い黄色のトウモロコシ酒が、ほんのりサーモンピンク色になりました。

●

所要時間 約2週間

材料（4リットル分）
・ニクサタマライズしたトウモロコシ粒　5カップ（131ページ参照）
・ポレンタまたはグリッツ（粗挽きトウモロコシ粉）　1と1/4カップ
・水
・オーガニックなベリー類　1/2カップ強

作り方

1　ムコを作ります。このステップはひと口ずつ進めていくしかないので、友達を何人か集めて手伝ってもらいましょう。ニクサタマライズ処理されて湿ったトウモロコシ粒大さじ山盛り1杯を口に入れます。優しくトウモロコシを噛み、唾液と混ぜながら一塊にまとめていき、舌を使って口蓋に押し当てて丸めていきます。そしてボール状にして吐き出します。この作業で一番やっかいなのは、トウモロコシから汁が出すぎて、粒が口中に散らばることのようです。このレシピでは、実際の必要量よりも、使うトウモロコシ粒を少し多めに書いています。噛んでいるうちに、どうしてもいくらかは思わず飲み込んでしまうからです。

2　ムコを天日で乾かすか、種火だけつけたオーブンで乾かします。乾いたムコは安定して保存可能になるので、一回に少しずつ噛んで、時間をかけて必要な量までためていくこともできます。

3　鍋にムコを入れ、分量のポレンタかグリッツ、そして水6と1/4カップを合わせます。ポレンタかグリッツを加えるのは、ムコに十分な量のプチアリンが含まれているので、追加分のトウモロコシのデンプン質も糖化できるからです。このミックス液を熱して68℃にします。これはプチアリンの作用が最も活発になる温度です。ムコの塊を崩して、この温度を20分間保ちます。

4 鍋に蓋をし、火からおろして2〜3時間おき、トウモロコシの溶液を冷まします。

5 漉して、固形物は捨てます。残った液体を1時間沸騰させ、それから冷まします。

6 液体が人肌に冷めたら甕(かめ)に移し、ベリー類を加えて発酵させます。よくかき混ぜて、口に覆いをかけてハエが来ないようにします。定期的にかき混ぜ続けます。

7 4〜5日経ったら、フルーツを漉しとって、チチャをカーボイに移し、発酵がゆるやかになるまで1週間から10日間おきます。そしてすぐに味わうか、瓶詰めにします。

ボウザ（古代エジプトビール）

ボウザはエジプトで5000年間ずっと飲まれてきました。しかしこの伝統はもしかすると消えてしまうかもしれません。イスラム原理主義色を強めている関係当局がアルコールを違法としたり、ボウザを売る店の販売免許を剥奪したりしているからです。ここで紹介するレシピは5000年前のものです。これは文化人類学の学術誌 *"Food and Foodways"*（食と食文化）にのっていた論文から応用しました。以前ケニヤに住んでボウザを飲んでいた友人のジェが、このレシピで作ったボウザは本場の味だと太鼓判を押してくれました。

ボウザに必要な材料はふたつだけ。それは水と小麦です。それを信じられないくらい賢いやり方で変化させていきます。ボウザの製法は、パンとビールのつながりを鮮やかに描きだします。小麦をまずパンの塊に発酵させることが手順のひとつになっているのです。そして伝統的なやり方では、ボウザ作りに使う酵母は生焼けにしたパンの中に保存されます。中心部分は生のままで、そこに酵母が生きているのです。「要するに、ビール醸造に使う生の材料は、パンの形にすれば保存が楽だった」と、雑誌 *"Archaeology"*（考古学）は報告しています。

●

所要時間 約1週間

材料（4リットル分）
・小麦粒　5カップ
・泡ブクブクのサワードウ・スターター
　1と1/4カップ
・水

作り方
ボウザ作りの方法は、大きく3種類のステップに分けられます。まず分量の小麦粒のうち、4分の1をモルトにする（発芽させる）こと、残りの小麦粒でパンを作ること、そして最後にこれらすべての材料を使ってボウザを醸造することです。初めふたつのステップでできる産物は、安定していて保存も可能なので、すべての工程を一度に行う必要はありません。

モルト作り

1 123ページの、穀類を発芽させる方法の説明に従って、小麦粒1と1/4カップを発芽させます。

2 発芽した小麦をオーブンの天板に広げて、オーブンの一番低い温度で20分から30分焼き、完全に乾かします。ボウザを作る準備ができるまで、乾かした発芽小麦は瓶に入れて保存します。

パン作り

1 分量の残りの小麦粒3と3/4カップを粗挽きします。穀物ミルなどの挽く道具がない場合は、代わりに全粒小麦粉を使います。

2 泡のたっているサワードウ・スターターを1と1/4カップ加えます。

3 固めのパン生地を作ります。必要であれば、少しずつ水を加えます。

4 丸いローフ（パンの塊）に形づくり、1〜2日寝かせて発酵させます。

5 ローフを150℃で15分間焼き、外側は焼けても中は生のままにし、酵母が生きている状態を保ちます。

ボウザ醸造

1 水4リットルを甕かバケツに入れます。

2 乾燥モルト（発芽小麦）を粗挽きして、水に入れます。

3 生焼けのパンを崩して水に入れます。

4 おまじないにイキイキしたサワードウ・スターターを少しだけ入れて混ぜ、甕に布で覆いをかけてホコリやハエから守ります。

5 約2日発酵させて、それから固形物を漉しとり、液体を飲みます。出来上がったボウザは、冷蔵庫で1〜2週間保存できます。

チャン（ネパールの米のビール）

これは暖かくして飲む乳白色のビールで、通常、ビールに対して抱くイメージからは、かなりかけ離れたビールになります。チャンはネパールの日常生活の中で、もてなしの気持ちの表現と、神々への贈り物という、ふたつの重要な象徴的役割を果たします。文化人類学者のキャサリン・S・マーチは、ネパールの高山地帯に住むタマン族とシェルパ族について研究し、次のように述べています。「ビールを捧げる行為の裏にあるのは、増殖して熱をもち、大小の泡をたくさん生みだす酵母やビールの性質が、捧げ物をした人に同様の繁栄や発展をもたらすように、という願いである」

伝統的なチャン作りには、（ネパールで）ムルチャ、（チベットで）パップと呼ばれる餅麹を使いますが、どちらもアメリカではなかなか手に入りません。友人のジャスティン・ブラードはネパールからムルチャを持ち帰り、学んできたチャンの作り方を見せてくれました。ここで紹介する応用レシピでは、伝統的な餅麹の代わりに、麹とサワードウ・スターターを混ぜたものを使います。

●

所要時間 2日

材料（10カップ〈2リットル〉分）
・麹　1/2カップ強
・泡ブクブクのサワードウ・スターター
　1/2カップ強
・炊いた米（塩を入れずに炊いたもの）
　5カップ

作り方

1 麹とサワードウ・スターターを混ぜます。そのまま30分以上おいて、乾燥した麹にサワードウ・スターターの水分を吸わせます。

2 炊いた米を人肌に冷ましてから、**1**の麹とサワードウのミックスに混ぜます。全体をよく混ぜ合わせたら、広口瓶に入れて密閉し、暖かい場所で24〜48時間寝かせます。時々匂いを嗅いで、甘いアルコールの匂いが強く香ってきたら準備OKです。この段階のものを「ルン」といいます。ルンを長く発酵させればさせるほど、味も香りも酸味を増してきます。

3 ルンが甘く香っているうちに、より大きな広口瓶またはボウルに移し替えます。5カップの水を沸騰させてから、ルンの上にかけて蓋をします。10〜15分そのまま置いて、それから液体を漉します。この白いミルクのような液体がチャンです。もう一度沸騰した水5カップを

ルンの上に注ぐと2回目のチャンがとれますが、少し薄くなります。

モルトエキス（麦芽抽出成分）から ビールを作る

　トム・フーラリー（おふざけトム）はIDAに住む友人で、熱心なビール醸造家です。僕らにやり方を説明するために作ったこのビールは、トムが6カ月以上のブランクの後、久しぶりに作ったビールでした。トムは軽い肝硬変を患ったときに酒をやめて、今は無難に時々1杯だけ飲むにとどめています。ならば肝臓を整えるビールを作ろうと、まずはタンポポを使ってみることにしました。ビールに苦みをつけるハーブとしてはホップが一般的ですが、これまでビール作りに使われたことのあるハーブの種類は実に幅広く、自分の好きなハーブは、何だってビールに入れていいのです。

　このビールは、黒くてほどほどの苦みがあります。発酵の温度や苦みハーブの量と並んで、使用するモルトエキスの種類によって、出来上がるビールの性格が決まります。そして自家醸造の道具を扱う店には、いろんな種類のモルトエキスが揃っています。自家醸造家の中には、自分好みのビールのスタイルをそのまま再現しようという固い決意のもと、いろんな要素を完全にコントロールしようと躍起になる人もいます。多くの本もまたこんな強迫観念に拍車をかけています。「巷では、化学薬品を使って使う道具をすべて滅菌しないといけないとか、ビールがうまくできるようにまた別の薬品も必要だとか、ドイツ人並みの厳格な温度管理が不可欠だとか、穀物、モルト、ホップ、酵母の微妙な違いを深く理解することが重要だとか、いろんなことがいわれている」と、スティーブン・ハロッド・ビューナーは "Sacred and Herbal Healing Beers"（聖なるハーブ製の癒しビール）に書いています。「一般的にいって、こういう傾向が多くの人を怖じ気づかせて、自家醸造の楽しみを奪っているのである」

　プロの曲芸師であり道化師でもあるトムは、ビール作りをもっと自由に柔軟に行います。そんなトムの醸造のモットーは、「無菌ではなく、清潔さ」。一番頼りにしている自家醸造のバイブルは、チャーリー・パパジアンの『自分でビールを造る本』です。僕と一緒にビールを作っているとき、トムがこの本の中から次の一文を読んでくれました。「落ち着け。心配するな。自家醸造ビールでも飲め。心配するという行為は、もともとなかったかもしれない債務の利息を払うようなものだから」。深い言葉です。

●

所要時間　3〜4週間

材料（20リットル分）

- 丸ごとのタンポポ（根と葉と、花が咲いていれば花も）　5カップ
- 乾燥ホップ　5カップ（約55グラム）
- 焙煎モルトエキスのシロップ　1.5キログラム
- 粉末モルトエキス（エキストラ・ダーク）　2と1/2カップ

作り方

1　タンポポを採取します。タンポポはどこにでも生えています。特に土が掘り返されたあとや道端、工事現場、または火事があった場所などによく生えています。あちこちに生える僕らの味方の植物を探して、地面をじっと見つめながら歩くのは、一種の瞑想です。鍬やシャベルを使って、タンポポの周り15センチくらいの

土をやわらかくしてから、掘って根を探し、なるべく根の深い部分を握って引き抜きます。根のちぎれたところから白い樹液が出てくるのがわかると思います。これが、タンポポの持つ強力な薬効成分なのです。

2 10リットルの水を沸騰させます。そこに更に4リットル分の材料を加えられるくらい大きな鍋を使います。トムによると、ＩＤＡの新鮮でおいしい湧き水が、彼のビールをあんなにもおいしくする秘密とのこと。確かに水はビールの主原料であり、多くの市販ビールも、それぞれの使う独特な水源を同様に自慢しています。もし皆さんも自然の泉から水が汲めるならとてもラッキーですが、たとえそうでなくても、歴史的にアルコール醸造は、質の悪い水をなんとか飲めるようにするために行われてきたものでもあることを忘れないでください。

3 タンポポをきれいに洗います。根をこすって洗い、枯れた葉は捨てます。そしてみじん切りにします。

4 湯が沸騰したら、タンポポ、ホップ、そしてモルトエキスを加えます。この煮出し汁を「ウォート（麦汁）」といいます。ちなみに今回、液体と粉末という形態の異なるモルトエキスを使った理由はただひとつ、トムがビール醸造を6カ月中断していたために、トムの手持ちの材料はそれしかなかっただけのことです。皆さんが作るときは全部液体でも、全部粉末でも構いませんし、両方混ぜても大丈夫です。柔軟性を養いましょう。ウォートの鍋にゆるく蓋をして、再度沸騰させます。やがてきめ細かい泡が立ち始め、ホップが浮いてきます。沸騰したら火を弱めて、吹きこぼれないように気をつけながら、約1時間とろ火で煮込みます。

5 ウォートを漉して、清潔な発酵容器（カーボイ）に入れます。足らない分は水を足して、約20リットルにします。ただしカーボイの首部分まで入れないこと。約7.5センチの隙間を残して、発酵が活発な初期段階に、泡を生成できる余裕をもたせます。さもないと発生するガスの圧力で泡がエアーロックから飛び出て、そこら中汚してしまうかもしれません。

6 ウォートを人肌に冷ましてから酵母を加えます。1週間〜10日間、室温で発酵させます。自家醸造家の多くは温度を一定に保つことにうるさいものですが、片田舎で自給自足型の生活をしている僕らにそれは不可能です。それでもトムのビールは、温度の変動が避けられない環境のせいで悪影響を受けたことなど、一度もないようです。

ビールを瓶詰めする

発酵が止まったら、ビールにプライミング（二次発酵用に砂糖を添加）してから瓶詰めします。一番楽な瓶は、もし手に入るならグロールシュなどの高級ビールに使われている、ゴムのパッキン付き「スイングトップ」の瓶です。この瓶を見かけたら取っておいて、リサイクルセンターからも集めておきましょう。また、ビール瓶の口部分が膨らんでいて、「王冠」を打栓できるタイプの瓶も収集しましょう。醸造道具を扱う店に

スイングトップの瓶

行けば王冠や打栓器は買えるため、こうして集めた瓶は永久に再利用可能です。友人の中には、2〜3リットルサイズのスクリューキャップ式炭酸飲料用ペットボトルに瓶詰めして、うまくいった者もいます。なんだか邪道で、見た目もあまり美しくないと思われるかもしれませんが、ちゃんと機能は果たしますし、手間も省けます。では、プライミングのやり方と、瓶詰めの方法は以下の通り。

1．瓶をきれいにします。20リットルのビールは、330ミリリットル瓶（訳注：地ビール・ベルギービールなどの小瓶サイズ）約60本におさまります。多くの本では、漂白剤などの薬剤を使って瓶を滅菌するように書いていますが、僕の知る醸造家たちは皆ボトルブラシと洗剤と温水で入念に洗うだけです。トムは水道の蛇口につないで使う、高圧の瓶洗浄装置に絶対の信頼をおいています。醸造道具の販売店で約10ドルで購入したそうです。

2．ビールをプライミングします。「プライミング」とは、瓶詰めの段階でビールに糖分を加えて二次発酵を促すことです。こうして発生した二酸化炭素を瓶に閉じ込めて、ビールを発泡させます。一番やりやすいのは2個目の20リットル容器を使うやり方です。カーボイでも、甕でも、プラスチックバケツでも構いません。サイフォンの原理を使ってビールをきれいな2個目の容器に澱引きし、酵母たっぷりの沈殿物は元の容器に残します。澱引きしたビールから約1カップ分とり、モルトシロップ約1と1/2カップ、またはコーンシュガーか粉末モルト1カップ弱を溶かします。この溶液をプライミング用の糖分として、残りのビールに混ぜ入れ、全体に均等に行き渡らせます。使う道具はすべて必ず隅々まできれいに洗っておくようにしましょう。

3．サイフォンを使ってビールを瓶に入れて、蓋をします。

4．瓶詰めのまま発酵させて、少なくとも2週間熟成させてから飲みます。

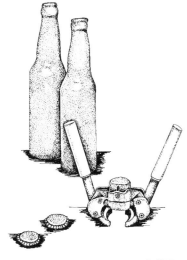

口部分が膨らんだ瓶、王冠、そして打栓器

マッシング：
モルト（発芽穀類）からビールを作る

　友人のパトリック・アイアンウッドは、格別な味のビールを大量に作ります。パトリックは、ムーンシャドウと呼ばれるコミュニティの広い自作農場に、4世代の家族と一緒に住んでいます。メンバーは祖母ふたり、両親、自分の妻と生まれたばかりの子どもであるセージ・インディゴ・アイアンウッド（3つとも植物の名前！）、弟と弟嫁、それに友人たちやインターン、コミュニティへの訪問者たちも一緒です。このコミュニティにあるキモンズ家とアイアンウッド家の森の家と土地は、環境教育施設のシクアッチー・バリー・インスティテュート（81ページ参照）の本拠地でもあります。パトリックが自家醸造を始めたのは、自分でやる主義に目覚めつつあった15歳のときでした。両親に手作りビールキットをプレゼントしてもらったのがきっかけで、それを使って両親のために初めてのビールを作ったのです。

　それから20年後、パトリックは通常1回につき120リットルのビールを醸造して、樽に貯蔵します。樽に入れるほうが瓶詰めよりずっと手間が省けます。僕はもう何年もパトリックのビールを堪能してきましたが、先日初めて醸造の手伝いをしてみました。まずはパトリックのやり方を20リットル分の醸造に置き換えて紹介してから、120リットル作るときのセットアップを説明します。

　マッシング（粉砕モルトと水を混ぜ合わせた「マッシュ」を煮込むこと）の工程には、正確な温度計を準備しておく必要があります。マッシュを熱して、段階的に少しずつ温度を上げてはその温度を保持していくからです。モルトは、温度によって反応が変わる酵素を含んでいます。そのため、いろんな温度で時間をかけながらマッシングを行うと、酵素がデンプンを多様な種類の糖に変えることができるのです。そうして出来上がったウォートが発酵すると、ビールに複雑な味わいが生まれます。

●

所要時間　3〜4週間

材料（20リットル分）

・ペール・モルト（淡い色の麦芽）
　1キログラム
・カラ・ミュンヘン・モルト（カラメルの麦芽）
　500グラム
・アンバー・モルトエキス（シロップ状）
　1.5キログラム
・アンバー・モルトエキス（粉末状）
　1キログラム
・チヌーク・ホップ（ペレット状）　85グラム
・アイリッシュ・モス（紅藻の一種）
　小さじ3/4
・ビール酵母（イースト）　　1袋

作り方

1　モルト（麦芽）を粗挽きします。粒ひとつひとつが数個の破片になるように割っていき、表面積を広げます。ただし粉になるまで挽かないよう気をつけます。粉になると、マッシュがペースト状になり、いろいろと面倒になります。

2　大鍋に8リットルの水を熱して71℃くらいにします。砕いたモルトを入れてよく混ぜます。室温のモルトを入れると、マッシュの温度は下がります。マッシュの温度をチェックして、53℃に保つようにします。冷たい水を加えるか、逆に温めるかして、マッシュを53℃に保ちます。それから蓋をして火を止め、この温度で20分おきます。

3　20分経ったら、マッシュを60℃に上げます。熱するときはかき混ぜ続けて、鍋の底にある麦芽が焦げつかないようにします。60℃に

なったら火を止めて、この温度のまま40分間おきます。まず20分経過した時点で温度を確認し、2℃以上下がっていたら温めます。

4 60℃の状態で40分が経過したら、マッシュを今度は71℃になるよう温めて、そのまま1時間おきます。20分ごとに温度をチェックして、必要に応じて温め直し、温度を一定に保ちます。

5 71℃の状態で1時間が経過したら、マッシュをかき混ぜながら温めて、今度は77℃にします。

6 その間に、約4リットルの水を沸騰させておきます。

7 マッシュが77℃になったら、マッシュを漉します。大きな鍋か甕にざるをかけて、マッシュの液体とモルト粒を両方一緒におたまですくって、ざるに入れます。ざるがモルト粒で一杯になったら、ポテトマッシャーやその他のキッチン用品を使ってモルト粒をざるに押し付けて、液体を搾り出します。液体を搾りとったら、沸騰した湯2～3カップをモルト粒の上からかけて、残っている甘味成分をさらに流しとります。これを「スパージング」と呼びます。モルト粒を搾って、スパージングを繰り返します。スパージング後のモルト粒は、鶏のエサにするかコンポストに入れます。マッシュすべてを漉しとるまでこの作業を繰り返すと、甘く香り高い液体が残ります。この段階の液体を、ウォートと呼びます。

8 ウォートを鍋に戻して沸騰させます。それからモルトエキス（シロップと粉末両方）を加えて混ぜます。この濃く濃縮された状態のウォートは焦げつきやすいので、かき混ぜ続けます。沸騰したら分量の半分のホップを入れて、45分間沸騰させ続けます。その間も混ぜ続けましょう。

9 45分経ったら、アイリッシュ・モスを加えます。これはビールの清澄度を高めます。それから5分後に、残りのホップのうち半量を加えます。そして8分経ったら、最後に残ったホップを全部加えます。ホップを入れて沸騰させると苦みは抽出されますが、揮発性の高い香り成分は飛んでしまいます。最後の段階でホップを加えることで（これは「仕上げのホップ」として知られています）、揮発性の芳香がビールに染み渡るのです。

10 ウォートを1時間沸騰させたら、火を止めます。ウォートを漉してカーボイか、その他の発酵容器に入れます。パトリックは3％の過酸化水素を使って、発酵容器を殺菌しています。ガラス製のカーボイを使っている場合は、熱いウォートをゆっくりと入れて、急激な温度変化でガラスが割れないようにしましょう。不足分は水を加えて20リットルにします。容器の上部に7センチ程度の余裕を残して、ビールの泡が生成できるスペースを確保しておきます。そしてエアーロック付きの栓で密閉して、ビールを人肌に冷まします。

11 ビールが冷めたら、酵母をふり入れて、エアーロック付きの栓で密閉します。1週間から10日間、泡が出なくなるまで発酵させます。それから前述の通りにプライミングして、瓶詰めします。もしくは、パトリックの樽詰めの方法について、このまま読み進めてください。

樽詰めのビール

　パトリックが実際に行うマッシング工程は、上記に説明した分量の6倍、つまり1回につき120リットルで行います。これは330ミリリットル瓶だと360本分です。べつにパトリックが大酒飲みなわけではなく、住んでいるコミュニティの人たち皆が、盛大でにぎやかなパーティを開くのが大好きなのです。これだけの規模で作ると、パトリックの試算では材料費が4リットル当たり2ドルですみます。ふつうに買えるビールの一番安いものよりもずっと安くつくだけでなく、味もはるかに上回ります。醸造に使っている60リットルの鍋は、実は「ハーフ・バレル」サイズのケグ（鉄製のビール樽）の上部を切り落としたものですが、60リットル容量の鍋であれば何でも使えます。

　マッシュを漉すとき、パトリックは大きな80リットルの甕ひとつに入れていきます。しかし皆さんは、それより小さい容器を何個か使って、分けて入れてもいいと思います。マッシュを漉した後は、60リットルの鍋にマッシュを戻して醸造します。そして発酵には、パトリックが自分で改造した62リットルのハーフ・バレルのケグを2個使います。これは通常のハーフ・バレルのケグに、「コーネリアス」ケグの上部を自分で溶接した物で、中に手を入れて洗えるようになっています（パトリックはまれにみる何でも屋で、自分で溶接もできてしまうのです）。ステンレス製のケグの中を、台所用のスポンジでごしごし洗って、それから3％の過酸化水素を内部に吹き付けます。この過酸化水素をきっちり洗い流しておくことが重要です。もし残っていたら、金属を腐食してしまいますから。そして空のケグの保管時は、ヨウ素溶液でケグを満タンにして、細菌が繁殖しにくいようにしています。

　発酵後は、サイフォンを使って、20リットルのコーネリアスケグにビールを澱引きします。コーネリアスケグは、つい最近までレストランやバーなどで炭酸飲料の原液シロップを入れておくのに使われた容器でした。しかしこの頑丈な容器は、よく箱入りワインに使われるような使い捨てのアルミ箔の袋とその周りの厚紙ケースに取って代わられ、だんだんと廃れてしまったのです。そうして有り余るほどのコーネリアスケグが、無料か無料も同然の値段で、創意工夫豊かなリサイクリストたちの手に渡ることとなりました。インターネットで1個12ドルという破格の値段で売られているケースもありました。パトリックは、この運搬可能な軽量容器から直接ビールをグラスに注ぎます。発酵による二酸化炭素の

コーネリアスケグ

圧力で中身が自然に押し出されるときもあれば、手押しポンプや二酸化炭素のタンクを使ってビールを押し出すこともあります。この二酸化炭素のタンクが特に役に立つのは、ひと樽分を一気に飲みきれないときです。このタンクがあれば、ビールを酸化させる微生物を含む空気にビールをさらすことなく、保管できるのです。

　これくらい大量のビールを発酵させてみようと思うなら、20リットルサイズのコーネリアスケグを発酵容器に使うとよいですが、その場合はもうひとつ同サイズのものが必要になります。ひとつのケグで発酵させたものを、きれいなほうのケグに澱引きした後、取り出したほうの元のケグをきれいに洗って、次の澱引き分を入れるようにします。

第12章 アルコール発酵の変化形
―― 酢 ――

　僕がこれまでに作ってきた酢（ビネガー）といえば、ほとんどの場合ワイン作りが想定外の状態になったことによるものです。酢が初めてこの世に出現したときも、きっと同じだったのではないかと僕は考えています。アルコール発酵物を空気にさらしたままにしておくと、アセトバクター属の酢酸菌や、ミコデルマ・アセッティと呼ばれる好気性の酢酵母のすみかになってしまうのは避けられないのですから。こうした微生物は、アルコールを消費して酢酸に変換します。酢を意味する英語の「ビネガー」は、フランス語でワインを意味する「vin（ヴァン）」と、酸っぱいという意味の「aigre（エグル）」をあわせた「vinaigre（ビネグル）」から来ています。ビネガーは、ワイン作りが失敗してしまったときの何よりの慰めです。酢はそれ自体がすでに保存料であり、健康にもよく、いろんなおいしい料理も作れます。

　酢にはいろんな種類があります。通常その違いは、その酢のもとになったアルコールの原料で区別されます。ワインビネガーはワインから作られ、リンゴ酢はシードル（リンゴ酒）、米酢は日本酒、モルトビネガー（麦芽酢）はビールなどの発芽穀物（モルト）飲料からできています。アメリカで一番安くて一番よく使われている酢は、穀物からできている蒸留ホワイトビネガーですが、モルトビネガーが本来もっている味わいや色合いの個性はなく、正にその無味無色さこそが重宝されています。

Recipes

ワインビネガー

　もし自分で作ったワインが酸っぱくなってしまったら、それはビネガーと呼んで、料理やサラダのドレッシングに使ってしまいましょう。そうではなく、意図的に自家製ワインや市販ワインを酢に酢酸発酵させたいと思うなら、まず酢酸発酵は好気性の作用であることを念頭に置きます。甕やプラスチックのバケツなど、口が大きく開いた容器を使って、空気への露出面積を最大限にします。チーズクロスやメッシュの布で口を覆い、ハエやホコリが入らないようにして、直射日光のあたらない場所に置きます。ほかのアルコール発酵プロジェクトからも離し

横置きにして、
ダボ穴にチーズクロスを詰めた樽

ておきましょう。最高の出来にするには、エアロックを使ってまずワインを完全にアルコール発酵させてから、わざと好気性の酢酸菌にさらします。ただし、同じ容器で交互にワインを作ったり酢を作ったりしないように。

友人のヘクター・ブラックは、テネシーで自給自足生活を営んでいます。ブルーベリーの果樹園を所有し、持て余すほどのブルーベリーを抱えるヘクターは、大きなオーク（樫）樽でブルーベリーワインのビネガーを作ります。ヘクターのブルーベリーワインビネガーは濃くてフルーティで、あまりにもおいしいので、僕はグラスに注いでそのまま飲んでいます——それも何杯も。発酵用の樽は横置きにして、空気に触れる表面積を最大限にしています。樽の栓口（「ダボ穴」ともいいます）にはチーズクロスを詰めています。そしてさらに今年ある新しいことを試したおかげで、発酵にかかる時間が短縮できたとヘクターは言います。それは水槽用の小さな電動エアーポンプを使って、酢に変化しつつあるワインへ空気を送り込むことでした。酢を作る微生物は好気性なので、ポンプからの空気で微生物たちが刺激され、活動をより活発にしたのです。

出来上がった酢の酸味の強さは、もとになったワインのアルコール度数に比例します。しかしワインが酢になるまでにかかる時間はかなり

まちまちで、アルコール度、温度、そして空気にさらされる度合いに左右されます。大まかな目安として、夏はだいたい2週間、冬は1カ月くらいですが、頻繁にかき混ぜたり、空気を循環させる装置などを使ったりすると、更に短くなります。定期的に酢を味見して発酵の進度をチェックします。長くおきすぎるのは気にしないでください。酢は安定しているので、すぐに何か別の物になったりはしません。

酢の表面に、薄い膜か何か円盤状のものができているのに気づくかもしれません。これは「酢母」、「ビネガーマザー」または単に「マザー」と呼ばれる酢酸菌の塊で、次に酢を作るとき、スターターとして利用できます。このマザーは食べられますし、栄養価も高いので、怖れる必要はありません。酢の中にもぶよっとした塊があるかもしれませんが、これは死滅して沈んだ酢母です。漉して取り除いてもいいですし、酢と一緒に食べてしまっても構いません。

リンゴ酢

第10章で、僕の知る限りで一番単純なアルコール発酵のしかたを説明しました。それは、新鮮なリンゴの搾り汁が入った瓶をただほったらかして勝手に発酵させると、1週間もしないうちにアルコール性のシードルになるというものでした（148ページ参照）。その瓶をさらに数週間そのままカウンターに置いておくと、今度は空気にさらされて、また同じように勝手にリンゴ酢になります。このとき、横幅の広い容器に入れ替えて、液の表面積を最大限に広げると、その作用がもっと促進されます。

いろんな文化に伝わる民間療法に、濾過されていない生のリンゴ酢を毎日スプーン1杯なめる、というものがあります。エミリー・タッカーの "The Vinegar Book"（酢の本）にはこう書いてあります。「人類は古来よりずっと、〈若さの泉〉から湧き出るという伝説の魔法の

水、エリクシール（不老不死の水）を探し求めてきた。ほとんどの人にとって、そんな万能薬に一番近いのは、もしかするとリンゴ酢なのかもしれない」。タッカーが医療や科学の学術誌を調べてみた結果、酢は関節炎や骨粗しょう症やガンなどを予防したり、感染症の病原菌を殺したり、かゆみや火傷・日焼けの痛みを鎮めたり、消化を助けたりするほか、ダイエットや記憶力にも効果があることがわかりました。また、現代アメリカの医師が医師になる際に必ず読み上げて誓わねばならない宣誓文がありますが、これを書いたギリシャの医師ヒポクラテスですら、酢を治療薬として処方しています。

ビニャグレ・デ・ピーニャ
（メキシコのパイナップル酢）

　パイナップルの酢は、非常に酸味が強くて美味です。メキシコ料理レシピでよく材料として使われていますが、実は普段からあらゆる酢の代用としても使えます。この酢を作るのに必要なのはパイナップルの皮のみなので、果肉はおいしく食べてしまいます。このレシピは、ダイアナ・ケネディの "The Cuisines of Mexico"（メキシコの郷土料理集）にヒントを得たものです。

所要時間　3〜4週間

材料（1リットル分）
- 砂糖　1/4カップ強
- パイナップル1個分の皮（皮を使うのでオーガニックなもの、熟れすぎていてもOK）
- 水

作り方

1　瓶かボウルに水1リットルを入れ、砂糖を溶かします。パイナップルの皮を粗く切って加えます。チーズクロスで覆いをしてハエが来ないようにし、室温において発酵させます。

2　約1週間経って、液体の色が濃くなってきたなと感じたら、パイナップルの皮を漉して捨てます。

3　漉しとった液体を時々かき混ぜたり揺すったりしながらさらに2〜3週間発酵させると、パイナップル酢の出来上がりです。

リサイクル・フルーツ・ビネガー

　パイナップルの皮からおいしい酢ができるように、どんなフルーツの残骸からも酢が作れます。たとえばアップルパイを作った後のリンゴの皮や芯、落ちていたんだフルーツ、熟れすぎたバナナ、またはブドウやベリー類の落ちこぼれ（出来の良い粒が食べられてしまった後の残り）などです。ビネガー作りは食品リサイクルできるチャンスです。ただ砂糖水（砂糖1/4カップ強を1リットルの水に溶かしたもの）をリサイクルしたいフルーツの残骸の上からかけるだけで、あとはパイナップル酢のレシピと同様にします。お好みで砂糖の代わりに蜂蜜を使ってもいいですが、砂糖より少し時間がかかるかもしれません。

シュラブ

　シュラブは、炭酸飲料が一般的になるまで、アメリカでよく飲まれていた清涼飲料水です。昔ながらの作り方では、まず新鮮なベリー類を酢に漬けて2週間くらいおき、それからベリー類を漉して砂糖か蜂蜜を加えます。この濃い液体を貯蔵しておいて、必要なときに水で薄めて氷を浮かべて飲んでいました。もし果実味豊かなワインビネガーやリンゴ酢などがあるなら、それにただフルーツジュースを混ぜればもっと簡単にできます。酢1に対しフルーツジュース3と水3の割合で混ぜます。水の代わりに炭酸水を使うと、よりソーダ飲料っぽくなります。混ぜる割合はお好みで調節しましょう。甘みと

酸味がうまく調和します。

スウィッツェル

　スウィッツェルも酢をベースにしたソフトドリンクで、糖蜜とショウガで風味づけしています。このレシピは、スティーブン・クレスウェルの "Homemade Root Beer, Soda & Pop"（自家製ルートビアとソーダ飲料）のレシピを応用したものです。

●

所要時間　2時間

材料（2リットル分）
- リンゴ酢か、その他の果実味豊かな酢　1/2カップ強
- 砂糖　1/2カップ強
- 糖蜜　1/2カップ強
- ショウガ　5センチ分（すりおろす）
- 水

作り方

1　分量の酢、砂糖、糖蜜、ショウガに水1リットルをあわせて、10分煮ます。そしてショウガを漉します。

2　水（または炭酸水）を加えて全体を2リットルにします。

3　冷やしてからいただきます。

応用編

　スウィッツェルは、友人のハ！が酢とレモン汁と糖蜜で作る滋養強壮ドリンクにとてもよく似ています。糖蜜大さじ1、リンゴ酢大さじ2、そしてレモン汁大さじ3を1カップの湯に混ぜて、温かいままいただきます。

ホースラディッシュ（西洋わさび）ソース

　ホースラディッシュは非常にパワフルな根をもっています。食べると口から副鼻腔まで一気に熱くなります。ユダヤ教の過越祭の正餐では、弾圧に対する苦しみの象徴として必ずホースラディッシュが使われます。そのため僕は子どものころ、ホースラディッシュをマッツォ（ユダヤの無酵母パン）につけて食べるのが、いつのまにか大好きになりました。マッツォにつけて食べるのは今も大好きですが、それだけでなくサンドイッチや海苔巻きに塗ったり、ソースやドレッシングやキムチの材料に使ったりするのも好きです。

　ホースラディッシュソースの作り方はとても簡単です。まず生のホースラディッシュの根をおろします。手でやるにしても機械でやるにしても、ホースラディッシュをおろすときに出る臭気は強烈なので気をつけてください。特に密閉状態のフードプロセッサーを開けるときなど、臭気を思いきり吸い込むとむせるかもしれません。おろしたホースラディッシュがひたひたになるくらいの酢と塩をほんの少し入れて、数時間から数週間おき、味を浸透させます。

　もうひとつのやり方として、ホースラディッシュを蜂蜜水少々で発酵させることもできます。おろしたホースラディッシュの上から蜂蜜水を注ぎます。よく混ぜて、チーズクロスかメッシュ布で覆い、3〜4週間発酵させます。こうすると蜂蜜からアルコールを生成する発酵と、そのアルコールから酢を生成する発酵の両方に、ホースラディッシュを漬けておくことになります。きっと発酵微生物たちも僕と同じように、ホースラディッシュをしびれるほど堪能しているのではないかと想像したくなります。

漬け込みビネガー

　酢に含まれる酸は、いろんな食べ物やハーブに含まれる風味やフィトケミカル（植物性化学

ハーブを漬け込んで瓶詰めにした酢

さやいんげんのディル・ピクルスの瓶詰め

を少しあげると、ニンニク、ローズマリー、タイム、タラゴン、唐辛子、ベリー類、ミント、バジル、タンポポの根、いろんな葉っぱや花などなど……。何でも好きなものをどうぞ。

酢漬け（ビネガー・ピクルス）：
さやいんげんのディル・ピクルス

　食べ物を酢漬けにするのは、発酵食品作りではありません。第5章で紹介した塩水漬けでは、乳酸が野菜をキープしてくれますが、その乳酸は野菜についていた微生物の活動が生みだしたものです。一方、酢漬けは酢というすでに発酵した食品を利用する方法ですが、酢の酸によって微生物の活動は妨げられてしまいます。ですから酢漬けに生きた微生物は全く含まれていません。

　フランスに、テール・ヴィヴァンという、オーガニック菜園や旧世界（アジア・アフリカ・ヨーロッパ地域）の食品保存技術に特化した環境教育センターがあります。そのテール・ヴィヴァンが発行した "Keeping Food Fresh"（食品を新鮮に保つ方法）にはこう書いてあります。「過去、ピクルスは常に乳酸発酵されるものであったが、その後酢に変わった。それはただ商品として安定させるためであった」。確かに、乳酸発酵による漬け物（ピクルス）に比べて、酢漬け（ビネガー・ピクルス）の大きな利点は、酢漬けのほうが永久に（まあ、ほぼ、というか）保存できることです。一方、塩水に漬けたピクルスは数週間か数カ月はもちますが、何年ももつことはまれで、決して永久には保存できません。酢漬けのレシピはいろんな料理本にたくさんのっているため、ここではひとつだけ紹介します。これは、毎年夏に僕の父が自分の菜園で育てたさやいんげんで作るディル・ピクルスで、家族や友人を一年中楽しませてくれます。

●

物質）を効果的に抽出してくれる溶剤であり、保存料でもあります。そのおかげで、抽出された風味や薬効成分が酢に溶け込むのです。何を漬け込むかによって、サラダドレッシングに向いたり、強力なハーブ薬になったり（またはその両方になったり）と、それぞれ独特な酢になります。酢にその風味を取り込みたい植物を何でも瓶に入れて、酢をかけて漬けて、瓶に蓋をします。酢は金属を腐食するので、プラスチック製の蓋を使うか、金属の蓋と瓶の間にクッキングシートを入れてから蓋をします。その酢を暗い場所に2〜3週間（またはそれ以上）置いて、漬け込みます。酢を漉して、漬けていた植物は捨てます。もしも酢の色みが明るく、向こうが透けて見えるようであれば、漬けていた植物の新鮮なものを、瓶詰めするときに少しだけ入れます。センスのいい瓶に入れて贈り物にしましょう。フードブティックと呼ばれるような、おしゃれな食料品店には、素敵なボトルに入った漬け込みビネガーがたくさんあり、高価な値段で売られています。

　酢に、そのエキスを抽出できる食品やハーブ

所要時間　6週間

特別に準備するもの
- 密閉可能な保存瓶：750ミリリットルサイズのものがベスト。さやいんげんの長さが丁度ぴったり合うため。

材料
- さやいんげん
- ニンニク
- 塩（父は誓って粗挽きのコーシャ・ソルトしか使いませんが、海水塩でも大丈夫です）
- 乾燥赤唐辛子（まるごと）
- セロリ・シード
- 新鮮なディル（花のついたてっぺん部分がベスト。もしくは葉）
- 蒸留ホワイトビネガー
- 水

作り方

1 漬けるさやえんどうの量に対して、いくつ瓶が必要になるか大体の見当をつけます。瓶を完全にきれいにしてから並べます。

2 それぞれの瓶に、ニンニク1片、塩小さじ1、まるごとの赤唐辛子1本、セロリ・シード、花がつき始めているディルのてっぺん、またはディルの葉の束を少々入れます。そしてさやえんどうの端を立てて入れ、瓶にできるだけきつく詰めていきます。

3 さやえんどうでいっぱいになった瓶の数の分、酢1と1/4カップと水1と1/4カップずつを量って鍋に入れます。この酢と水のミックスを沸騰させ、さやえんどうとスパイスの上から瓶に注ぎ入れて、瓶の口から1センチ下まで満たします。

4 瓶に蓋をして、湯が沸騰している大鍋に入れて、10分間加熱処理をします。

このさやえんどうのディル・ピクルスは最低でも6週間寝かせて、全体に風味をなじませます。それからいつでも好きなときに瓶を開けて味わいましょう。父はこのさやえんどうをオードブル（前菜）に出してくれます。加熱処理をしたピクルスは、冷蔵しなくても数年間保存できます。

ビネグレット・ドレッシング

これは僕がよく作る定番のサラダドレッシングです。初めて母から作り方を教わったレシピで、子どものころ、僕らがサラダを食べるときはいつも、これを作るのが僕の役目でした。母が教えてくれたのは、オイルよりもビネガーの量を多くすること、マスタードをたっぷり入れること、そしてニンニクをふんだんに使うことです。サラダドレッシングを作るのはとても簡単です。ですから出来合いを買う人がいるのにはいつも驚いてしまいます。

●

所要時間 10分

材料（約1と1/4カップ分）
- ワインビネガー　1/2カップ強
- エキストラ・バージン・オリーブオイル　1/4カップ強
- ニンニク　8片（どろどろにつぶす）
- ピリ辛マスタード　大さじ2
- 粉マスタード　小さじ1
- タイム（生または乾燥したもの）　小さじ1
- パセリ（生または乾燥したもの）　小さじ1
- タラゴン（生または乾燥したもの）　小さじ1/2
- いりごま油　大さじ1（味に変化をつけたいとき、オプションで）
- 蜂蜜　大さじ1（味に変化をつけたいとき、オプションで）
- ヨーグルト、またはタヒニ（ごまペースト）ソース　大さじ2（クリーミーなドレッシングにしたいとき、

第12章 ※ アルコール発酵の変化形

オプションで）
・塩、コショウ　少々

作り方
　材料全部を瓶に入れて蓋をし、よく振って混ぜます。僕はよくマスタードの瓶でサラダドレッシングを作り、瓶にこびりついて取りにくくなっているマスタードも取り込みます。もしあれば、ピクルスの漬け汁やザワークラウトの汁も少々加えます。ドレッシングを混ぜた後に、少し寝かせて味をなじませるとさらにおいしくなります。僕はサラダにあらかじめドレッシングをかけてしまって、少し野菜をしんなりさせるのが好きです。サラダを食べた後、器の底にドレッシングがたまっていたら、瓶に戻して再利用します。

第13章

発酵と命の輪廻
—— たゆまぬ変化の力 ——

　発酵は、食べ物を変化させるという側面以上に、もっと大きな働きをもっています。死んだ動物や植物の細胞を微生物が分解して、別の植物たちの栄養となる物質を作る働きもまた、発酵のプロセスです。微生物学の初期に活躍した微生物学者のジェイコブ・リップマンは、1908年に発行した自著 "*Bacteria in Relation to Country Life*"（田園生活とバクテリア）の中で、微生物について次のように巧みに表現しています。

> （微生物は）生者の世界と死者の世界をつなぐ存在である。偉大な掃除屋で、死んだ動植物の体の奥深くにある炭素や窒素、水素、硫黄などの物質を、自然の循環に戻していく役割を担う。微生物がいなければ死骸はどんどん蓄積し、生者の王国はやがて死者の王国に取って代わられることだろう。

　この様子を想像すると、僕は死や腐敗を受け入れやすくなります。命は輪のように繰り返す営みであり、死はその一部として避けられない部分であることは、この物理的世界の中ではっきりと証明されています。そんな中、このイメージは命の一番残酷な現実をより理解しやすく、また受け入れやすくしてくれるのです。
　この10年間、僕は発酵の世界にどんどん魅せられていった一方で、自分の体が衰えて死にゆく様をあれこれ想像することにもかなりの時間を費やしてきました。ＨＩＶ抗体検査で死の宣告を受けた僕が、どうして死を想像しないでいられるでしょうか？　この気持ちをほかの誰よりも的確に表現したのは、今は亡き詩人のオードリー・ロードです。

> 自意識の強い人生を生きながら、残り少ない時間の中で、私はすぐ後ろにいる死の意識と向きあう。常にではないけれど、人生の中で決めてきたこと、やってきたことのすべてにその証が残るくらい頻繁に。そしてたとえこの死が来週訪れようと、今から30年後になろうとそれは構わない。なぜならこの死の意識が、私

の人生にまた新たな幅をもたせてくれるから。そのおかげで私の語る言葉、愛情表現、振る舞いの如才なさ、抱く夢や目標を追う力、そして生きていることのありがたみの深さが形づくられるのだ。

　病気や死のことを考えていると、それが現実に顕在化してしまうことはあり得るでしょうか？　ＨＩＶ抗体検査のように、診断目的の医療検査からは間違いなく有益な情報が得られるからやったほうがいい、と積極的に勧められるものです。それは情報が多ければ多いほど、患者も医療提供者もより良い判断ができる、という前提に基づいています。しかし「自覚症状のない」ＨＩＶ陽性反応宣告から、ゆっくりとエイズ症状が出始めた僕自身の経験からいえば、見た目は全く健康そうな人に、絶対に罹ってしまう病気の診断宣告をするのは本当にその人のためになることなのかどうか疑問です。知らないほうが絶対に幸せなこともあります。

　この本を書いているうちに、僕は40歳になりました。同年代からはよく中年期についての話が出ます。僕はいま人生の中間地点にいて、2042年に80歳の誕生日を祝うのは、あり得ない話でもなさそうに思えます。人生を愛しているし、無限の可能性も信じています。しかし僕は客観的な判断とか、現実性や可能性を信じるタイプなので、はっきりいって僕がこれからさらに40年生きるのは、かなり難しい話だと思います。僕を生かしてくれているという薬は、おそらく何十年も服用し続けられるものでもないと思います。そういう薬には有害性もあるので、長期的には大きな負担になるからです。以前に比べるとエイズを発症した人たちも長く生きてはいますが、未だエイズで亡くなる友人は絶えません。僕の体は衰えているのだ、そして僕の人生は終わりに近づいているのだという思いに慣れっこになるくらい、いろんなことがこれまでにたくさんありました。果たして、これはあきらめなのでしょうか？　生きる意思を失ってしまったということなのでしょうか？

　死と折り合いをつけるのは賢明なことだと僕は思います。死はやがて来るものです。僕にできることはただ、できる限り人生を受け入れることです。そして死期を迎えたとき、いま僕であるものはすべて発酵し、無数の命に栄養を与えながら、命の連鎖の一部として続いていくのだと、僕は知っているし、確信しています。僕の発酵食品作りは、この信念を日々確かめる行為なのです。

死と、もっとふれあう

　僕らの住む社会は、僕らを死から遠ざけようとします。そうして生から死への移行を扱うための、人間味のないさまざまな施設まで作ってしまいました。いったい何を恐れ

ているのでしょうか？　母が亡くなったとき、僕は母に付き添えたこと、それも家で看取れたことを幸運に思います。母は長い間子宮頸ガンで苦しんだ末に、約1週間意識不明の状態になりました。浮腫（水がたまった状態）のせいで母の足は肥大し、だんだん足のほうが高く上がっていきました。肺にも水がたまって、日に日に呼吸が苦しそうになっていきました。母の最期を看取ろうと、家族で母の周りに集まりました。母の呼吸がだんだん浅く途切れ途切れになり、やがて不随意筋が収縮したのが最後でした。僕らはしばらく母の傍について泣き、いま起きた出来事の重大さを把握しようと努めました。そして真夜中、母の亡き骸を引き取りにきたのは、見事はまり役というほかない、青白い顔に陰鬱な表情の人たちでした。彼らは母の膨れ上がった体を持ち上げてストレッチャーにのせて袋に入れ、エレベーターまで転がしていきました。しかしエレベーターに乗せるには、そのストレッチャーを立てなくてはなりません。そのとき、母の遺体が鉛の重りのように倒れたのです。死は視覚的に強烈で、とてもリアルでした。

　母の死後、僕はさらにふたりの亡き骸と一緒の時間を過ごす機会を得ました。ひとり目は乳がんで亡くなった友人のリンダ・キューベックです。リンダが亡くなる前、僕はリンダの世話係のひとりでした。リンダの世話をしていたときのことで一番鮮明に覚えているのは、リンダのわきの下から飛び出していた野球ボールサイズの腫瘍に粘土を押しあてたことです。ガンはあまりにも抽象的な概念で、体の奥深くに隠れて見えず、遠回しな表現に包まれてぼやかされるものですが、あの腫瘍はとても具体的でした。
　リンダが亡くなって、自宅埋葬されるまでの24時間、遺体はそのままベッドに安置されました。リンダがこの世を去った次の朝、僕らがショートマウンテンから駆けつけるまでに、友人や家族らがリンダの周りに花やお香、写真や布で飾った祭壇を作っていました。その祭壇は本当に美しく、現世から埋葬されるまでの旅立ちの時間にとてもふさわしいと思いました。僕らはリンダの亡き骸と共にしばらく座り、とても穏やかな時間を過ごしました。その後皆で近くの沼まで泳ぎに行き、僕が沼に飛び込んで浮き上がってきたとき、水面に脱皮した蛇の皮が浮かんでいました。僕はそれを見た瞬間、死も命の過程の一部であって、恐れることは何もないのだと強く確信しました。
　テネシー州は自宅埋葬を許可している数少ない州のひとつです。リンダの甥が1日がかりでリンダの墓を掘り、大工をしている友人が松の木でシンプルな棺を作りました。そしてその日の午後遅く、集まった家族や友人で歌を歌い、ドラムを鳴らし、祈りの言葉を唱えながら、墓場までぞろぞろ歩いて、リンダを墓に眠らせたのです。墓地や葬儀屋や火葬場といった営利目的の業者は何ひとつ関わっておらず、本当に心地よく感じました。ふつうの人々が、自分の身内の面倒を自分たちでみただけのことです。

　僕が共に時間を過ごしたもうひとりの亡き骸は、ラッセル・モーガンです。28歳で

亡くなった友人で、死因はエイズ、というより実際にはカポジ肉腫の病変が肺にできたことによるものでした。亡くなったとき、僕はちょうど見舞いでそこにいました。それまで入退院を繰り返していたラッセルは、ただ呼吸をするのもかなりつらくなってきたため、再び入院することを決意したのです。ラッセルを抱えて家の入口の階段を下りるのを僕も手伝って、車に乗せました。そして二度と帰ってこなかったのです。死の瞬間、僕は病室の廊下にいました。そのとき付き添っていたのは、恋人のレオパードと、家族でした。死んでしまったとわかったのは、レオパードの嘆く声が聞こえてきたからです。そのときの状況を後から聞いた話だと、呼吸器につながれていてもラッセルの呼吸はますます苦しそうになっていき、ついに自分で酸素マスクを床にかなぐり捨てて、「もうたくさんだ！」と言うと、誰も知り得ぬ向こうの世界へ、自ら勇敢に飛び込んでいったということです。僕はその勇気に敬服します。その後病院のスタッフは、そのまま病室でラッセルの亡き骸と共に過ごす時間をくれました。僕は、病院のベッドに横たわるラッセルの周りに祭壇を作ろうとするレオパードを手伝って、不自然な環境の中でもなんとか旅立ちの儀式をしようと努めました。

こうした経験のおかげで、僕には自分が死んだときにはどうしてほしいかの具体的なイメージができました。もちろんしっかり長生きできるなら嬉しい限りですが、死についてもじっくり考えてみたのです。まず僕の体には、リンダのときのように、次の段階に移るまでの時間をとりたいと思います。この旅立ちまでの時間に家族や友人に付き添ってもらって、冷たく湿った皮膚に触れてもらい、亡き骸にお別れを告げてもらって、死はそれほど不思議なことじゃないと、少しでも感じてほしいのです。そして人間味のかけらもない葬儀産業に頼ることなく土に還っていきたいと思います。巨大な火葬用の薪の山で送ってもらえると素敵ですが、それが無理なら、ただ地面に穴を掘って僕を入れてください、ただし棺はなしで。そのほうが早くコンポスト（堆肥）になりますから。

人事を尽くしてコンポストを待つ

　僕は、コンポストに入れたものがどんどん分解していく様子を見るのが大好きです。ああこれは昨日の晩のスープに入れたタマネギの皮だ、などと、見ればそれが何だかわかる形とそれにまつわる歴史をもったものが、だんだん溶けて大地とひとつに同化していくのです。僕はこの過程そのものがとても美しいと思っています。まるで詩です。ウォルト・ホイットマンも、コンポストから霊感を吹き込まれたようです。

　　　　夏の盛りは、無念に死んで重なりあったものたちに

無邪気で容赦ない。
　なんという化学の作用だろう！
　だから風は病気を撒き散らしたりなどしない。

　だからすべてはいつまでもいつまでもきれいで、
　だから井戸から汲んだ冷たい飲み物はこんなにもおいしく、
　だからブラックベリーはこんなにも味わい豊かで果汁に溢れ、
　だからりんご農園やオレンジ農園の果物も
　　　メロン、ブドウ、桃、すもものどれも毒となることもなく、
　だから芝生に寝転んでも、なんの病気がうつることもない、
　おそらくその尖った葉のひとつひとつは、
　　　かつて病気に罹った何かから生えてきたのだろうけれど。
　そして僕はいま地球を畏れている、
　　　それはあまりにも穏やかで我慢強く、
　あまりの腐敗からあまりにも甘いものたちを育み、
　地軸の周りに害のなさ、穢れのなさを廻すのだ、
　　　次々とこんなにも際限なく出てくる病んだ死骸をもってして、
　あのように充満した悪臭を、あのように優美な風に昇華し、
　何も知らないような顔をして、毎年豪華な豊穣の作物をまた作り、
　人間にこんなにも神がかった素材を与え、そしてついには
　　　人間のあんな残り物を、ただ受けとるのである。

　僕はコンポストという言葉を広い意味で使っています。台所から出る生ゴミの山、雑草や剪定した枝の山、ヤギたちの糞堆肥（ヤギの排泄物と寝床用のわらを混ぜたもの）の山、そして我が家で処理する僕ら自身の人糞の山などに、それぞれトイレットペーパー、おがくず、灰などを混ぜ込んだもののどれもがコンポストです。1〜2年後には、どの山も同じような見た目になります。すべて、微生物が起こす発酵の働きによって、最初よりずっと単純な形に分解されるからです。物をコンポストに入れて堆肥にするのは、発酵のプロセスなのです。

　コンポストでの堆肥作りをどうやるのが一番良いのかについては、いろんな考え方があります。庭や畑の世話をする人たちは一生懸命な人ばかりなので、何が一番良い方法なのかといわれると、皆それぞれ強いこだわりがあるものです。たとえばロデール研究所の"*Complete Book of Composting*"（コンポスト丸わかり）には、庭や畑いじりをする人のこんな描写があります。「もう何年もいろんな方法を次から次へと試して、秘密の数値をグラフ化してみたり、なんだか変わったバケツや箱、換気システムや水分補

給装置などを作ってみたり、ゴミの山にきっちり正確に積み上げた素材ひとつひとつを丁寧に計測してみたりする」。いろんな条件を操作して、堆肥の発酵を早めようとか、熱をもたせようとか、無臭にしようとかやってみるのはもちろん構いません。しかし、たとえ何もせずに、ただ食品くずを台所にどんどんためていくだけでも、勝手にコンポストになっていくのです。止めようと思っても、止めることはできません。発酵することで有機物は腐敗していきます。この作用のおかげで、落ち葉も、動物の排泄物や死体も、倒れてしまった木やその他の植物も、ありとあらゆる有機物は分解されて、みんな土に還っていくのです。発酵こそが、肥沃な土壌作りの基本なのです。

第2章で、ユストゥス・フォン・リービッヒという19世紀ドイツの化学者について触れました。リービッヒは、発酵が生物学的な作用であるという考え方に断固として反対した人物です。そんな勘違いをしていたまさにこの人が、人間の作った化学物質で土地を肥やすという考えを起こした張本人です。「動物や自然由来の堆肥が植物に対して起こす作用を研究してみたが、仮に人工の堆肥が自然堆肥と同じ構成要素を含んでいれば、その人工堆肥を与えられた植物に似たような作用をもたらすのは明らかである」。フォン・リービッヒが1840年に出した専門書、*Chemistry and Its Application to Agriculture and Physiology*（農業および生理学への化学の応用）は、化学農法の礎となりました。化学農法は今や当たり前となり、おかげで世界各地の農地は急速に枯渇しています。一方、発酵は自然の営みであり、生物と深く関わって自然に発生する腐敗作用です。その作用によって土壌は肥えて、植物の命を養っていくのです。化学肥料は、短期的に出来高を上げるには効果的かもしれません。しかし大地が、多様な生物のすむ生態系システムとして、自らの力でバランスをとっていく機能を損なってしまうのです。

食品の大量生産について考えるとき、僕は悲しくなり、怒りを感じます。化学薬品に頼った単一作物農業。我々の食生活の最も基本的な食用作物に対する遺伝子組み換え操作。おぞましく非人道的な工場と化した動物飼育。合成保存料満載で、産業副産物であるゴミを山のように出し、過剰包装された超加工食品など。個々の企業がこれまで以上にどんどん集約されて、地球や人類全体から利益を搾りとっている産業分野は多数ありますが、食品生産もそのひとつにすぎないのです。

これまでずっと、食べ物は人と地球を一番直接的に、かつわかりやすい形でつないでいてくれる存在でした。それがだんだんと、大量生産されて必要以上に販売される商品の寄せ集めになってしまったのです。進歩の歌は高らかに歌いあげます、技術と社会全体のしくみの革新のおかげで、僕らは自分たちの食べる食料を育てたり、採取したりする負担から解放されたのだと。スーパーマーケットに行ったり、食べ物を電子レンジに入れたりするだけでも十分面倒なのです。自分の食べている物がどこからきたのか、知りもしなければ気にもしていない人がほとんどです。

社会変化

　ここまで読むと、勘のいい読者は、僕はどちらかというと暗い未来を想像しているのではと気づくことでしょう。食品の大量生産だけでなく、戦争、地球温暖化、種の絶滅の加速、社会格差の拡大、執拗な人種差別、驚異的な数の刑務所収監者、軍備や社会コントロールのハイテク化、愛国心と結びつけられた消費主義、ますますくだらなくなっていくテレビ番組など、現代社会のいろんな動向が、僕の悲観的な考え方の源になっています。

　しかしそんな僕に希望を与えてくれるのは、こうした現代の流れがずっと続いていかざるを得ないとは限らない、という単純な言葉です。そしてこのまま続いていくことはあり得ないように思えるのです。自由を求める革命の精神もいろんな望みも、いつでも、どこにでも残っています。たとえ今はじっとしていたり、夢の中にしか存在し得ないでいたりしても、ちょうど微生物の種菌のように、条件さえ揃えばいつでも自分たちの数を増やして活発になり、変化を起こす準備はできているのです。

　社会変化は発酵のもうひとつの形です。いろんな考えはどんどん広がり、いろんなものに変わりながら他を変える動力になるという点で、考えも発酵しています。また、オックスフォード英英辞典では、英語で「発酵」を意味する「ferment」を2番目にこう定義しています。「感情や情熱、動揺や興奮などによって高ぶっている状態、(中略) 一種の興奮状態で、より純粋なものやより全体的なもの、またより安定した状態のものを生みだしやすくなる」。「ferment（発酵）」という言葉は、「沸騰する」という意味のラテン語「fervere」から派生した言葉です。「Fervor（情熱）」や「fervent（熱心さ）」も、同じ「fervere」を語源にもつ言葉です。発酵している液体は、ちょうど沸騰している液体のように泡立ちます。そして興奮状態にある人々も、沸騰しているのと同じような激しさになって、その力で変化を起こすこともできるのです。

　発酵は変化を起こす現象ではあるものの、発酵によって生みだされる変化は穏やかで、ゆっくりと一定のペースで進むものがほとんどです。この発酵を、変化を生みだすもうひとつの自然現象と対比させてみましょう。それは火です。この本を書いている間に、僕の脳裏に焼き付いた驚愕の火の事件が3つ起きました。ひとつ目は、僕ら皆が目の当たりにし、死ぬまで何度もあの光景を思い起こすであろう、あの出来事です。ニューヨークの世界貿易センターにジェット機が突っ込んだことで生じ、鉄筋構造を溶かしてタワーを倒した、あのものすごいパワーをもった炎です。2001年9月11日に起きたあの忌まわしい出来事にどういう意味があったといおうと、我々皆がその目で確かめたことは、全く手のつけようもないほど猛烈な炎の力の前には、現代工学の粋を尽くした建

築物ですらひとたまりもないことでした。

　その２カ月後、僕は山火事のまっただ中にいました。ムーンシャドウに住む友人たちを訪ねたときのことです。友人たちの家に向かう途中、何キロも離れたところから煙が見えて、匂いもしてきました。この火事は子どものハロウィーンの悪戯か、もしかすると放火だったのかもしれません。火は１週間以上も林床に沿って燃えていき、ムーンシャドウの地に近づいてきたため、友人たちの家屋や庭までも燃えてしまうのではないかと心配されました。火事そのものは、何十メートルもの長さになった一直線の炎で、ゆっくりと山肌を下り（もし火の移動速度がもっと早ければ、山肌を上がっていたはずだと聞きました）、炎が通った後に残されたのは、燃えた木の幹や灰だらけの不気味な光景でした。ムーンシャドウの友人たちは何日もろくに寝ることもできず、落ち葉をよけたり穴を掘ったりして防火帯を作り、火事を食い止めようとしました。僕らが現場に到着したとき、防火帯はできていましたが、風が吹けば燃えさしが飛んでその防火帯を飛び越えて、火事が広がり続ける恐れがありました。まず絶対に必要なのは防火帯の監視です。そうすれば燃えさしが飛んできてもすぐ消せるし、たとえ消えなくても、少なくとも被害を抑えることはできるからです。

　まだ生きている木は火事でも燃えずに残りましたが、松食い虫がはびこって死んでしまった松の木がたくさん倒れてきました。火の近くではヘルメットをかぶっていても、木が次々と倒れてくるにつれ、もし25メートルもある木が僕の真上に倒れてくる運命だったとしたら、こんなヘルメットがいったい何の役に立つだろうと考えたりしました。その夜、僕らは防火帯の傍で眠り、燃えさしが飛んできた場合に備えて、火事の広がりを食い止める要員として待機していました。僕はその晩何度も目を覚まし、木が倒れる音を聞いたり、炎が山肌を下っていくのを見たりしていましたが、そのうち炎が防火帯を飛び越えることなく、予測通りの道筋を通っているのを見てほっと安心しました。朝が来る前に炎は小川にたどり着いて消えました。後に残されたのは、まだ煙のくすぶっている灰や燃えさしだらけの森と、制御不能なパワーですべてを一変させてしまう火事に対して謙虚になりながら、無事だったことを感謝する人々でした。

　それからまたさらに２カ月後、突然の寒波に見舞われた１月のある日、ショートマウンテンの僕らの家から一番近い隣人の家が、真夜中に突然出火しました。その家の薪ストーブから薪の燃えさしが落ちたのに誰も気づかず、いつの間にかわりと大きな火事になって、台所のボトル類が破裂する音で台所の隣の部屋に寝ていた宿泊客が目を覚ましました。目が覚めると煙はもうかなり濃くなっていました。水道は凍りつき、十分に水もない状態でしたが、幸運にも消化器１つ、毛布や敷物、そしてバケツ何杯分もの雪で火を消し止めることができました。もし目を覚ますのがもう少し遅かったら、または混

乱のうちにパニックになっていたら、家は焼け落ちて灰になっていたことでしょう。この火事もまた、僕ら人間の驕りや過信を諫めてくれたとともに、木を燃やして暖をとり、ロウソクで本を読むこの地域の皆に、火の扱いに気をつけるよう気づかせてくれた出来事でした。火は一瞬ですべてを変え得るのです。

　社会変化の領域でいうと、火は革命蜂起（いき）の瞬間です。それは情熱的な理想に基づいて強く求められるものでもあれば、恐れられて一心に防ごうとされるものでもあり、自分の立場によって、そのどちらになるかが変わります。火は燃え広がり、その通り道にあるものはすべて破壊し、どこに進むのか全く予測できません。一方、発酵はそこまでドラマチックではありません。燃やす代わりに泡を出し、変化の起こし方も穏やかでゆっくりしたものです。また着実でもあります。発酵は止めることのできない力です。命を再生し、希望も新たにし、どこまでも先へとつなげていきます。

　この本を読んでいるあなたの命も、僕の命も、ありとあらゆる人の命もその死も、生きとし生けるものすべての生と死と発酵の、終わりなき連鎖の一部です。天然発酵はあらゆる場所で、常に起きています。そんな天然発酵を受け入れましょう。身近にあるいろんな素材と、命の営みに関わってみましょう。微生物たちが変化の魔法をかけて、あなたが発酵の奇跡を目の当たりにしている間に、あなた自身も社会を揺り動かし、社会秩序の中に変化の泡を放っている、変化の担い手だと想像するのです。発酵のごちそうで、自分の家族や友人やいろんな味方にたっぷり栄養を与えましょう。命を肯定する力が発酵食品のような基本的な食料にはあり、それは今スーパーマーケットの棚に溢れている、工場で加工された命のかけらもない食べ物とはまるで正反対です。是非バクテリアや酵母の働きに触発されて、自分の命も変化の過程のひとつにしていきましょう。

謝辞

このプロジェクトは、僕が人生の中で何か夢中になれることや生きている意義をどうしようもなく必要としていたとき、それを僕に与えてくれました。1999年から2000年の間、僕はエイズでどん底にいました。もうすぐ死ぬかもしれないという思いを受け入れながら、できるだけ今この瞬間を生きて、陰鬱なだけに思えた将来のことにはあまり囚われないように努めていました。僕がいま一番深く感謝していることは、生きて健康でいられることです。このプロジェクトのおかげで、将来はこれからも広がっていくし、可能性に満ちているのだとまた思えるようになりました。

僕が取り憑かれたように発酵食品作りに熱中し、その度合いが進行していったこの10年の間、そんな僕を励ましてくれたすべての人々に感謝します。まずは常にくるくると配役が入れ替わる同居人の面々。ここに全員の名前を挙げるにはあまりにも多すぎますが、メンバーの多くには本書の中でお会いいただけます。皆いつも、僕のとんでもない実験を応援してくれて、発酵中の甕やら瓶やらにみんなのキッチンが占領されても我慢してくれるのです。次にショートマウンテン・サンクチュアリの住人全員。姉妹コミュニティであるIDAやパンプキンホロー、そして本当に素敵な、広い意味でのコミュニティである近所の皆には、僕の猪突猛進ぶりを許し、愛と感謝の気持ちをいっぱい伝えてくれることに感謝します。特に菜園の手入れや搾乳をしてくれる人たち（それから植物とヤギたち）には、いつも素敵な恵みを提供してくれていることをありがたく思っています。

次いでムーンシャドウにあるシクアッチー・バレー・インスティテュートの友人たち。とりわけアシュレイとパトリックのアイアンウッド夫妻には、彼らが毎年行っている「フード・フォー・ライフ」イベントで、発酵食品について教える機会を与えてくれたことに感謝します。シンプルな発酵食作りの技を、あれほどまでに熱心な聴衆に紹介するのはこの上なく嬉しい経験でした。2001年にフード・フォー・ライフに参加できず、さみしい思いをしたことが、本書の前身である32ページものの自費出版本の作成につながったのです。

僕が本書の小冊子版を書いたのは、まるで我が家のようなメイン州の宿に長期滞在していた間のことでした。エドワード、ケイティ、ローマン・カラン一家には、僕と僕の甕たちを一緒に家に住まわせてくれたことに感謝します。エドワードは僕の読者第1号であり、ほとんど発酵食作りの弟子のようにまでなって、僕を励ましてくれました。しかもエドワード

は、それまで慢性的にさまざまな健康上の問題を抱えていたのが、ザワークラウト、ケフィア、ピクルス、みそ、ヨーグルト、その他いろんな発酵食品だけの食生活で暮らすうちに、体の自然治癒力で劇的に回復したのです。エドワードは真の発酵信者であり、このプロジェクトを成し遂げることができるはずだと僕に信じさせてくれました。

チェルシーグリーン出版の皆さんには、このプロジェクトを快く受け入れてくれたことに感謝します。小冊子版を出した後、出版社を探そうと決めて、インターネットの検索結果を基にチェルシーグリーン出版を選びました。僕らの最初の対面では、幸先の良さを強く感じました。僕がホワイトリバージャンクションのオフィスに出向いてスタッフに会ったとき、皆で僕の作ったキムチを容器から直接指でつまんで食べながら、契約書にサインをしたのでした。まるで居心地のいい居場所を見つけた気分です。

食べ物に対する愛情と、もっとずっとたくさんのことを僕にくれた家族にも、感謝の言葉を述べたいと思います。僕の家族は顔を合わせると、決まって何かを一緒に食べるのです。祖母、ベティ・エリックスは、僕にとっての文化遺産ともいえる料理を愛情込めて作ってくれました。母リタ・エリックスは、僕に料理の基本を教えてくれたのに加え、いろんな料理を試してみるという意識も僕に植え付けてくれました。父ジョー・キャッツは、昔も今もずっと菜園家であり料理人で、義母パティ・イーキンと一緒に、ふたりの庭でとれた恵みをあれこれ工夫して活用し、いつもいろんなアイディアをくれます。妹のリジー・キャッツと弟のジョニー・キャッツには、ただふたりの愛情と、いつも僕の味方でいてくれることに感謝したいと思います。

僕の発酵食作りの師匠たちや共に旅をする仲間にも感謝しています。またどんどん進化していく僕の原稿を読んで、フィードバックやいろんな提案をくれた友人たちにもお礼を述べたいと思います。

図書館の司書の方々にも謝意を表します。図書館は素晴らしい施設であり、このプロジェクトのおかげで15年ぶりに図書館でのリサーチが大好きだった自分を思い出しました。

最後に、僕の本に興味を持ってくれた〈あなた〉への感謝を込めて。

訳者あとがき

　この本は、世界各地のさまざまな野菜、豆、乳製品や穀物を使った発酵食品や簡単なアルコール発酵を、気軽に自分で作れるように、楽しく紹介してくれる本です。原書 "*Wild Fermentation*" は2003年に発行され、ニューズウィーク誌に「発酵食作りのバイブル」だと紹介されています。

　とはいえ、これは単なるレシピ本ではありません。世界の文化、科学、歴史、栄養学、社会学、経済学など、非常に多岐にわたる分野の要素と発酵食品との関わりについての話がたくさん盛り込まれ、本書全体に散りばめられています。本書を翻訳しながら、私自身いろんなことを知り、考えさせられました。特に、発酵を伴う嗜好品であるチョコレート、コーヒー、紅茶の原材料を作っている国の人たちが、自分たちの日々の食糧を作るはずの土地で作っているのは、アメリカや日本などの遠く離れた国の人々のための、食べなくても死なない単なる嗜好品であること、その一方でアメリカや日本などの国の人は、単なる娯楽のためだけにその土地を訪れている現実などは、自分も旅行好きなだけに、深く考えさせられました。また、長崎の秋月医師と原爆とみそ汁の話など、日本の話なのにこの本を読むまで知らなかったこともあります。これ以外にもさまざまな話が裏付けとともに幅広く紹介され、作者の興味と知識の幅広さ、そしてリサーチ力を感じます。

　この作者は実にダジャレを多用する人で、上記に紹介したような真面目

で深刻な話もありながら、おもわずくすっと笑ってしまう場面が非常に多いのも特徴です。そのおかしさや、笑いあり涙ありのメリハリを、日本語でどう伝えるかで結構苦心しました。少しでもこの作者の語り口調の面白さを感じていただければと思います。

　また、実は非常に変わった名前の人物がたくさん登場して、それも原書の面白みのひとつなのですが、トンデモふくろう先生を除いて、他の人々の名前の面白さを表現しきれなかったのが少し心残りです。例えばトム・フーラリーは「ばかばかしいこと」、マット・ディファイラーは「敷物を汚す男」という意味なので、英語だと名前を聞いた途端に笑ってしまいます。そこまで極端ではないにせよ、ネトルズ（植物のイラクサ）、オーキッド（蘭）、レオパード（ヒョウ）など、個性的な名前の人々も多数登場し、作者を取り巻く人物のカラフルさを感じさせるのですが、そこを本文中でいまひとつうまく表現できなかったのが残念です。

　こうした物語の幅広さや語り口調の面白さに加えて、「発酵食作りのバイブル」としての内容も、多すぎず少なすぎず、非常に実用的です。私も本書を訳しながら、実験を兼ねて掲載レシピをいくつか実際に作ってみました。すると作者の言う通り、専門知識や専用の道具などなくても発酵食品は作れてしまうことを実感しました。今やザワークラウトとケフィアは我が家の定番となり、少しずつ他のレシピにも挑戦しています。また、本

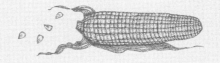

訳者あとがき

　書のおかげで玄米は必ず自分で発芽させ、トウモロコシも「ニクサタマライズ」処理してから食べるようになりました。ひと手間かけることで、おいしくて栄養価の高い食品が気軽にいつでも食べられるようになったのです。この本は、そういったいろんな意味での「おいしさ」を味わうヒントをたっぷり教えてくれます。

　ただ、実際に作ってみて感じたのは、作者が本書の中で述べている通り、ここに載っている「材料」や「分量」はあくまで目安であり、「こういう状態になる」と作者が説明するようすにもっていくほうが重要だということです。発酵微生物という生き物が相手の作業なので、温度や湿度などの環境条件や、使う材料の状態などによって反応が変わり、1＋1が単純に2になるとは限りません。例えば私が蜂蜜水の発酵に挑戦した時、本書に書いてある分量の割合どおりに作ってもしばらく何も起きませんでしたが、もう少し水を加えてみるといきなりブクブクし始めました。逆に、勢いよく発酵していたザワークラウトに、市販の塩麹こんぶを加えた途端、保存料が入っていたのか、泡立ちがぱったり止まったこともありました。

　自分の環境と使う材料で、いったい何をどれくらい入れて、どうするのが一番いいのかは、もういろいろ試して感覚をつかむしかありません。おまけに相手はもの言わぬ生き物なので、いつ何をして欲しいのかがわかりにくく、もどかしさを感じることもあります。しかしそれだけに、自分の

仕掛けた発酵食品がブクブク泡立ち始めると、嬉しさもひとしおです。

　発酵食品は、思い立って作ってすぐに食べるのは不可能です。微生物という生命の営みが相手なので、子供と同じように、赤ん坊からすぐに大人にはなりません。ある程度の時間的余裕、もっというと気持ちの余裕が必要です。ファストフードやレンジでチンといった食べ物とは真逆になります。こうした発酵食品を、時間をかけて作って食べると、単に空腹感を解消するためだけの物を無意識に体に詰め込むのではなく、生き物を扱って、その命をいただいて、自分の体に取り込んでいる感覚が生まれてきます。

　発酵の泡を見ていると、目には見えない命の存在を強く感じます。食べ物は生きていく上で欠かせないものであり、食べたものがそのまま自分になる以上、とにかくお腹をいっぱいにする死んだ物を食べるより、体に良い生きた食べ物を食べたほうがいいのは明らかです。この本を読んで、日々向き合う食べ物や、食べるということが、毎日の何気ない行為でありながら、どれだけ不思議でパワフルなことなのか、また自分よりずっと大きなものや小さなものとの複雑なつながりの上に成り立っている行為なのかを感じる機会にしてもらえれば幸いです。

2015年1月

きはらちあき

著者紹介
サンダー・E・キャッツ
（Sandor Ellix Katz）

ニューヨーク市生まれ。
マンハッタンで東欧系ユダヤ人の発酵食文化で育った、自称〈発酵フェチ〉。
もともと料理・栄養学・畑作りに興味があったことから、
そのすべてに関わる発酵の探究を深める。
長期にわたりHIV感染症／エイズとともに生きるキャッツは、
発酵食品が彼を癒す重要な要素であると考える。
現在はテネシー州の小高い森の中にある同性愛者の
インテンショナル・コミュニティ（共通のビジョンのもとに共同生活をするコミュニティ）である
ショートマウンテン・サンクチュアリの住み込み管理人のひとり。

訳者紹介
きはらちあき

オーストラリアの大学に1年交換留学、
アメリカの大学院で日本語を教えながら外国語教育学修士号取得。
帰国後、エンジニアリング系の社内通訳翻訳者として10年働いたのち、
人の為になる通訳・翻訳者を目指して、ヨガ通訳・翻訳を中心に活動。
翻訳出版は本書が初めて。
日本酒とワインが好きで、ワインコーディネータ資格を持つ。
趣味はいろんな国を訪れて、その土地の人と語り、その土地の食べ物を知ること。

天然発酵の世界

2015年 3月 6日　初版発行
2020年 6月22日　4刷発行

著者 ………… サンダー・E・キャッツ
訳者 ………… きはらちあき
発行者 ……… 土井二郎
発行所 ……… 築地書館株式会社
　　　　　　　〒104-0045　東京都中央区築地 7-4-4-201
　　　　　　　TEL 03-3542-3731　FAX 03-3541-5799
　　　　　　　http://www.tsukiji-shokan.co.jp/
　　　　　　　振替 00110-5-19057

印刷・製本 …… シナノ印刷株式会社
組版・装丁 …… 藤田美咲

© 2015 Printed in Japan
ISBN 978-4-8067-1490-3

✻本書の複写、複製、上映、譲渡、公衆送信（送信可能化を含む）の各権利は築地書館株式会社が管理の委託を受けています。

JCOPY 〈(社)出版者著作権管理機構 委託出版物〉

✻本書の無断複製は著作権法上での例外を除き禁じられています。複製される場合は、そのつど事前に、(社)出版者著作権管理機構（電話 03-5244-5088、FAX 03-5244-5089、e-mail：info@jcopy.or.jp）の許諾を得てください。